KB125273

The Rounded Child

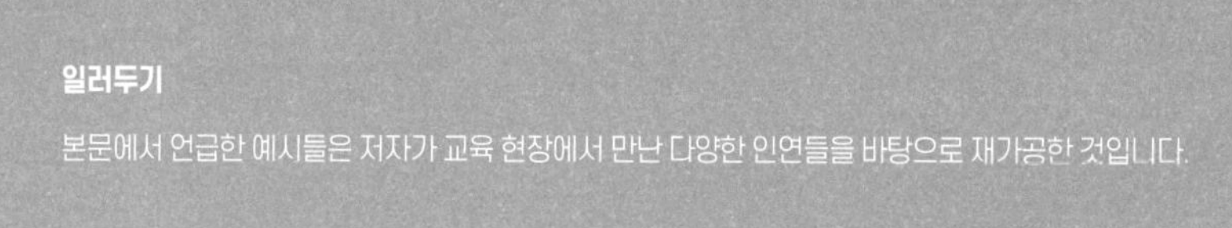

일러두기

본문에서 언급한 예시들은 저자가 교육 현장에서 만난 다양한 인연들을 바탕으로 재가공한 것입니다.

하버드대 아동 발달 전문가가 알려주는 다양성 육아 로드맵

하버드 동그라미 육아

지니 킴 지음

whale books

프롤로그

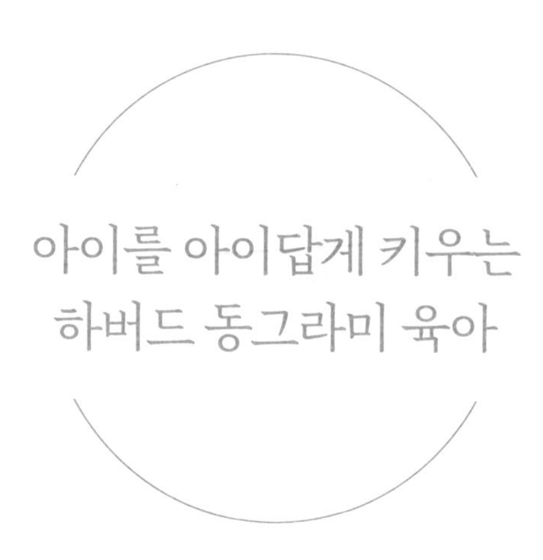

아이를 아이답게 키우는 하버드 동그라미 육아

20대 초반의 젊은 부부 에릭과 케일리는 결혼과 동시에 허니문 베이비를 갖게 되었습니다. 친구들보다 일찍 가정을 꾸리게 된 둘은 육아가 처음인 데다 주변에 도움을 받을 만한 상황이 아니었기에 아이를 어떻게 키워야 할지 막막하기만 했습니다. 그래서 나름대로 공부를 시작했지요. 발달 체크 리스트를 보며 아이의 발달 상황을 확인했고, 육아서에 나온 다양한 팁을 적용하면서 아이를 키워나갔습니다. 체크 리스트의 항목들, 생후 1개월이면 사물을 따라 시선을 움직인다든지, 2개월이면 짧게나마 머리를 들고 있다든지 등 시간에 따라 아이가 항목을 하나하나 수행하는 모습을 지켜보며 안심할 수 있었지요.

40대 중반의 부부 헤이즐과 브라이언은 온갖 노력 끝에 쌍둥이를 품에 안게 되었습니다. 어렵게 얻은 아이인 만큼 육아에 최선을 다하고 싶었던 둘은 각종 육아 정보 및 책을 섭렵하며 자기들만의 육아법을 정립해나갔습니다. 하지만 같은 방법을 적용하기에는 쌍둥이 둘이 달라도 너무 달랐습니다. 발달 체크 리스트에 따르면, 2세 아이는 보통 다른 아이들에게 관심을 가져 쳐다보면서 미소를 짓기도 하고 다양한 장난감을 가지고 논다고 했는데, 쌍둥이 중 한 명만 이런 모습을 보였고, 나머지 한 명은 전혀 그러지 않았습니다. 친구들한테는 관심이 없고 특정 장난감만 제한적으로 갖고 놀았지요. 그래서 과감히 같은 방법의 적용을 포기하고 다른 방법을 찾아 노력을 기울였지만, 딱히 좋아지지는 않았습니다. 믿을 만한 정보와 책이 알려주는 대로 따라 했는데 왜 그런 것일까, 우리의 육아법이 잘못되어 아이의 발달에 해를 끼친 건 아닐까, 혹시 임신 기간에 잘못은 없었을까… 발달 체크 리스트에 시원하게 V 표시를 하지 못한 둘의 자책감과 좌절감은 점점 높아져만 갔습니다.

앞선 사연처럼 부모는 아이를 처음 만나는 순간부터 아이의 발달을 잘 확인하기 위해 발달 체크 리스트를 살펴보고 정보를 찾아보며 육아서를 읽기 시작합니다. 여러 전문가의 동영상을 보거나 강의를 듣기도 하지요. 그런데 결괏값은 부모마다 다릅니다. 에릭과 케일리처럼 아이의 발달 상황과 체크 리스트가 일치해서 안도감을 느끼기도 하고, 헤이즐과 브라이언처럼 아이의 발달 상황과 체크 리스트가 어긋나면 육아의 방향성과 가치관이 흔들리기도 합니다.

보통 아이의 발달을 주제로 다룬 책들은 시간의 흐름에 따라 전개되는 경우가 대부분입니다. 생후 개월 수나 나이에 따라 아이가 해내야 하는 과업을 나열하고 설명하는 식이지요. 다시 말해서 특정 시기에 어떤 모습과 행동을 부모가 기대할 수 있는지를 알려줍니다. 하지만 이런 책을 참고해 아이를 살펴보다 보면, 안도감이 들 때도 있지만, 특정 시기에 보이는 모습과 행동이 우리 아이에게서 나타나지 않으면 걱정을 안겨주기도 합니다.

사실 아이의 발달은 단순하게 관찰하고 이해할 수 있는 것이 아닙니다. 인지, 언어, 사회 정서, 신체 등 여러 발달 영역이 서로 영향을 미칠 뿐만 아니라, 아이가 지니고 태어난 기질, 가족력, 양육 환경, 문화와도 떼려야 뗄 수 없기 때문이지요. 결국, 아이의 발달을 바라볼 때는 총체적 접근이 필요합니다. 아이가 평균과 기준에 따라 자라는 것처럼 보여도 부모의 유전자를 물려받아 신체나 언어 발달이 다른 영역에 비해 우세하게 나타날 수도 있고, 예민한 기질을 타고났다면 새로운 환경에 적응하기까지의 과정이 평균과 기준을 한참 벗어나 일반적인 육아법으로는 해결이 되지 않을 수도 있습니다. 이처럼 아이는 아이마다 고유의 발달 양상이 있고, 발달 속도도 제각각입니다.

제가 이 책을 쓰게 된 가장 결정적인 이유는 아이의 발달과 관련하여 부모가 일반화된 정보를 너무 신경 쓴 나머지, 매사 자신을 탓하며 죄책감에 사로잡히지 않기를 바랐기 때문입니다. 또 발달 평균과 기준에 따라 혹여 아이가 조금 따라오지 못하더라도 초조함과 불안감에 휘청이지 않기를 바랐기 때문입니다. 제가 20년 넘게 교사로서, 디렉터로서, 연구자로서 커리어를 쌓아 온 미국도 미국이지만, 특히 제 고국인 한국 부모들에게 꼭 이야기하고 싶었습니다. 아이를 키우면서 넘쳐나는 정보의 홍수 속에서, '이렇게 하지 않으면 안 된다'라는 식의 일방적인 정보로 인하여 깊은 고민에 빠지거나, 상반되는 견해로 인하여 갈피를 못 잡는 부모들에게 꼭 필요한 도움을 주고 싶었습니다. 아이의 발달을 바라볼 때 가장 기본으로 고려해야 할 것은 무엇인지, 수많은 육아 정보 및 방법을 어떻게 받아들이고 해석하여 적용해야 하는지 알려주고 싶었습니다.

부모가 아이의 발달을 바라볼 때, 제가 생각하는 가장 기본은 '다양성'입니다. 100명의 아이가 있다면 100가지의 발달 양상이 있다는 의미입니다. 부모는 아이를 중심에 두고, 아이에게서 보이는 다양한 발달 양상을 그대로 받아들이고 존중하여 그에 걸맞은 방법으로 대응해야 합니다. 아이 발달의 다양성이라는 가치를 고스란히 담아낸 이 방법에 저는 '하버드 동그라미 육아'라는 이름을 붙였습니다. 제가 하버드에서 아동 발달을 공부하고 연구하며 깨달은 전부와 미국 교육 현장에서 20년 이상 체득한 경험을 모두 담았기 때문입니다.

하버드 동그라미 육아는,

- 자로 잰 듯 완벽한 육각형 아이가 아니라 중심이 단단하고 자기 삶을 잘 개척할 수 있는 동그라미 아이The Rounded Child로 키우는 방법입니다.
- 부모가 아이의 다양한 발달 양상을 총체적으로 살피면서 키우는 방법입니다.
- 부모가 아이를 360도로 최대한 세심하게 관찰하면서 키우는 방법입니다.
- 아이가 다양한 발달 영역에서 균형 있게 성장할 수 있는 기반과 환경을 조성하는 방법입니다.
- 아이 중심으로 아이의 발달을 잘 살펴 내 아이만을 위한 육아 로드맵을 만드는 방법입니다.

하버드 동그라미 육아를 한국 부모들에게 효과적으로 전달하기 위해 이 책의 내용을 3개의 장으로 구성했습니다. 1장은 하버드 동그라미 육아 준비 단계로 한국 부모들이 지금까지 미처 크게 신경 쓰지 못했던 아이 발달의 다양성에 대해 전반적으로 이해할 수 있도록 여러 가지 관점에서 살펴봅니다. 2장은 심화 단계로 아이의 대표적인 6가지 발달 영역(인지 발달, 언어 발달, 사회 정서 발달, 신체 발달, 자조 능력 발달, 행동 발달)과 영역 간의 상호 작용 및 부모들이 흔히 하는 고민과 다양성 기반의 솔루션을 짚어 봅니다. 마지막으로 3장은 실전 단계로 제가 하버드에서 배운, 아이를 아이답게, 동그라미 아이로 키워내는 하버드식 육아법이자 발달 로드맵인 'CHILD(인성, 습관, 상상력, 배움, 다양성)'를 제안합니다.

물론 이 책으로써 제가 세상 모든 아이의 발달에 관해 명쾌한 답을 제시할 수는 없습니다. 앞서 언급했듯이 아이마다 발달의 양상이 다양하기 때문입니다. 하지만 하버드 동그라미 육아를 통해 모든 부모가 아이의 발달을 어떻게 바라보고 해석해야 할지, 더 나아가 어떤 방법으로 대응해야 할지 자기만의 육아 로드맵을 그려나갈 수 있다고 생각합니다. 이 책을 마중물 삼아 모든 부모가 비교와 경쟁의 늪에서 빠져나와 평균과 기준의 덫에서 벗어나 다양한 균형을 추구하며 눈앞의 내 아이만을 바라보면서 아이를 행복하게 키우기를 바랍니다. 이제부터 있는 그대로의 아이의 모습을 존중하면서, 크는 그대로의 아이의 성장과 발달을 격려하는 부모가 되어봅시다. Let's go for the rounded child!

실리콘 밸리에서

지니 킴

차례

아이의 6가지 발달 영역 들여다보기

발달 영역 ④ 아이의 신체 발달

발달 영역 ⑤ 아이의 자조 능력 발달

발달 영역 ⑥ 아이의 행동 발달

3장

하버드 육아 로드맵 CHILD 실천하기

Character 인성

Habit 습관

Imagination 상상력

1장

아이 발달의 다양성 살펴보기

하버드 동그라미

육아 준비

HARVARD

예시 1 에밀리(4세)의 엄마는 소아과 영유아 검진에 앞서, 문항이 앞뒤로 빼곡하게 적힌 체크 리스트를 받았습니다. 내용을 읽고 모든 문항에 '네'라고 체크하고 나니, 아이가 잘 자라고 있다는 생각에 안심하지만, 한편으로는 밖에 나가면 말을 잘 안 하는 에밀리가 여전히 신경이 쓰입니다. '에밀리는 낯가림이 조금 심할 뿐이야'라며 마음을 다잡다가도, 똑같은 상황에서 금방 적응해 재잘재잘 떠드는 또래 아이들을 보면 에밀리가 좀 유별난가 싶기도 합니다.

예시 2 데릭(5세)은 또래보다 훨씬 일찍 말을 시작했고, 알파벳도 2세 무렵에 다 뗐습니다. 미국의 주를 줄줄이 읊기도 하고, 다른 나라 이름과 국기를 척척 알아맞히지요. 부모님은 인지적으로 뛰어난 데릭을 보면서 기뻐하다가도, 바깥 놀이를 즐기지 않는 모습에 걱정이 앞섭니다. 데릭과 쌍둥이인 에릭은 밖에 나가 자전거 타는 것을 좋아하고 친구들과 공을 차며 뛰어노는데, 데릭은 자전거는커녕 달리기도 서툴고 공이 굴러오면 헛발질하고 넘어지기 일쑤니까요.

예시 3 해리(3세)는 인지적으로 크게 문제가 없어 보이지만, 말이 또래보다 많이 늦습니다. 어린이집의 또래 아이들을 보면 대부분이 조잘조잘 말을 잘하는데, 해리는 겨우 단어를 나열하는 수준이고 그마저도 발음이 부정확해서 자주 보는 식구들이나 어린이집 선생님을 제외하고는 해리의 말을 이해하기 어려울 정도입니다. 시댁에서는 해리의 아빠도 말이 느렸다며 대수롭지 않게 기다려보라고 하는데, 해리의 엄마는 얼른 센터에 데려가서 검사를 받고 조기 치료를 시작해야 하는 것은 아닌지 걱정이 큽니다.

아이가 저마다 고유한 특성을 가지고 자기만의 속도와 양상으로 자라는 일은 너무나 당연한 삶의 이치입니다. 부모도 이러한 사실을 잘 알고 있습니다. 하지만 부모이기에 좋은 것만 주고 싶고, 부족함 없이 자라기를 바라는 마음 또한 큽니다. 그래서 간혹 아이가 또래와 비교해 발달이 늦거나 부족한 모습을 보이면, 그 영역을 집중적으로 키워주기 위해 따로 노력하기도 합니다. 아이가 지닌 고유의 장점과 강점을 뒤로한 채 말이지요. 사실 부모의 이러한 양육 태도는 아이가 더 잘되었으면 하는 마음, 궁극적으로는 아이의 행복을 바라는 마음에서 비롯합니다. 그렇다면 아이의 행복은 어디서 찾을 수 있을까요?

아이가 또래보다 빨리 걷고 말을 잘하고 한글을 쉽게 떼면, 그래서 신체적·학습적으로 앞서간다면 잘 발달하고 있는 것일까요? 그리고 그렇게 발달 측면에서 앞서가는 것이 궁극적으로는 아이의 행복으로 이어질까요? 만약 그렇다면 발달이 더딘 아이는 행복할 수 없는 것일까요? 발달이 또래 아이들과 다른 양상을 보이는 아이는 성공할 수 없는 것일까요?

미국 하버드대 교육대학원 교수인 하워드 가드너Howard Gardner는 9개의 다중 지능(시각 공간 지능, 언어 지능, 논리 수학 지능, 음악 지능, 신체 운동 지능, 대인 관계 지능, 자기 이해 지능, 자연 친화 지능, 존재 지능 – 106~112쪽 참고)을 제시하면서, 아이들이 저마다 각기 다른 지능에 강점을 지닌다고 말합니다. 즉, 아이가 강점을 보이는 지능에 더 주목해서 양육하면, 부모가 아이의 잠재 능력을 더

육더 잘 이끌어낼 수 있다는 것입니다.

선배 부모들의 조언이나 인터넷에 떠도는 각종 육아 및 교육 방법을 우리 아이에게 적용했는데 효과를 보지 못했다는 이야기가 꽤 빈번하게 들려옵니다. 옆집 아빠가 그 집 아이에게 계속 말 안 들을 거면 집에서 나가라고 했더니 아이가 잘못했다며 다시는 안 그런다고 했다기에 우리 아이에게도 나가라고 했더니 정말로 집을 나가버렸다는 식, 아이가 편식이 심하다고 하니 "배고프면 다 먹게 되어 있어요", "잘게 썰어서 좋아하는 간식 속에 숨겨서 주세요"라는 말에 굶겨도 보고, 숨겨도 봤지만 통하지 않았다는 식입니다. 물론 보편적인 방법론이나 기본적인 육아 가치 지향에 대한 것이라면 도움을 받을 수도 있겠지만, 기본적으로 사람은 저마다 다르기에, 사실 한 가지 방법을 모두에게 적용해 효과를 기대한다는 자체가 어불성설입니다. 결국, 넘쳐나는 정보의 파도 속에서, 부모는 내 아이를 바르게 관찰하고, 이런저런 방법들을 연구하고 시도하면서, 내 아이만의 육아 로드맵을 만들어나갈 필요가 있는 것이지요.

아이들은 다 다릅니다. 이때 부모는 그 다름에 대해 좋고 나쁘고를 판단하는 대신, 다름 그 자체를 인식해 아이를 있는 그대로 인정하고, 나아가 내 아이에게 맞는 최적의 육아법을 만들어야 합니다. 때로는 아이의 발달 현황을 제대로 인식했음에도 있는 그대로 아이를 인정하는 게 어려울 수 있습니다. 가족력 또는 임신 중에 먹었던 약이나 태교 과정 등을 돌이켜 보며 아이의 발달적 양상의 근원을 찾고 있는 나를 발견할 수도 있습니다. 하지만 그러한 과정에서 생겨나는 불필요한 감정들에 휩싸이면 육아의 중심을 잡기가 어려워집니다. 집을 짓는다고 생각해봅시다. 좋은 집을 지으려면 먼저 좋은 땅을 골라야 합니다. 좋은 땅을 골랐다면 그다음엔 땅에 있는 불필요한 돌이나 잡초 등을 제거해야 합니다. 그래야만 튼튼하고 좋은 집을 지을 수 있을 테니까요. 여기서 좋은 땅을 고르는 것은 우리 아이의 발달 현황이 어디쯤인지 정확히 인식하는 것입니다. 돌과 잡초를 제거하는 것은 있는 그대로의 아이를 인정함과 동시에 생겨나는 불필요한 감정들을 정리하는 것입니다. 이와 같은 과정을 거치고 나면 부모는 아이를 진정으로 인정하고 받아들일 수 있게 됩니다.

많은 발달 관련 육아서에서는 수치를 통해 아이들의 시기별 성장 모습을 소개합니다. 몇 개월에는 무엇을 하고, 몇 세에는 어떻고라는 식입니다. 그러나 그러한 수치들로 아이들의 다양한 발달 양상을 담아내기란 쉽지 않습니다. 이 책에서는 아이가 태어나서 학교에 들어가기 전까지, 즉 0세부터 7세까지 아이들의 다양한 발달 양상에 대해 살펴보려고 합니다. 그리고 발달 이정표대로 크지 않는 아이들, 그러니까 특정 분야에서 발달이 빠르거나 느린, 또 예민하거나 그 반대인 자녀를 둔 부모들이 흔히 하는 고민을 다뤄보려고 합니다. 부디 이 책을 통해 내 아이의 발달 양상을 이해하고, 육아의 본질적인 지점을 고민하며, 내 아이만의 육아 로드맵을 성공적으로 그려나가기를 바랍니다.

아이의 발달에 대한 부모의 고정 관념

당신이 지금까지 몰랐던 진짜 발달의 의미

발달 = 타고난 성향nature + 양육 환경nurture

→ 발달은 '네이처'와 '너처'의 상호 작용이 중요함

'발달'이란 무엇일까요? 사전적 의미에 따르면, '성장하고 발육하면서 완전한 상태에 가까워지는 것'을 뜻합니다. '아동의 발달'로 좁혀서 뜻을 정의해보면, 신체적 발달을 넘어, 사람이 살아가는 데 필요한 다양한 역량들 – 인지 능력(사고력, 문제 해결 능력,

정보 처리 능력 등), 언어 능력, 사회적 능력, 감정·행동 조절 능력 등-을 주어진 환경 안에서 경험 및 습득하며 성장해나가는 과정이라고 말할 수 있습니다. 아동의 발달은 유전적 요인(신체적 특성, 유전적 질병 등)과 환경적 요인(양육 환경, 교육 환경, 지역 환경, 교류 관계 등)이 상호 작용을 하고, 인지, 언어, 사회 정서, 신체 등 주요 발달 영역이 상호 보완을 통해 연속적으로 변화 과정을 거치며 이뤄지는데, 이때 아이마다 발달의 속도와 양상은 다르게 나타납니다.

누구나 아이마다 발달의 속도와 양상이 다르다는 것을 잘 알고 있지만, 막상 부모가 되어 내 자식을 키우다 보면 가끔은 이 사실을 잊고 아이를 바라보게 됩니다. 비슷한 시기에 태어난 이웃집 아이가 먼저 걷거나, 유치원에 다니는 또래 친구들이 한글을 유창하게 읽는 모습을 보면 초조하고 불안해지기도 하지요. 반면에, 내 아이가 동화책 한 권을 전부 줄줄 외우거나 수 감각이 유독 뛰어나면 '혹시 영재인가?' 하며 설레발치기도 합니다. 아이마다 가지고 태어나는 성향과 아이를 둘러싼 양육 환경이 다른데, 아이의 발달 속도와 양상을 부모의 기준-때로는 사회가 만든 기준-에 맞추려고 하는 것입니다. 엄마와 아빠도 각각 고유한 기질을 가지고 있고, 같은 부모 밑에서 자란 아이들도 고유한 기질이 저마다 다른 것이 당연한 이치인데도 부모가 되는 순간 때때로 이를 망각하게 되는 것입니다. 첫째와 비교해 둘째가 다른 모습을 보이면 "얘는 왜 이러지?" 하고, "얘는 누구를 닮아 이렇지? 우리 둘 다 안 그랬는데?" 또는 "아들이라 늦나? 딸은 이맘 때 이렇게 했었는데?"라며 걱정하기도 합니다.

아이의 발달이 순차적으로 이뤄진다는 것은 명백한 사실이지만, 그런데도 발달 영역 간의 차이는 존재합니다. 아이가 기고, 서고, 걷고, 뛰는 것은 분명 순차적으로 이뤄집니다. 그러나 어떤 아이는 신체 발달이 빠르게 나타나고, 또 다른 아이는 언어 발달이 빠르게 나타날 수 있습니다. 성별에 따라 특정 영역에 차이가 발생할 수 있고, 당연히 같은 성별이어도 마찬가지입니다. 첫째는 인지적 측면의 발달이 우세해 한글과 숫자를 빨리 뗐지만, 사회정서적 측면에서 또래보다 발달 속도가 느려 어려움을 겪고, 둘째는 한글을 익히는 데 어려움을 겪지만, 눈치가 빠르고 감정 표현이 확실해 친구들과 더 쉽게 어울립니다. 아이마다 우세한 부분이 있고, 그렇지 않은 부분이 있습니다. 모든 영역이 똑같이 우세하기란 힘듭니다.

누구나 머리로는 발달의 다양성을 이해합니다. 하지만 끝내 그 다양성을 존중해주지 못하고, 그저 자신의 아이가 남들보다 더 우월하기를 바라는, 그래서 시험을 잘 보고 좋은 학교에 입학하기를 바라는 것은 결국 이를 중요시하는 사회적 통념 때문일 수 있습니다. 사회적 통념이 부모의 양육 태도에 많은 영향을 미치는 것이지요. '양육'의 뜻을 백과사전에서 찾아보면 '아동이 어른으로 성장하도록 돌보면서 지적·사회적 능력을 길러주는 것'이라고 나옵니다. 그리고 '양육'을 의미하는 영어 단어 'nurturing'을 영어 사전에서 찾아보면 '아이 자신만의 고유한 재능을 키울 수 있는 환경을 만들어주는 것'이라고 나오지요. 저는 양육 과정을 후자의 뜻으로 이해하는 것이 아이를 발달적 특성에 맞춰 유연하게 키우는 방법이라고 생각합니다. 일반적으로 '육아'는 영어로 'parenting'이라고 하는데, 여기서는 왜 nurturing을 언급할까요? parenting과 nurturing은 둘 다 아이를 키운다는 맥락을 지니고 있지만, 동시에 미묘한 차이가 있습니다.

- **parenting:** 아이를 키우는 과정에서 필요한 부모로서의 기본적인 책임, 즉 의식주라든가 교육이라든가 아이가 성인이 되어 독립하기까지의 전반적인 발달에 부모의 법적 책임과 의무가 동반한다는 개념
- **nurturing:** 기본적인 의식주를 넘어서 아이와 건강하고 친밀한 관계를 형성하는, 아이의 웰빙well-being에 중점을 두는 개념으로, 정서적 지원을 중요시하는 환경 조성이 중요

한마디로 parenting이 부모의 법적·사회적 역할을 의미한다면, nurturing은 아이의 건강한 발달과 부모와의 관계성에 주목하는 의미라고 할 수 있습니다(이 책에서는 문맥에 따라 육아와 양육을 혼용하되, 육아는 아이를 키우는 전체적인 그림을 이야기할 때, 양육은 아이를 키우는 환경을 이야기할 때 주로 사용합니다).

내 아이는 현재 몇 %?
'평균'의 덫에 걸린 부모들

지금의 부모 세대는 어려서부터 시험 점수와 학급 및 전교 등수, 심지어 전국 등수와 등급까지 확인하며 자라왔습니다. 그러다 보니 숫자(평균 백분율)가 갖는 의미와 육아를 분리해서 생각하기가 쉽지 않은 것 같습니다. 특히 교육열이 유독 뜨거운 한국 사회에서는 점수에 따라 아이들이 속하는 그룹이 달라지고, 아이들이 마주하는 경험이 달라지며, 결국 결과가 달라질 수 있다는 생각이 부모의 불안감을 더 키우는 듯합니다.

한국은 학교나 학원에서 시험을 보고 성적에 따라 반을 나누는 것이 익숙한 사회입니다. 시험을 잘 봐서 소위 말하는 '탑반'에 들어가면 친구들도 우등생일 테니 서로 좋은 영향을 주고받을 거라고 기대하게 됩니다. 탑반에 들어가야 더 유능한 선생님에게 배울 수 있을 것 같고, 그래야만 더 좋은 학교에 진학해, 결국 좋은 회사에 들어가거나 좋은 직업을 가질 수 있을 것만 같습니다. 그래서 탑반에 들어가기 위해 따로 과외를 받기도 하지요. 교육 관련 마케팅 광고는 이러한 부모의 심리를 이용해 아이의 부족한 모습을 부각하면서 어서 부족한 부분을 끌어올리라고 말합니다. 이 과정에서 정작 아이의 고유한 능력이나 장점을 무심코 지나치는 경우가 발생하기도 하지요. 아이를 시험 잘 보는 기계로 키우는 것이 과연 어떤 결과를 초래할까요? 바깥에서 뛰어

놀기를 좋아하고 운동에 소질이 있는 아이가 시험 때문에 억지로 앉아만 있다고 생각해봅시다. 엉뚱한 상상을 즐기고 사부작거리며 만들기를 좋아하는 아이가 학습지와 씨름만 하는 것은 어떤가요? 과연 평균 백분율이 부모에게 시사하는 바는 무엇일까요? 그 안에서 우리가 무엇을 얻을 수 있을까요? 어떻게 하면 부모는 평균 백분율을 바르게 이해해 잘 활용할 수 있을까요?

부모는 자신의 아이를 제일 잘 아는 사람이기도 하지만, 한편으로는 모르는 사람이기도 합니다. 미국 학교에서 20년 넘게 교사와 디렉터로 일하면서 정기적인 학부모 상담 외에, 특히 학교 입학 시 진행하는 스크리닝 검사에서 부모들과 심층적으로 이야기를 나눌 기회가 많았습니다. 통합 학교에서 일했기에 전교생 중 75%는 일반적인 아이들, 25%는 다양한 발달 지연 및 장애가 있는 아이들이었습니다(대다수는 언어 발달 지연이었고, 일부는 약간의 자폐 성향이 있는, 소위 말하는 '경계선 아이들'이었습니다). 아이들이 새로 입학하면, 그 아이들에 대한 총체적인 이해가 필요해 스크리닝 검사를 진행했습니다. 스크리닝 검사는 부모 면담, 1차 아이 관찰(학교 별도 공간에서의 간단한 인지 및 언어 테스트), 2차 아이 관찰(교실에서의 사회 정서 테스트)로 이뤄졌습니다.

스크리닝 검사에서 부모들과 면담하다 보면, 제가 발견하는 아이와 부모들이 설명하는 아이가 서로 꽤 다른 모습인 경우가 생각보다 많았습니다. 물론 아이를 설명할 때 각자의 주관적인 견해가 더해지기 때문이겠지요. 또 아이가 때와 장소, 그리고 상호 작용하는 대상에 따라 다르게 행동한다는 뻔한 이야기일 수도 있습니다. 하지만 아이를 이해하는 데 있어 저와 부모 간에 견해가 왜 다른지는 조금 더 자세히 들여다볼 필요가 있습니다. 이와 관련해서 한 가지 일화를 소개해보겠습니다. 제가 "아이에 대해 말씀해주시겠어요?"라고 열린 질문을 했을 때 아이의 아버지가 한 대답입니다.

"우리 딸은 영재인 것 같아요. 수 감각이 남다르거든요. 4살인데 두 자리는 물론 세 자리 수의 덧셈과 뺄셈을 하고, 동화책도 술술 읽습니다. 이 학교에 지원한 이유는 영재 학교에 보내기 전에 사회성을 좀 키워주고 싶어서입니다. 아이가 학업적인 부분이 너무 빠르다 보니 단체로 앉아서 듣는 수업을 지겨워하거든요. 그래서 딴짓을 자주 하죠. 그리고 또래 친구들하고도 잘 안 놀아요. 관심 대상이 아예 다르니까요. 부르면 대답을 잘 안 하는데, 그건 자신이 관심 있는 대상에 몰두해서 그런 거예요. 눈을 잘 안 마주치는데, 그건 사실 제가 어렸을 때 그랬어요. 눈 마주치기가 괜히 좀 불편했었거든요."

그때 제가 본 아이는 숫자와 문자에 특출난 것은 맞았으나, 기본적인 학교생활을 어려워했습니다. 연산만 잘할 뿐, 기초적인 문장형 문제는 풀지 못했습니다. 동화책도 읽기 자체는 잘했지만, 내용 관련 질문을 하면 적절한 대답을 하지 못했지요. 말은 문장으로 유창하게 구사했으나 그저 답변만 할 뿐, 친구들과 활발하게 말을 주고받는 핑퐁식 대화는 일어나지 않았습니다. 수업 시간에는 1분에 한 번씩 자리를 박차고 일어났고, 선생님이 수업에 쓰는 보조 자료 중에 관심 가는 게 있으면 가로채 독점하기 일쑤였습니다. 결국 보조 선생님이 일대일로 붙어서 아이를 도와줘야만 학교생활이 가능했습니다.

아이의 아버지는 아이의 특출난 영재성에만 몰두한 나머지, 아이의 자폐 성향은 전혀 인지하지 못하고 있었습니다. 어쩌면 인정하고 싶지 않은 마음에 자신의 어릴 적 모습을 투영했는지도 모르지요. 친구랑 잘 놀지 않는다는 사회성 부분만 크게 확대해서 주목하느라 그 외의 전반적인 일상 행동의 부재는 지각하지 못한 것입니다.

절대적으로 믿었던 검사와 검진의 민낯

아이가 프리스쿨(미국에서 정규 교육 과정에 입학하기 이전의 선택 교육 과정) 입학 시에 진행하는 스크리닝 검사와 학기 중에 필요에 따라 진행하는 여러 가지 테스트 혹은 발달 검사 결과는 아이의 생물학적 나이를 기준으로 하여 백분율로 설명하는 방식입니다. 검사 종류에 따라 '할 수 있다'와 '할 수 없다', 또는 '그렇다'

와 '아니다'만 분별해 체크하는 형태가 있고, '할 수 있는 횟수(빈번도)'를 포함하는 형태도 있습니다. 여기에서 중요한 점은 한 아이의 어떠한 수행 능력이 A 검사에서는 '할 수 있다'로, B 검사에서는 '할 수 없다'로 갈릴 수 있다는 것입니다. 또 횟수를 측정하는 검사의 경우, 검사자가 관찰하는 당일에 항목에서 제시하는 특정 수행 능력을 보지 못했다면 당연히 다른 결과가 나오게 됩니다. 수행 능력을 판단할 때 검사자의 주관적 견해를 배제할 수 없는 항목도 적지 않습니다. 즉, 부모는 검사자에 따라 아이의 검사 결과가 다르게 나올 수 있다는 사실을 인지해야 합니다.

각종 검사 결과에 대한 불신을 이야기하고 싶은 것이 아닙니다. 검사를 할 때 아이가 특정 장소나 사람에 따라 수행하기도, 수행하지 못하기도 한다는 사실을 이야기하려는 것입니다. 낯을 많이 가리는 아이가 새로운 선생님이 편하지 않아서, 누가 자신을 테스트하고 있다는 사실이 의식되어서, 주변 소음 때문에, 피곤해서 등 다양한 이유로 검사의 과정과 결과는 왜곡될 우려가 충분히 있습니다. 이처럼 아이의 여러 가지 잠재적 능력을 평균 백분율로 보여주는 검사 결과에는 분명한 한계가 존재합니다.

소아과에 가서 영유아 건강 검진을 할 때, 의사는 많은 부분을 부모에게 의존할 수밖에 없습니다. 부모의 체크 사항이나 의사의 질문에 대한 부모의 대답에 따라 문제 있는 아이의 검진이 가볍게 넘어갈 수도 있고, 반대로 부모의 불안이 심해서 문제없는 아이에게 문제가 생길 수도 있습니다. 예를 들어보겠습니다.

아이가 20개의 단어를 안다는 체크 리스트에 부모는 그렇다고 대답했습니다. 아이가 20개 정도의 단어를 내뱉는 모습을 본 적이 있으니까요. 그런데 아이는 특정 단어의 소리만 모방해서 내뱉었을 뿐, 단어의 의미를 알고 필요에 따라 활용할 수 있는 정도는 아니었습니다. 다시 말해, 엄마가 "우유"라고 했을 때 우유라는 단어를 모방해 소리만 냈을 뿐이지, 정작 우유가 마시고 싶을 때는 "우유"라고 말하지 못했다는 이야기입니다.

또 다른 예로, "아이가 말로 한 지시 사항을 잘 따르는가?"라는 질문에 부모는 "그렇다"라고 대답했습니다. 그런데 일반적으로 부모는 무의식중에 보디랭귀지, 즉 제스처로 지시 사항을 전달하기에, 아이는 말을 이해하지 못했어도 제스처만으로 지시 사항을 이해했을 수 있습니다. 부모가 말하면서 손동작을 하거나 특정 표정을 지었을 수도 있고, 루틴을 따르는 습관적인 행동이었을 수도 있다는 것입니다. 이렇듯 영유아 건강 검진은 관계자들의 개인적 차이로 인해 다른 결과가 도출될 수 있습니다.

부모가 꼭 알아야 할 이론과 실제의 차이

검사나 검진이 있는 날, 아이의 컨디션이 좋지 않았다고 해봅시다. 감기에 걸렸거나, 전날 밤에 잠을 못 잤거나, 혹은 배가 고파서 검사나 검진에 제대로 임할 수 없었다면 결과는 정확하지 않을 것입니다. 또 검사나 검진하러 오는 도중에 엄마(아빠)한테 혼이 났다거나 형제자매랑 싸워서 기분이 좋지 않았다면 이 또한 당연히 결과에 영향을 미칠 것입니다. 특정 성별의 선생님과 상호 작용의 경험이 적은 아이, 그로 인해 선생님이 편하지 않은 아이에게 그 선생님이 검사를 진행한다면, 이 또한 당연히 결과에 영향을 미칠 수밖에 없습니다.

일반화 기술generalization skill이라는 개념이 있습니다. 이는 아이가 어떠한 기술skill을 여러 가지 다른 조건의 상황에서도 꾸준히 실행할 수 있는 능력을 뜻합니다. 아이가 하나의 기술을 연마하고 실행하는 데는 시간이 필요합니다. 아이가 집에서 부모랑 있을 때는 잘 이해하고 잘 따라 하는데, 검사나 검진을 진행하는 센터에서는 못 할 수도 있고, 또 센터에서는 잘하는데 학교 교실에서는 못 할 수도 있습니다. 특히 어린아이들은 특정 장소와 사람들 안에서는 잘하지만, 그와 다른 환경과 사람들 안에서는 어려움을 느낍니다. 익숙한 조건이 아닐 경우, 기술을 사용하는 데 보다 많은 시간이 필요한 것이지요. 이는 아이의 기술이 아직 완성되지 않았기 때문입니다.

예를 들어볼까요? 제나(5세)는 프리스쿨 교실에서 도형 퍼즐로 동그라미, 세모, 네모를 배웠습니다. 교실에서 선생님이 제나에게 이와 관련해 물어보면 잘 대답했습니다. 그런데 키즈 카페에 가서 도형 찾기 게임을 하면서는 쉽게 대답하지 못했습니다.

키즈 카페에 네모 모양의 액자가 걸려 있었고, 동그라미 모양의 거울이 있었지만 제나는 찾아내지 못했습니다. 네모는 4개의 선과 4개의 모서리를 가진다는 개념을 알고 있었지만, 제나는 그 개념을 액자에 적용하지 못했습니다. 아직 일반화 기술이 미숙했던 탓입니다. 한 상황에서 습득한 기술을 새로운 상황에 적용해 문제를 해결하는 능력은 아이의 학습과 발달에 중요한 부분이고, 이는 여러 가지 경험 속에서 관찰, 탐험, 반복적인 연습, 그리고 어른의 모델링과 안내를 통해 키워나갈 수 있습니다. 이러한 일반화 기술이 완성되지 않은, 비교적 어린 나이일 때 매긴 평균 백분율 점수는 여러 가지 변수에서 벗어날 수 없습니다. 따라서 이 시기 자녀를 둔 부모들은 평균 백분율에 필요 이상의 의미를 두지 않아도 괜찮다고 생각합니다.

아이 발달의 다양성

모든 아이에게는 저마다의 발달 속도와 방향이 있다

'빠른 아이'와 '느린 아이'라는 꼬리표

육아서나 교육 콘텐츠를 보다 보면 '빠른 아이' 또는 '느린 아이'라는 표현이 많이 나옵니다. 또 일상에서 부모 역시 아이에 대해 이야기할 때 '빠르다' 또는 '느리다'라는 표현을 자주 사용합니다. 그런데 이는 아이 고유의 성향을 고려하지 않고 표준에 빗대어 평가하는 것에서 출발한 표현입니다. 보통 암기력이 좋거나 말을 잘하는, 즉 인지나 언어 영역 발달이 또래보다 우세하면 빠른 아이라고 하면서 반가워합니다. 그런데 그림을 잘 그리거나 악기를 잘 다루거나 운동을 잘하는, 즉 예체능 측면에서 뛰어난 아이에게는 빠른 아이라는 표현을 잘 쓰지 않는 듯합니다. 대신 "잘하는 게 있다", "재능이 있다"라고 표현하지요. 왜 이런 현상이 나타나는 걸까요?

'빠르다'라는 표현이 앞서 나가는 것처럼 보이기 때문일지도 모르겠습니다. 부모가 아이의 발달 속도에 집착하는 것이지요. 부모 역시 어렸을 때 한국의 경쟁적인 사회 분위기 속에서 성장했기에 아이가 빠르면 더 빠르게 끌고 나가려고 하고, 느리면 어떻게든 끌어올리려고 무리하다 보니, '빠른 아이'와 '느린 아이'라는 키워드에 관심이 집중되는 현상이 나타나는 듯합니다. 그런데 여기서 문제는 빠른 아이가 계속해서 빠른 게 아니고, 느린 아이가 계속해서 느린 게 아니라는 점입니다. 빠른 아이에게 반드시 성공이나 행복이 보장된다고도 할 수 없고요.

아이는 빠른 아이가 되기 위해서, 빠른 진도를 위해 여러 학원과 과외를 쳇바퀴 돌듯 돕니다. 부모의 집착과 기대라는 무거운 짐을 진 채로 말이지요. 주변 사람들도 잘한다고, 똑똑하다고 칭찬하니, 아이 역시 스스로 빠른 아이의 자리를 유지하기 위해 온갖 스트레스를 견디며 살아갑니다. 과연 이 아이는 행복할까요? 정서적으로 불안한 아이는 모래성과도 같습니다. 언제 한순간 무너질지 모르는 일입니다.

느린 아이라는 타이틀도 주홍글씨처럼 아이를 따라다닙니다. 아이는 자신을 느린 아이로 보는, 그래서 자신을 어떻게든 끌어올리기 위해 고군분투하는 주변의 시선을 온전히 느끼며 살아갑니다. '왜 나는 남들처럼 못 할까? 왜 느릴까?' 자책하는 과정에서 자존감이 낮아집니다. 사람들이 자신의 느린 부분에만 집중하기 때문입니다.

아이를 있는 그대로 보지 못하고 그저 속도에만 집착하는 우리 부모들, 그리고 우리 사회가 무척이나 안타깝습니다. 억지로라도 밀어붙여서 속도를 끌어올리는 것이 과연 맞는 길일까요? 아이 저마다의 고유한 성향을 인정해주고 자신만의 잠재력을 찾아 자신만의 속도대로 나아가도록 돕는 것이 아이를 보다 성장시키는 길이 아닐까요?

조기 교육, 효과와 부작용 사이

조기 교육은 한국 사회에서 친숙한 단어입니다. 다양한 분야에서 조기 교육이 일어나고 있지요. 조기 교육이란 무엇일까요? 무엇을 위해 조기 교육을 하는 것일까요? 사실상 조기 교육이란 아이 본인의 의지가 아닌 양육자의 뜻으로, 언어, 수학, 음악, 미술, 운동 등의 교육을, 그것을 할 만한 아이의 실제 나이보다 앞당겨 시작하는 것을 말합니다. 특히 한국, 중국, 일본, 인도 등 동양권의 나라들에서는 조기 교육 열풍이 사그라들 줄 모릅니다. 조기 교육을 왜 해야 하는 걸까요? 조기 교육을 안 하면 우리 아이만 느린 학습자가 될까 봐 불안해서 그런 걸까요? 부모의 기대, 대리 만족, 불안감 때문에 조기 교육이 필요한 걸까요?

조기 교육을 하면 아이가 비교적 일찍 눈에 띄게 성장하는 것처럼 보이므로, 또래보다 앞서 나가는 것 같은 생각에, 심지어 우리 아이가 영재가 될 수 있다는 착각에 빠질 수도 있습니다. 그럼에도 불구하고 많은 부모들이 뇌 발달이 크게 일어나는 시기라며, 아이의 영유아기에 온갖 교구, 전집, 운동 등에 돈과 시간을 들여가면서 조기 교육에 열을 올립니다.

분명 안 시키면 안 될 것 같은 한국의 사회적 분위기가 한몫하는 것은 부인하기 힘든 사실입니다. 사교육 업체의 불안감을 조성하는 마케팅, 이 시기를 놓치면 후회한다는 인터넷의 온갖 후킹 멘트들, 또 일주일 내내 꽉 찬 일정을 소화하는 주변의 아이들을 보며 초조한 마음이 들 수 있을 테니까요. 하지만 인간의 뇌가 끊임없이 발달한다는 사실은 이미 여러 전문가들의 연구로 증명이 되었고, 뇌는 '많은 자극'보다는 '적절한 자극'에 더 긍정적으로 반응하고 발달합니다. 과한 자극, 넘치는 자극은 오히려 뇌 발달에 악영향을 미치지요.

조기 교육은 단기적으로는 마치 아이가 발전하는 것처럼 보일 수 있습니다. 내 아이가 다른 아이들보다 한발 앞서가는 듯한 모습을 보고 나면, 부모로서는 조기 교육에 대한 욕심을 버리기 힘들 수도 있겠지요. 하지만 그런 아이들이 초등학교나 중학교에 진학하면서 갑작스럽게 성적이 떨어지거나 방황하는 경우가 적지 않습니다. 심지어 대학 진학 후에 갑자기 길을 잃기도 합니다. 이러한 현상은 조기 교육이 오히려 아이의 발전을 저해할 수도 있음을 시사합니다. 아이는 무리한 조기 교육 과정에서 자신보다 높은 수준의 내용을 접할 경우, 자괴감을 느끼게 됩니다. 또 충분한 이해 과정 없이 단기적으로 지식이 주입되면 이는 결국 아이의 자존감이 하락하고, 학습에 대한 재미가 줄어드는 결과로 이어집니다. 만약 조기 교육으로 인해 학교 수업에 흥미를 잃게 된다면 이는 습관적인 학습 장애나 집중력 저하로 이어질지도 모릅니다. 장기적으로는 공부를 통해 새로운 지식을 터득하고 성장하는 과정에서 얻는 성취감을 놓치게 될 수도 있습니다. 이 성취감은 아이가 부모의 품을 떠나 자신만의 공부를 시작해야 할 때 목표나 동기를 스스로 세우게 하는 원동력으로 작용합니다. 아이의 건강한 공부 태도를 길러주기 위해서라도 조기 교육의 부작용에 대해 한 번쯤 다시 생각해봐야 할 것입니다.

아이의 잠재력을 키우는 적기 교육

앞서 이야기한 내용을 고려하면, 제가 이른 시기의 교육을 반대하는 것처럼 보일 수도 있습니다. 그러나 저는 아이가 나이에 비해 뛰어난 재능을 가지고 있을 때 그에 맞춰 도전적인 교육 환경을 제공하는 것을 조기 교육이라고 생각하지 않습니다. 이는 오히려 나이와는 상관없이, 아이의 발달 단계에 맞춰 성장해나가는 교육 환경을 제공하는 것이므로 적기 교육에 훨씬 가깝다고 볼 수 있습니다. 분명 아이가 나이에 비해 뛰어난 능력을 지니고 있다면, 일반적인 교육 환경에서는 그 능력이 충분히 발달하지 못할 수 있고, 아이가 무기력해질 수도 있습니다. 일반적인 교육 환경이 아이가 가진 지적 호기심과 능력을 충분히 자극하지 못하기 때문입니다. 즉, 생물학적 나이에 따르는 것이 아닌, 아이의 발달적 나이를 고려한 알맞은 교육 환경의 제공이 중요하다는 뜻입니다.

다양한 경험을 위한 약간의 선행 학습과 특별 활동 정도를 조기 교육으로 몰아세우는 것은 아닙니다. 다만, 아이의 발달적 나이를 고려하지 않고, 사회적 분위기에 휩싸여 부모의 선택으로 무리한 조기 교육 환경에 아이를 던져놓는 것은 기초 공사 없이 집을 짓는 것과 같습니다. 그런 집은 어느 순간 무너질지 몰라 위태로운 모습이겠지요.

조기 교육은 누가 선택하고 시작하는 것일까요? 아이가 스스로 조기 교육을 선택하지 않았다면, 부모님을 기쁘게 해드리고 싶은 마음에 정작 자신은 크게 관심이 없으면서 노력할지도 모릅니다. 그러나 이러한 상황에서는 본인이 가진 다른 잠재력을 펼칠 기회를 잃을 수도 있습니다.

엘리스의 엄마는 지역에서 유명한 선생님을 섭외해 딸에게 바이올린을 가르쳤습니다. 엘리스는 초등학교 시절부터 하루에 2~3시간씩 바이올린을 연습했고, 학교 오케스트라에 입단할 수 있는 3학년부터 중학교에 들어갈 때까지 가장 잘했기에 오케스트라에서 항상 마스터라 불리며 첫 번째 의자에 앉았습니다. 오케스트라에서는 잘하는 사람부터 순서대로 자리가 정해지니까요. 어린 나이로 감당하기에는 많은 연습 시간 때문에 엘리스는 바이올린을 그만두고 싶은 적이 많았지만, 엄마가 기뻐하는 모습에 차마 그럴 수가 없었습니다. 엘리스 역시 첫 번째 의자에 앉는 것이 뿌듯하기도 해서 꾹 참고 계속해서 바이올린을 연주했지요.

그런데, 중학교에 입학하면서 다시 바이올린을 그만두고 싶다는 마음이 들기 시작했습니다. 하지만 이제 와 그만두기에는 딱히 내세울 만큼 잘하는 다른 것이 없었기에, 역시 그만두겠다는 말을 꺼내지 못했습니다. 그냥 묵묵히 언제나처럼 엄마의 기대에 부응하기 위해 바이올린을 연주했고, 다행히 첫 번째 자리를 지킬 수 있었습니다.

시간이 흘러 진짜 문제는 고등학교에 진학해서 발생했습니다. 주를 대표하는 오케스트라 오디션을 봤는데, 7등을 하면서 첫 번째 자리는커녕 두 번째 줄에 앉게 되었습니다. 학교에 엘리스보다 잘하는 친구들이 하나둘씩 생기면서, 친구들 사이에서 이번에 마스터는 다른 친구가 될 것 같다는 이야기가 돌기 시작했습니다. 엘리스는 망연자실했고, 바이올린이 쳐다보기도 싫어졌으며, 심지어 학교도 결석하고 방에 처박혀 나오지 않게 되었습니다. 엄마는 그제야 심각성을 깨닫고 엘리스에게 심리 상담을 받아보겠냐고 물었지만, 주변으로부터 딸을 끝내 환자로 만들어야겠냐는 원망만 들을 뿐이었습니다.

탄탄한 기초 공사 없이 그 위에 빠르게 지은 집은 작은 균열이 생기는 어느 한순간에 무너집니다. 아이가 가진 고유한 능력과 잠재력을 건강하게 키워주기 위해 부모는 아이의 발달 속도와 시기에 맞춰 이에 걸맞은 적기 교육을 해야 합니다. 아이는 본인의 발달 단계에 맞는 적절한 교육 환경이 제공되었을 때 흥미를 느끼면서 잠재력을 마음껏 펼칠 수 있습니다.

영재 교육의 명과 암

아이의 발달 단계보다 앞서 교육하는 것이 조기 교육이라면, 또래보다 뛰어난 재능을 가진 아이를 일찌감치 판별해 그 아이의 우수한 능력과 잠재력을 최대한 펼칠 수 있도록 교육하는 것이 영재 교육입니다. 다시 말해 조기 교육은 별다른 선별 및 판별 과정 없이 누구나 선행 교육을 시작할 수 있다는 것이고, 영재 교육은 선별 및 판별 과정이 있다는 것입니다. 영재를 정의하고 이해하는 사회적 시각은 시대와 지역에 따라 다양한 논란이 있었고, 이에 따라 구체적인 지표 또한 변화해왔습니다. 요즘 한국 사회에서는 영재 교육이 어떤 의미로 해석되고, 또 어떻게 이뤄지고 있을까요?

먼저 영재의 정의를 살펴보겠습니다. 학자들 사이에서 영재를 규정하는 기준은 조금씩 다르지만, 대체로 지능이 뛰어나거나 특정 분야에서 뛰어난 재능을 보이는 아이들을 의미합니다. 지능검사를 개발한 미국의 심리학자 루이스 터만Lewis Terman은 전체 인구의 상위 0.1%에 해당하는 IQ 140 이상을 영재로 규정했습니다. 앞서도 소개한 하워드 가드너는 지능의 영역을 9가지로 제시하며, 영재를 판별할 때는 한 가지 영역뿐만 아니라 다양한 지능 영역을 이해하는 것이 중요하다고 강조했습니다. 또 영재 아동 연구로 유명한 미국의 심리학자이자 교육자인 레타 스테터 홀링워스Leta Stetter Hollingworth는 지능은 유전적 특성이라는 루이스 터만의 의견에 동의하면서도, 환경 및 교육이 지능의 잠재력에 영향을 미친다고 주장하면서 영재를 위한 교육 프로그램을 연구하기도 했습니다.

한국에서는 영재를 영재교육진흥법 제2조 제1호 조항에서

"재능이 뛰어난 사람으로서 타고난 잠재력을 계발하기 위하여 특별한 교육이 필요한 사람"이라 정의하고 있습니다. 여기서 '재능이 뛰어나다'라는 말은 일반적으로 지능이 높아 이해가 빠르고 암기력도 좋아 학업 성적이 우수한 아이, 또는 예체능 분야에 특수한 능력이 있는 아이로 해석됩니다. 그런데 이러한 정의만으로 영재성을 판별하기에는 다소 모호한 게 사실입니다. 그래서 부모들이 자신의 아이가 남들보다 발달이 빠르거나 뭐든 잘하면 영재라고 생각하고, 영재원에 괜히 열광하는 것입니다.

그렇다면 자신보다 높은 연령대의 학업 문제를 척척 푸는 아이들은 영재일까요? 공부를 열심히 해서 성적이 우수한 아이들, 선행 학습으로 진도를 빨리 뺀 아이들, 많은 문제집을 기계처럼 풀어 시험을 잘 보는 아이들, 어려서부터 강행군으로 배운 덕에 콩쿠르나 여타 대회에 나가 우승하는 아이들… 이 아이들을 전부 영재라 할 수 있을까요? 요즘은 영재원에 다니는 아이들을 어렵지 않게 만나볼 수 있습니다. 영재원에 들어가기 위해 학원을 다니며 포트폴리오를 쌓기도 합니다. 보통의 아이라도 영재로 만들어주겠다는 각종 학원의 마케팅 덕분인지, 요즘 영재는 타고나는 것이 아니라 키워지는 것이라 여겨지기도 합니다. 이렇게 다양한 시각이 있는 탓에, 영재의 정의와 경계를 명확히 하기 위해서는 영재의 특성에 대한 보다 깊은 이해가 필요합니다.

건이의 엄마는 건이를 낳고 직장을 그만둔 뒤 육아에 집중하기로 했습니다. 엄마는 열정적으로 건이의 교육 로드맵을 그려나갔습니다. 어려서부터 집에서 엄마표 영어를 하며 이중 언어 교육에 힘썼고, 그 때문인지 영어 유치원을 거쳐 사립 초등학교 입학에도 성공했습니다. 초등학교에 입학하면서 건이는 개인 과외 및 학원이 10개(영어, 수학, 과학, 논술, 코딩, 줄넘기, 수영, 미술, 피아노 등)로 늘어났습니다. 그중에는 영재원 입학이 목표인 학원도 포함되어 있었습니다.

건이는 초등학교 입학 후 어느 정도 기간까지는 과외 및 학원에 배우러 다니기를 좋아했습니다. 학교에서의 수행 평가도 곧잘 해냈지요. 그런데 학년이 올라가면서 숙제의 양이 증가했고, 여기에 영재원 준비까지 하려니 벅차기 시작했습니다. 하지만 열심히 준비한 끝에 영재원에 합격했습니다.

문제는 그때부터 나타났습니다. 영재원을 다니면서부터 건이는 말수가 줄어들고 자주 무기력한 모습을 보이기 시작했습니다. 머리가 아프다, 배가 아프다, 호소하는 날도 많아졌고, 짜증도 늘었습니다. 엄마는 건이가 학교에서 친구들과 문제가 생긴 것은 아닌지, 건강에 이상 신호가 온 것은 아닌지 걱정이 되었습니다.

건이는 어려서부터 주변에서 영특하다는 말을 자주 들었기에, 아마도 엄마는 아이에게 더 많은 기회를 주고 싶었고, 그러다 보니 과하다 싶을 정도의 교육 환경을 조성하게 되었을 것입니다. 건이가 제법 잘 따라와줬기에, 영재 교육도 의심하지 않고 열의를 갖고 임했을 것이고요. 그런데 정작 건이는 영재원에 가서 무엇을 얻었을까요?

영재원은 지적 호기심이 많은 아이들, 어려운 문제를 포기하지 않고 끈기 있게 매달리는 아이들, 논리적·비판적 사고로 토론하는 것을 좋아하고 창의적인 방법으로 문제를 해결하는 것을 '즐기는' 아이들을 위해 설계된 교육 과정을 운영하는 곳입니다. 따라서 부모에게 이끌려 공부하거나 배우러 다닌 아이들에게는 다소 생소한 경험일 수밖에 없습니다. 또 영재원 밖에서는 잘한다는 소리를 듣고 살았지만, 영재원 안에서 교류하다 보면 나만 뒤떨어진다는 느낌을 받거나, 배움과 탐구를 즐거워하지 않는 자기 자신, 버거워하는 자기 자신을 자각하고 자존감이 떨어질 수도 있습니다. '내가 이 정도밖에 안 되나?' 하는 자괴감 내지는 열등감이 들어 번아웃이 오기도 합니다. 영재원과 영재 교육을 불신해서 하는 말이 아닙니다. 모든 아이가 영재 교육에서 좋은 결과를 얻는 것은 아니라는 말을 하고 싶었습니다. 이번에는 아이가 영재인데 적절한 교육을 받지 못한 경우를 소개합니다.

서아는 호기심이 많은 아이입니다. 어려서부터 관심 있는 것에 꽂히면 장시간 그것에만 집중하느라 엄마가 몇 번을 불러도 알아채지 못하는 날이 많았지요. 서아는 궁금한 것이 많아서 질문이 끊이지를 않았습니다. 하지만 동생이 둘이나 있었기에 엄마는 서아가 질문할 때마다 대답을 계속 미룰 수밖에 없었고, 그래서 서아의 지적 호기심을 채워주는 대화를 나누지 못했습니다. 서아는 태블릿을 보며 한글을 스스로 익혔고, 본인이 좋아하는 콘텐츠를 찾으면서 오랫동안 혼자만의 시간을 보냈습니다. 유치원 선생님이 서아가 친구들과 말을 잘 안 한다고 했지만, 엄마 역시 어려서부끄러움이 많고 말수가 적었던 터라, 본인을 닮아 그렇다고 생각하며 대수롭지 않게 넘겼습니다.

그런데 초등학교에 입학하고 나서부터 서아의 문제가 조금 더 심각하게 나타나기 시작했습니다. 서아는 수업 시간에 잘 집중하지 못했습니다. 이미 아는 내용을 선생님이 계속 이야기해서 지겨웠고, 친구들과도 딱히 말하고 싶은 마음이 들지 않았습니다. 혼자 책을 읽거나 태블릿을 보면서 여러 지식을 쌓았지만, 그것을 나눌 친구가 없었습니다. 그러다 보니 혼자 지내는 시간이 점점 더 많아졌고, 수업 시간에는 딴짓을 한다고 계속해서 지적받았습니다.

영재들은 그들만의 다양한 특성이 있지만, 전반적으로 이해력이 빠르고, 암기력이 좋으며, 호기심이 많습니다. 특정 분야에 열정적이며, 메타인지가 높고, 창의적인 문제 해결 방식을 갖고 있습니다. 이 때문에 학교라는 틀 안에서 영재들은 이해력과 암기력을 발휘하면서 학업 성적이 뛰어난 모습, 또 특정 분야에만 관심이 있고, 본인의 호기심에만 몰두하는 모습으로 비칩니다. 서아처럼 자신이 지닌 영재성을 발굴하고 키워보지도 못한 채 학교생활이 원활하지 않다는 이유로 도움이 필요한 아이라고 낙인이 찍히는 경우도 있고요. 본래 학교는 평균의 아이들을 중심으로 커리큘럼이 세워진 곳이기에 영재들이 가진 잠재성을 끌어올리기에는 다소 제한적일 수밖에 없습니다. 따라서 영재들을 위한 영재 교육은 분명 필요하고, 이를 위해 영재원이 존재하는 것입니다.

영재라고 다 좋은 것만은 아니다

옆집 아이가 영재라고 하면, 지능이 높고 또래보다 발달이 빠르다는 생각에 부모라면 누구나 부럽다는 생각을 할 수도 있을 것 같습니다. 하지만 영재라고 불리는 아이들이 모든 영역에서 다 빠르기만 할까요? 모든 발달 영역이 월등해서 학교와 일상생활이 또래보다 수월할까요? 아닙니다. 오히려 영재들이 더 힘든 길을 가기도 합니다. 일단 영재는 자신의 고유 특성으로 인해 보통의 발달 수준에 맞춰진 교육 환경에 오히려 적응하기 어려운 면이 있습니다.

첫 번째, 학교생활이 쉽지 않을 수 있습니다. 영재들은 이해력이 또래보다 뛰어나지만, 반복적인 학습 환경을 견디지 못해 자꾸 딴짓을 한다거나 선생님에게 도전적인 말을 던지기도 합니다. "재미없어요", "이미 다 아는 내용이에요"라며 수업 분위기를 흐리기도 합니다. 어른에게도 자기 생각을 거침없이 말하기 때문에 간혹 버릇이 없는 아이로 비치기도 합니다. 지적 자극을 받지 못하는 환경에서는 지루함을 느껴, 장난을 치거나 친구에게 말을 걸거나 멍을 때리기도 합니다. 열심히 하고자 하는 동기마저 상실해 책상에 턱을 괴고 있다거나 엎드린다거나 졸기까지 합니다. 수업 시간에 성실히 참여하지 않고, 때로는 산만하기도 해서 수업 태도가 나쁜 열등생으로 보일 수도 있습니다.

두 번째, 영재라고 모든 발달 영역이 균형 있게 발달하지 않습니다. 인지와 언어 능력이 높은 것에 비해 사회성은 현저히 떨어져, 이해되지 않는 행동을 하기도 합니다. 앞서 언급했던 레타 스테터 홀링워스는 영재들이 사회적 상황에 대처하는 부분에 있어서 어려움을 겪는 것을 지적하며, 영재들의 조기 발견과 개인별 특성에 맞춘 특별 교육이 필요하다고 강조했습니다. 천재와 바보는 종이 한 장 차이라는 말도 있듯이, 영재들은 엉뚱한 생각을 하고 이것이 엉뚱한 행동으로 이어지기 때문에 때로는 어리석어 보이기도 합니다. 보통 사람들은 저지르지 않을 실수를 종종 하기도 하고, 사람들과 어울리는 데 능숙하지 못해 특이한 사람으로 여겨지기도 합니다. 물론 지능이 높으면 암기력이 좋고, 복잡한 정보를 빠르고 쉽게 처리할 수 있어 학습에 유리해 학교 성적이 좋을 수 있습니다. 하지만 지능을 잘 활용하려면 균형이 필요한데, 지능이 높을수록 자기만의 고집스러운 생각 안에 갇히는 경우가 많습니다. 또 지적 능력이 뛰어나기 때문에 또래보다 어휘력이 탁월해 고급 단어를 사용하고 높은 수준의 유머 감각을 가진 경우가 많다 보니, 나이 많은 사람들과 이야기하려는 경향이 있기도 합니다. 이는 동시에 어울릴 만한 또래를 만나기 쉽지 않다는 뜻이고, 결국 또래 사이에서 자기 생각을 고집하다가 오해를 사거나 왕따를 당하는 상황으로 이어질 수도 있습니다.

세 번째, 영재는 예민 및 완벽주의 기질로 인해 불안하고 우울한 아이가 될 가능성이 큽니다. 남들이 보기에는 훌륭하고 좋은 결과여도 본인 기준의 완벽함에는 다다르지 못했다고 생각하기에 불안감을 느끼고 자괴감에 빠집니다. 이런 모습들은 오히려 실패를 무서워하는 아이, 도전을 두려워하는 아이로 보이게 할 수도 있습니다.

렉시(10세)는 일주일 뒤에 있을 과학 프로젝트를 준비 중입니다. 각자 관심이 있는 주제를 조사해 자기만의 방식으로 교실 앞에 나와서 발표하는 것입니다. 지진에 대해 발표하기 위해 인터넷으로 정보를 찾아보고 관련 책을 읽습니다. 그런데 다음 날 학교에서 다른 친구가 지진에 대해 발표하는 것을 듣고 주제를 바꿉니다. 주제가 같으면 친구와 비교당할 것 같아서, 그보다 완벽한 발표를 할 수 있을지 불안해서였지요. 그래서 새롭게 회오리바람에 대해 발표하기로 계획을 수정하고 정보를 다시 찾습니다. 남들과는 다른, 기억에 남는 발표를 하고 싶기에 태블릿에 회오리바람을 그리기 시작합니다. 생각보다 회오리바람을 표현하기가 쉽지 않자, 이번엔 종이에 회오리바람을 그려보다가 이것도 잘 안 되자 그냥 이미지를 찾아서 프레젠테이션 포맷에 저장합니다. 회오리바람이 생기는 원리를 한 장 가득 적어놓고 외우기 시작합니다. 생각만큼 멋지게 발표할 수 있을까 하는 마음에 가족들에게 만든 자료를 보여주면서 계속 묻습니다. 아빠가 잘했다고 칭찬해줘도 이상한 부분이 없냐며 보충할 내용을 말해달라고 합니다. 자신의 순서가 두 번째라는 것에 여러 번 불만을 털어놓습니다. 비교적 일찍 하다 보니 나중에 하는 친구들 발표가 더 훌륭할까 걱정입니다.

발달 과정과 모습이 특별한 아이들

발달이 '빠르다', '느리다'에서 더 나아가, 이번에는 발달이 '특별한' 아이에 대해 이야기해보겠습니다. 또래의 발달 속도나 양상의 범주에서 벗어나는 아이들입니다.

통합반에서 아이들을 가르치던 시절, 조나단이라는 아이가 있었습니다. 5세인데 교실에 있는 장난감은 쳐다보지도 않았습니다. 아침에 교실에 들어오면 선생님에게만 인사하고, 바로 책상에 앉았습니다. 그러고 나서 종이에 스스로 5자리에서 10자리 수의 덧셈과 뺄셈 문제를 내고 풀기를 반복했지요. 어떤 날은 만들기에 활용하라고 놔두었던 잡지를 들고 와서 한참을 읽다가 덮고는 읽었던 내용을 술술이 적기도 했습니다. 스펠링 하나 틀린 것 없이 말이지요. 심지어 보조 선생님들이 헷갈리는 스펠링을 조나단에게 물어보는 일도 있었습니다.

조나단이 특별한 능력을 발휘한 놀랄 만한 일은 또 있었습니다. 크리스마스 방학이 끝나고 개학 첫날, 조나단은 상기된 얼굴로 교실에 들어왔습니다. 엄마한테 새해 달력을 선물 받았다며 너무 좋다고 저에게 자랑했지요. 그러면서 제 생년월일을 물었습니다. 6월 15일이라고 대답하자, 태어난 해도 말해달라고 해서 1977년이라고 했더니 그날이 수요일이라고 대답했습니다. 그냥 하는 소리인가 싶다가 궁금해서 찾아봤더니 정말 수요일이었습니다. 이어 저보다 10살, 20살이 더 많은 보조 선생님들이 앉다

뤄 생년월일을 이야기하자 조나단은 망설임 없이 요일을 알려줬고, 다들 인터넷으로 찾아보기 바빴습니다.

이렇게 특별한 능력을 지녔던 조나단은 사회 정서 발달 면에서는 큰 어려움을 겪고 있었습니다. 자신만의 루틴을 세워놓고 그 틀에서 벗어나는 것을 극도로 싫어해, 자신의 의도와 상관없이 루틴이 바뀌면 큰 감정에 휩싸여 주체할 수 없이 눈물을 흘렸습니다. 음악 선생님이 갑자기 아파서 못 나오는 바람에 음악 시간을 건너뛰기라도 하면, 대체 수업 시간 내내 "지금 음악인데, 음악인데, 음악인데"를 반복하며 교실 뒤를 서성거렸습니다. 교실 벽에 붙어 있는 수업 시간표가 조금이라도 삐뚤어지면 곧바로 가서 똑바로 맞췄습니다. 자신의 기준에서 아주 작게라도 실수하면 절망한 채 바닥에 주저앉아 울음을 터뜨렸고, 진정시키는 데도 긴 시간이 걸렸습니다. 조나단과 대화를 나눌 때는 주로 본인이 관심 있는 주제만 나열하는 수준이라, 언어 치료를 통해 핑퐁 대화가 이뤄질 수 있도록 노력했고, 놀이 치료를 통해 감정을 조절하는 법을 배우도록 했습니다. 조나단은 당시 제가 재직했던 학교를 마치고 근교의 영재 학교로 진학했습니다.

조나단은 이렇게 2가지 맥락에서 2배로 특별한 아이였습니다. 천부적인 재능(영재성)과 장애를 같이 갖고 있었던 것입니다. 이런 아이들의 천재성은 장애에 가려 잠재력을 펼치지 못할 수도 있고, 반대로 도움이 필요한 영역이 천재성에 가려 그에 맞는 도움을 받지 못할 수도 있기에 특별한 주의가 필요합니다.

2배로 특별한 아이를 조금 더 쉽게 설명한다면, 인지적으로 뛰어난데 하나 이상의 장애, 예를 들어 자폐 스펙트럼 장애, 주의력결핍과잉행동장애, 난독증, 학습 장애 등을 가지고 있는 경우입니다. 이런 아이들은 보통 아이들에게 쉬운 것이 어렵습니다. 발달 영역 간의 차이는 모든 아이에게 나타나는 현상이지만, 이렇게 2배로 특별한 아이들의 경우, 한 영역이 월등히 뛰어난 것에 비해 다른 영역이 현저하게 떨어져, 보통 학교에서 제공되는 교육 시스템 안에서 어려움을 겪습니다. 정보를 처리하는 과정이 보통 아이들과 다르고, 정서적 또는 감각적으로 매우 예민하여 친구들과의 교류가 쉽지 않습니다. 아이마다 드러나는 성향은 다르나 몇 가지 더 나열한다면, 특정 분야에만 호기심이 월등히 커서 관심 밖의 분야는 전혀 신경을 쓰지 않으며, 완벽주의 성향에

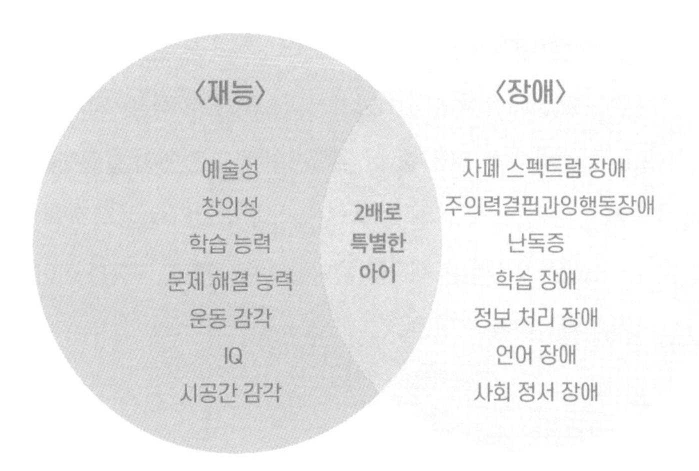

2배로 특별한 아이

자존감이 매우 낮을 수 있습니다. 사회성이 부족하고 지루해하거나 동기가 결핍되어 나타나는 행동 문제도 동반합니다.

- **자폐 스펙트럼 장애**

- 자폐 스펙트럼 장애는 증상이 다양하고 폭넓게 퍼져 있어서 자폐에 '스펙트럼'이라는 용어를 덧붙입니다. 강도로 보면 특정 행동을 경미하게 보이는 아이가 있는 반면에, 크게 보이는 아이가 있고, 증상으로 보면 사회적 상호 작용에서 어려움을 겪고 감각적으로도 예민한 아이가 있는 반면에, 감각적으로는 괜찮은데 언어 발달에 어려움을 겪는 아이도 있습니다. 간단하게 주요 특성을 종합해보면, 사회적 상호 작용, 의사소통, 과도한 특정 관심사, 반복적인 행동 패턴, 예민하거나 둔한 감각, 그리고 루틴에 대한 집착 등이 있습니다. 앞서 예시로 등장한 조나단은 과거의 '아스퍼거 증후군Asperger's Syndrome'을 앓고 있는데, 아스퍼거 증후군은 현재 자폐 스펙트럼 장애로 통합되었습니다. 아스퍼거 증후군은 자폐 스펙트럼 장애의 하위 질환 중 하나로, 일반적으로 언어 발달에는 큰 문제가 없지만, 비언어적 의사소통이나 타인의 감정과 행동, 그리고 상황을 이해하는 데 어려움이 있기에 원활한 대화를 이어나가기가 힘듭니다.

- **주의력결핍과잉행동장애ADHD**

- 주의력이 부족해 쉽게 산만해지고, 과다한 활동성에 충동성까지

있어 가만히 있지를 못하고, 상황 파악이 되지 않는 말이나 행동이 앞서는 경우가 많습니다.

• 난독증

- 학습 장애 중 하나로, 글을 읽고 이해하는 데 어려움이 있는 경우입니다. 단어를 인식하고 의미를 파악하는 과정을 힘들어 해서 책 읽는 속도가 느립니다. 난독증은 시력이나 지능과는 무관하며, 난독증이 있는 아이들은 아이러니하게도 대부분 평균보다 높은 지능을 갖고 있습니다.

• 학습 장애

- 학습 장애는 미취학 아동에게는 진단을 내리지 않는데, 그 이유는 학습 장애의 증상이 학령기 아이들이 학습하면서 흔히 보이는 모습이기 때문입니다. 학습 장애는 학습하는 데 어려움이 있는 것으로, 이는 개인별로 다르게 나타납니다. 주로 읽기, 독해, 수리 능력, 언어 능력(말하기, 듣기, 쓰기 등 언어의 이해 및 사용 능력), 그리고 집중력과 기억력에 문제가 있습니다.

• 정보 처리 장애

- 정보를 받아들이고 이해해서 처리하는 과정에 어려움을 겪습니다. 또한 언어 장애의 하나로, 말이나 글을 이해하고 사용하는 데 문제가 있습니다. 특히 시간의 순서, 공간적 관계에 대한 이해가

서툴기에 정리를 하거나 일을 계획하는 것을 힘들어합니다. 집중하거나 기억하는 것, 그리고 비유적인 언어나 의미를 유추하는 것을 못 하기에 일상생활 및 학습에 큰 영향을 미칩니다.

• 언어 장애

- 언어를 습득하고 사용하는 데 능숙하지 않아 의사소통에 문제가 있는 경우입니다. 다양한 형태의 언어 장애가 있지만, 주로 특정 소리를 내지 못해 불명확하거나 대체된 소리를 내는 발음 장애, 단어의 의미를 이해하거나 사용하는 데 어려움을 느끼는 어휘 장애, 문법적 구조와 규칙을 적절히 사용하지 못하는 문법 장애, 자기 생각을 표현하는 데 어려움을 느끼는 표현 언어 장애, 지시 사항이나 말을 이해하는 데 어려움을 느끼는 이해 언어 장애, 그리고 음절이나 단어를 반복하는 말더듬증 장애 등이 있습니다.

• 사회 정서 장애

- 감정을 인식하고 표현하고 조절하는 것에 어려움이 있어 사회적 상호 작용이 원만하게 이뤄지지 않는 경우입니다. 다양한 상황을 이해하고 이에 맞는 적절한 행동을 하는 것이 제한적이라 타인들과 관계를 형성하고 이어나가는 데 어려움을 겪습니다. 그뿐만 아니라 사회적 규칙을 이해하고 준수하는 데도 어려움을 겪습니다.

아이의 발달은
느리다(X), 빠르다(X), 다양하다(O)

아이들은 각자 우세한 발달 영역이 있고, 여러 영역을 조합해 하나의 고유한 인격체로 성장해나가므로 사실 이것을 단순히 '빠르다', '느리다'로 구분해 비교할 수는 없습니다. 또래 평균에 빗대어 빠르고 느리고를 정의해 아이가 어디에 속하는지, 그래서 아이를 무턱대고 끌어올리는 데만 급급해하지 말고, 아이를 있는 그대로 존중하고, 그 아이의 고유함을 바라보는 것이 부모가 진정으로 아이 발달의 다양성을 인지하는 길입니다. 이렇게 부모가 아이 발달의 다양한 과정과 모습을 진정으로 알아야만, 이를 기반으로 하여 아이의 속도와 성향에 맞게 발달을 도와줄 수 있습니다.

예시 1 마야(6세)는 주변에서 똑똑하다, 머리가 좋다는 말을 자주 듣습니다. 한 번 들려준 이야기나 한 번 본 것을 모조리 기억해서 어른들을 자주 놀라게 합니다. 책을 읽다가 새로운 단어를 배우면 금방 외우고, 금세 그 단어를 활용해 문장으로 말하기도 합니다. 마야의 부모님은 내심 기특한 생각이 들었고, 그래서 아이의 발달에 관해서는 별다른 걱정을 하지 않았습니다. 동네 놀이터에서 놀 때 양보를 하지 않는다거나 자기주장이 너무 강하다는 생각이 들기는 했지만, 아직 어려서 그럴 거라고 생각했고, 크면서 자연스럽게 나아지리라 생각하며 따로 문제 삼지 않았습니다.

그런데 마야가 유치원에 가기 시작하면서 다양한 문제들이 발생했습니다. 미끄럼틀 위에서 친구를 아래로 밀쳐 넘어지는 걸 보며 웃기도 하고, 글씨를 삐뚤게 쓰는 친구를 바보라고 놀려댔습니다. 친구들이 열심히 쌓은 탑을 무너뜨리고 도망가는 때도 있었고, 동화책을 함께 읽고 대화를 나누는 시간에는 엉뚱한 소리를 하기 일쑤였습니다. 마야는 인지와 언어적으로는 우세했지만, 사회 정서적으로 공감하는 능력이 또래보다 많이 떨어졌기에 이후 학교생활을 원만하게 하는 데는 어려움을 겪었습니다.

예시 2 마이크(7세)는 말을 늦게 뗐습니다. 또래보다 어휘력과 표현력이 제한적이고 발음도 부정확해서 마이크의 부모님은 지속해서 마이크의 언어 능력을 키우는 데 힘을 기울였습니다. 발음이 부정확할 때마다 "다시", "다시" 하며 교정했고, "이게 뭐야?", "저건 뭐지?" 하며 사물을 명명하도록 했지요. 마이크는 또래보다 언어 능력이 조금 떨어지긴 했지만, 놀이터에서 친구들과 문제없이 함께 뛰놀고, 교실에서도 기차나 블록으로 놀이하며 친구들과 잘 어울렸습니다. 그런데 언제부터인가 말수가 점점 줄어들고, 특히 발표는 아예 하지 않게 되었습니다. 친구들이 말을 걸어도 기어가는 목소리로 대답하며 말끝을 흐리고, 이내 친구들이 없는 곳으로 가버리는 날이 늘어났습니다.

아이의 평균 백분율이 특정 발달 영역에서 낮은 경우, 걱정을 앞세워 아이의 잘하는 부분을 뒤로한 채 보완해야 하는 부분에만 집중하지 않기를 바랍니다. 마이크는 사회성이 좋은 아이였지만, 부모의 조급한 태도로 인해 이전보다 말을 더 안 하는 아이가 되었습니다. 친구들과의 교류에도 역효과를 내고 말았지요. 말할 때마다 발음을 교정하고, 과도하게 사물을 명명하라는 지시에 아이의 스트레스가 계속해서 높아진 것입니다. 이와는 반대로 마야처럼 특정 발달 영역의 평균 백분율이 높을 때 '우리 아이가 참 빠르잖아. 혹시 영재인가? 걱정 안 해도 되겠네' 하며 무심코 지나치는 것 또한 바람직하지 않습니다.

만약 한 영역이 다른 발달 영역과 비교해 월등히 뛰어난 경우에는 더 면밀하게 아이의 발달을 지켜봐야 합니다. 숫자나 문자에만 높은 관심이 있고, 장난감을 갖고 놀지 않으며, 또래에게 관심이 없는 아이는 인지 영역만 계속해서 발달할 뿐, 사회 정서 및 신체 발달의 기회를 놓칠 수도 있기 때문입니다. 그중 일부는 앞서 소개한 조나단처럼 자폐 스펙트럼 장애를 의심해볼 수도 있겠지요. 평균 백분율은 우리 아이가 잘하는 부분 또는 보완이 필요한 부분을 아는 도구, 즉 우리 아이를 더 잘 이해하는 도구로만 활용해야 합니다. 이 수치에 부모의 판단과 감정이 더해지면 안 됩니다. 그리고 필요하다면 전문가의 도움을 받아 적절한 대처를 하는 것이 가장 중요합니다.

아이가 균형 있게 잘 자라고 있는지 그 정도를 파악하는 데 부모가 확신이 없는 경우에는 영유아 건강 검진을 통해 전문가와 상의를 하는 것만으로도 불안감을 덜 수 있습니다. 한국에서 아이는 태어나면 무료로 건강 검진을 받을 수 있습니다. 이때 전문가의 질문에 답하는 식의 선별 검사가 이뤄집니다. 최근에는 온라인에서 선별 검사 서비스를 제공하는 곳도 쉽게 찾아볼 수 있습니다. 이런 선별 검사를 통해 발달 지연이 의심되는 영역들을 발견할 수 있고, 후속 검사가 필요할 시에는 전문가가 다음 단계로 안내해줄 것입니다. 선별 검사의 결과에 따라 총체적인 발달 검사를 진행할 수도 있고, 소아과 전문의, 심리학자, 특수 교사, 언어 치료사 등 기타 전문가들과 함께 특정 영역의 검사를 진행할 수도 있습니다.

여기서 제가 꼭 당부하고 싶은 것은, 처음으로 행한 선별 검사에서 아이의 발달 지연이 의심되는 영역이 나오더라도 크게 동요하지 말라는 것입니다. 앞서 이야기했듯이 단 한 번의 검사로 아이의 발달 사항을 결론짓는 것은 위험할 수 있습니다. 몇 달 뒤에 다시 검사해서 이상 소견이 없는 경우도 많기 때문입니다. 따라서 부모는 평균 백분율의 존재 의미를 바르게 이해하여, 우리 아이의 발달 단계가 어디에 있는지 알고, 자극이 필요한 영역이나 잠재성을 보이는 영역을 발견해 균형 있는 발달을 위한 육아 및 교육 방향을 잡도록 노력해야 할 것입니다.

아이의 발달 단계에 맞는 양육 및 육아 환경 조성법

방법 ①
평균 백분율을 참고해 발달 단계에 적절한 자극을 준다

아이의 균형 있는 발달을 위한 양육 환경 조성이란 무엇일까요? 또래 평균보다 낮게 나온 영역 중 특별히 낮았던 항목을 고려해, 그 부분이 다른 영역에 어떻게 영향을 미치는지 생각한 다음, 발달을 도모할 수 있는 적절한 자극의 환경을 조성하는 일일 것입니다.

우선 아이의 특정 발달 영역이 또래 평균에 비해 큰 차이로 더딘 향상을 보였다면, 그 이유가 무엇인지 다시 한번 아이를 면밀하게 관찰할 필요가 있습니다. 모든 행동과 결과에는 원인이 있기 때문입니다. 예를 들어, 만약 아이가 감정을 말로 표현하는 법을 아직 습득하지 못했다면, 화가 났을 때 울거나 물건을 던지는 행동을 함으로써 사회 정서 영역에서 또래보다 낮게 평가될 수 있습니다. 그럴 경우, 아이의 눈높이에 맞춰 감정을 언어로 표현하는 법을 구체적으로 알려줘야 합니다. 아이의 사회 정서 발달 상황에 따라 다양한 감정을 인식하는 법부터 시작할 수도 있고, 감정을 인식한 후 말로 표현하도록 감정과 언어를 연결하는 법을 가르쳐줄 수도 있습니다.

아이는 화가 나거나 기쁘거나 신나는 것처럼 단순한 감정은 명명할 수 있어도 짜증이 난다거나 불안하다거나 질투, 긴장감, 아쉬움 등 보다 섬세하고 복합적인 감정을 언어로 표현하는 것은 어려워합니다. 그래서 감정 어휘를 넓혀주는 것이 도움이 되지요. 부모가 일상에서 다양한 감정 어휘를 사용하는 경우가 쌓이다 보면, 아이 또한 점차 감정 표현 능력이 향상될 수 있습니다. 가장 중요한 것은 과격한 행동을 대신할 수 있는 새로운 행동을 구체적으로 가르쳐주고, 그래도 아이가 어려워한다면 유사한 상황이 담긴 동화책을 활용한다거나, 아이가 좋아하는 장난감을 이용해 역할극으로 보여주는 것도 효과적입니다.

또 다른 예로, 아이가 인지 영역에서 한글 또는 숫자를 잘 쓰지 못해 평균 백분율이 낮게 나왔다고 가정해봅시다. 아이가 산만해서, 또는 에너지 레벨이 높아서 차분히 앉아 글씨를 또박또박 쓰지 못했을 수도 있습니다. 혹은 아직 소근육이 발달하지 않아서 글씨를 또래보다 못 썼을 수도 있고, 손과 눈의 협응력 발달이 미숙했을지도 모릅니다. 에너지 레벨이 높은 것이 차분히 앉아 글씨를 쓰지 못한 이유였다면, 충분한 외부 활동이나 전신 운동을 통해 에너지를 발산하도록 하는 방법이 도움이 됩니다. 소근육이 덜 발달했다면 손 조작이 필요한 블록이나 찰흙 놀이를 통해 소근육을 키워주는 것이 좋겠지요. 손과 눈의 협응력 발달이 문제라면 구슬 꿰기나 퍼즐, 그리고 공놀이가 눈으로 공의 움직임을 인식하며 손을 사용해야 하기에 도움이 됩니다.

이렇듯 발달의 다양성을 존중하는 양육 환경이란, 평균 백분율을 참고해 아이의 발달 단계에 적절한 자극을 줄 수 있는 환경을 조성하는 것입니다.

방법 ②
아이 중심의 육아 가치관을 지향한다

육아와 교육 현장에서 '아이 중심child-centered'이라는 말은 흔하게 쓰입니다. 육아든 교육이든 아이를 중심에 두고 시작하는 것이 중요하다는 이야기는 수십 년 전부터 학자들이 많은 연구와 조사를 통해 주장해왔습니다. 하지만 여전히 말만 앞세우거나, 본질과 다른 아이 중심의 육아와 교육이 이뤄지는 현실을 보면 안타깝기만 합니다. '아이 중심'으로 그럴듯하게 포장하여 '아이의, 아이에 의한, 아이를 위한 육아와 교육'이라는 말 아래 부모들은 여러 가지 책, 아이템, 활동, 수업 등을 찾아보고 구매해 아이가 체험할 수 있도록 바쁜 일상 안에 많은 일정을 구겨 넣습니다. 물론 모든 부모가 그렇다는 것은 아니지만, 세계의 여러 나라 부모들과 비교했을 때 유독 한국 부모의 육아 풍경에는 열심히 모은 육아 및 교육 정보로 인해 아이와 부모가 둘 다 정신없이 바쁜 모습이 들어 있습니다. 여기서 생각해봐야 할 것은 과연 이 모든 것이 아이에게 필요한가, 아이가 관심을 보이고 재미있어하는가, 아이의 발달 양상에 맞는가, 그리고 발달을 돕기 위해 적절한 자극을 주는 도구인가 등입니다.

예를 들어 한국에는 마치 미국의 도서관이나 유치원 일부를 보는 듯한 가정집들이 많이 눈에 띕니다. 거실 벽면이 바닥부터 천장까지 온통 책으로 가득하고, 두뇌 발달에 좋다는 온갖 장난감들, 해외에서 들여온 아이템, 학습에 도움이 되는 게임 등이 넘쳐납니다. 미국 학교나 유치원의 커리큘럼을 따르는 교육 세트를 두기도 하고, 전집도 분야별로 구해서 빼곡히 책장을 채웁니다. 과연 아이가 이 모든 것을 좋아할까요? 정말로 이 모든 것이 아이 발달에 필요할까요?

아이 중심으로 육아한다는 말의 의미는 무엇일까요? 일반적으로는 아이를 중심에 놓고, 즉 아이를 우선순위에 두고 최상의 환경을 조성해주는 육아라고 많이들 생각하는 것 같습니다. 이때 아이의 의견을 들어주느라 아이가 원하는 대로 해주면서 아이의 고집이 더 세지고 부모가 아이를 통제하기 힘들어하는 상황에 놓이기도 합니다. 이런 육아 형태는 아이가 자기 의견이 수용되지 않는 상황을 잘 못 견디고, 감정이나 행동을 조절하는 훈련을 받지 못했기에 더욱 떼를 쓰거나, 좌절을 쉽게 하거나, 심지어 폭력적인 행동을 일으키는 원인이 되기도 합니다.

아이 중심 육아는 아이를 우선시하고 가족의 생활을 아이에게 맞춰가는 것이 아닙니다. 아이의 발달 모습을 제대로 관찰하고 이해하여 강점과 잠재력이 무엇인지 알아내 강화하고, 부족한 부분을 발견해 그것을 보완해나가는 것이지요. 즉, 아이의 강점이나 잠재력이 약점으로 인해 퇴색되지 않도록 아이가 진짜로 필요한 능력을 키워나갈 수 있는 환경을 제공하는 것입니다.

원래 육아의 기본적인 뜻은 아이의 자립을 도와주는 것을 말합니다. 아이가 주도적이고 독립적인 인격체로 부모의 품 안에서 벗어나 자립할 수 있도록 도와주려면, 아이 고유의 발달 양상을 제대로 파악하고, 발달 수준에 맞도록 육아 방식 또한 조정해야 합니다. 아이의 잘못된 행동은 바로잡고, 행동에 대한 책임도 지게 하며, 같이 살아가는 공동체 구성원을 배려하도록 가르치고, 때로는 희생과 실패를 경험하게 해야 합니다. 아이를 제일 중하게 여기느라 부모의 생활을 기꺼이 포기하는 것은 '아이 중심'이 아닙니다. 아이를 위한답시고 아이를 힘들게 하는 요소들을 미리 제거하는 것 또한 '아이 중심'이 아닙니다. 아이를 위해 다른 것을 다 줄이면서 사교육이나 조기 교육에 올인하고 있다면 다시 한번 생각해보기를 바랍니다. 아이를 위한다며 시작한 사교육이나 조기 교육의 명분은 어쩌면 부모가 아이를 자신이 원하고 바라는 대로 키우기 위함이었는지도 모릅니다.

한국은 사교육비 지출 세계 1위입니다. 사교육 프로그램의 수도 1위이며, 학업 스트레스로 인한 우울증 발생률과 자살률의 수치도 높습니다. 아이 중심으로 시작하지 않은 조기 교육은 아이에게 어린 시절부터 스트레스, 경쟁 심리, 자기 조절력에 악영향을 미치고, 특히 정서적인 발달이 중요한 유아기에 보다 중요한 것을 놓치고 갈 수도 있습니다. 특히 2세 이전의 아이에게는 지적 자극보다 감정적 충족이 더 중요하며, 숫자나 문자를 배우는 것보다는 자연에서 오감을 사용해 얻는 경험이 균형적인 발달에 훨씬 중요한 요소입니다. 상상력과 창의력은 교육이 아닌 경험으로써 키울 수 있는 능력입니다. 아이를 균형적으로 발달시키려면 조기 교육을 언제쯤 무엇부터 시작할지보다, 지금 우리 아이가 발달 단계상 어디에 있는지에 대한 관찰과 이해가 우선입니다.

결국, 우리 아이가 좋아하고 관심을 보이는 것이 무엇인지, 잘하는 것이 어떤 영역인지를 면밀하게 알아보는 것이 아이 중심 육아의 모습입니다.

방법 ③
DAP를 활용한다

미국 학교에서 디렉터로 근무하던 시절, 다수의 교사 연수를 진행했었는데, 그중 하나가 DAPDevelopmentally Appropriate Practice(발달에 적합한 실제)라는 교수법으로, 교사나 치료사들이 아이의 발달을 이해하고, 그에 맞춰 커리큘럼을 조정할 수 있게 하는 것이었습니다.

4세 반 아이들에게 이름을 스스로 쓰도록 지도하는 시간이라고 가정해봅시다. 첫 번째 아이는 소근육 발달이 뛰어나 이미 자기 이름을 쉽게 쓰고, 두 번째 아이는 알파벳 몇 자를 따라 쓰는 정도이며, 세 번째 아이는 자기 이름은 알지만, 연필을 바르게 잡지 못하고 색칠하기도 힘들어합니다. 이처럼 각기 다른 세 아이에게 모두 똑같은 종이를 주고 줄을 맞춰서 이름을 쓰라고 하는 것은 각 아이의 발달을 고려한 수업이라고 할 수 없습니다. 첫 번째 아이는 종이에 위치만 알려줘도 스스로 잘 쓸 것입니다. 두 번째 아이는 자기 이름을 구성하는 알파벳과 그 순서를 헷갈리기에 샘플을 보여주고 그대로 따라 쓰라고 하면 그렇게 할 것입니다. 세 번째 아이는 연필 사용이 서투르므로 연필을 바르게 잡을 수 있도록 도구를 제공해주고, 종이에 이름 쓰는 칸을 조금 크게 그려주면 좋을 것입니다.

아이마다 발달 단계에 맞는 육아 및 교육 환경이 제공되면 잠재력이 깨어나고, 자신감과 자존감이 커지며, 발달 영역 간 상호 보완이 일어나 결국 아이가 균형 있게 자랄 것입니다. 이름 쓰기를 지도하는 시간에 모든 아이에게 똑같은 방법으로 이름을 쓰라고 했다면, 어떤 아이는 자기보다 잘 쓰는 친구들을 보며 자존감이 떨어졌을 테고, 연필조차 바르게 잡지 못하는 아이는 어쩌면 쓰기 자체를 포기하거나 싫어하게 되었을지도 모릅니다. 이처럼 아이마다 각자의 발달에 따른 DAP로 차근차근 단계별로 배우고 익히면서 성장해나갈 수 있는 것입니다.

DAP는 수많은 전문가들의 연구와 인정을 기반으로 한 교육 철학입니다. 미국 유아교육학회가 제시한, 유아 교육이 나아가야 할 방향을 보여주는 접근법이라고 할 수 있습니다. DAP는 아이의 특성에 맞는 환경을 제공하기 위해 기본적으로 고려해야 하는 사항을 다음과 같이 3가지로 이야기합니다.

- 아이들의 연령적 발달 특성
- 아이들의 개별적 발달 특성
- 사회 문화적 맥락을 고려해 무엇이 가장 유아를 위한 교육인지 고안하는 것

일반적으로 나이라는 범주 내에서 보이는 인간의 기본적인 특성을 인지하고, 아이마다 보이는 개별적인 능력이나 흥미, 그리고 그 아이가 속한 가족의 생활 방식, 가치관, 문화적·경제적

배경 등을 고려해 교육이 이뤄져야 한다는 것입니다.

DAP에서 추구하는 바와 같이 가정에서의 육아 또한 앞선 3가지를 고려해 유연하게 진행되어야 합니다. 아이의 개인적 발달 수준과 흥미에 따라 다르게 방법을 적용하는 것만큼 좋은 육아법은 없습니다. 아이의 고유성 및 가정의 가치관과 문화에 따른, 아이에게 가장 잘 맞는 가정만의 고유한 육아 방식이 필요하다는 것입니다.

아이의 강점과 약점의 상호 작용

약점을 강점으로 바라보는 법

아이를 처음 낳아 키울 때는 젖을 잘 빨기만 해도, 똥을 잘 누기만 해도, 나를 쳐다만 봐도, 아주 사소한 행동 하나하나에 "잘한다, 잘한다" 하며 응원해주고 기뻐합니다. 하지만 아이가 성장하면서 잘 키우고 싶은 부모의 마음이 앞서다 보면 어느 순간부터 아이의 부족한 부분이 더 잘 보이게 됩니다.

'옆집 아이는 벌써 걷던데, 왜 우리 아이는 아직일까?'

'그 아이는 문장으로 말하던데, 우리 아이는 아직 단어 몇 개만 사용하네?'

잘 컸으면 하는 마음, 부족한 부분을 어서 채워주고 싶은 마음에 부모는 아이가 잘하는 것보다는 도움이 필요한 부분에 신경을 더 쓰게 되는지도 모르겠습니다. 그리고 부모의 이런 생각이나 태도는 아이가 가정이라는 작은 사회를 벗어나 어린이집이나 유치원 등 조금 더 큰 사회로 나가면서 더 커지는 듯합니다.

아이들은 어린이집이나 유치원에 등원하기 시작하면서부터 평가에서 자유롭지 못합니다. 안타까운 현실이지요. 영어 유치원이나 사립 유치원, 또 각종 학원에서는 유아기부터 레벨 테스트를 보고, 이에 맞춰 부모는 아이의 부족한 부분을 채워 원하는 곳에 합격시키고 싶어 합니다. 이처럼 부족한 부분을 먼저 보는 것이 한국 사회의 현실입니다. 한국에서는 겸손을 미덕으로 생각해서인지 칭찬에 그다지 익숙하지 않습니다. 부모 세대도 성장하면서 자신의 강점보다는 약점을 더 찾고, 그것을 개선하기 위해 시간과 에너지를 쓰며 살아왔습니다. 어린 시절부터 학교에서는 시험을 치러 점수로 평가를 받았고, 결과에 따라 성적이 안 나온 부분은 노력해서 점수를 올려야 했습니다. 이를테면 체육을 잘해서 점수를 잘 받았더라도 수학 점수가 낮게 나오면 잘한 체육에 대한 칭찬 대신, 못한 수학에 대한 질책을 받는 경우가 당연했을 것입니다. 즉, 부모 세대도 어린 시절부터 자신의 약점에 주목하는 성향으로 키워진 셈입니다.

이렇게 약점을 먼저 보는 사회적 분위기와 어른들의 성향은 아이들에게 고스란히 전해지고, 아이 또한 약점에 주목하는 어른으로 자라게 됩니다. 이런 환경에서 자란 아이들은 자존감 형성에 영향을 받고, 다른 사람을 볼 때도 약점부터 보며, 부정적인 사고 때문에 소중한 기회를 놓칠 수도 있습니다. 아이에게 잠재해 있는 고유의 능력을 꺼내보는 소중한 기회 말입니다.

학교에서 디렉터로 일하다 보면 아무래도 학기 초에 많은 부모들을 만나게 됩니다. 처음 만난 부모들과의 면담은 "아이에 대해 이야기해주실래요?Can you tell me about your child?"로 시작합니다. 면담은 입학하는 아이에 대한 정보를 얻어 적합한 반에 배정하고, 학기 시작 전에 선생님들에게 그 내용을 전해 아이 친화적 커리큘럼을 미리 세우기 위한 절차이지만, 첫 질문에 대한 부모의 답변을 들으면 아이에 대한 부모의 생각, 즉 육아 가치관과 육아 방식을 엿볼 수 있습니다. 아이가 잘하는 것, 좋아하는 것 등 아이의 성향에 대해 먼저 이야기하는 부모도 있고, 아이의 부족한 부분을 나열하며 고민되는 부분부터 이야기하는 부모도 있습니다. 다음은 학기 초에 진행했던 부모님 2명의 면담 시작 부분을 예시로 간단하게 구성해본 것입니다.

"이안은 잠시도 가만히 있지 못해서 걱정이에요. 일단 책상에 잘 앉아 있지도 않고, 가끔 색칠 공부라도 한다고 앉으면, 1분도 못 앉아 있고 대강 휙 하고 선 넘게 막 칠해놓고선 다른 장난감을 꺼내 놀아요. 맨날 심심하다고 밖에 나가자고만 하고, 놀이터에 한번 나가면 들어올 생각을 안 해요. 간식으로 꼬드겨서 겨우 집에 들어와 책이라도 같이 보려고 하면, 또 책장을 마구 넘기더니 '끝!'이라고 하고요. 다 같이 앉아서 하는 그룹 활동을 잘할 수 있을지 걱정이에요. 밥 먹을 때도 계속 돌아다니며 먹어서 1시간 넘게 걸리는 날도 있어요. 잔소리가 안 좋은 건 아는데 안 할 수가 없네요. 계속 이거 해라, 저거 해라만 반복하게 돼요. 혹시 ADHD는 아니겠지요? 아이가 산만해서 인지 발달에 문제가 생기는 건 아닐지 걱정되고, 책에는 도통 관심이 없어서 나중에 학령기에 접어들면 학습적인 부분에서도 뒤처질까 고민이 커요. 아, 맞다, 이안은 키가 작은데, 돌아다니면서 자꾸 부딪히고 넘어져요. 어떤 운동을 시키면 신체 발달에 도움이 될까요?"

"카일은 아주 활동적이에요. 야외 놀이를 좋아하죠. 겁이 없고 도전을 좋아해, 간혹 위험해 보이는 행동을 해서 주의를 시킬 때가 있어요. 그래서 이번에는 유소년 축구팀에 데려가보려고 해요. 팀 스포츠에 참여해 규칙을 배우고 밖에서 신나게 뛰어다니면 좋을 것 같아서요. 또 카일은 높은 곳에 올라가는 걸 좋아하는데, 특히 나무를 잘 타요. 호기심도 많아서 이것저것 다 해보고 싶어 하고요. 자동차를 좋아해서 자동차에 대한 건 뭐든 오래 집중하는데, 관심 밖에 있는 것들에 대해서는 쉽게 자리를 뜨고, 계속 새로운 것을 찾아다녀요. 얼마 전에 고모가 미니카 100대 세트를 선물했는데, 자동차를 세어보다가 숫자를 100까지 셀 수 있게 됐어요. 어찌나 신나 하던지… 학교에 입학하면 새로운 환경과 새로운 친구들을 만나게 되어, 새로운 관심사가 생기지 않을까 기대돼요."

앞선 2가지 예시를 보면, 두 아이 다 에너지가 많고 충동적인 성향이라는 것을 알 수 있습니다. 하지만 부모가 아이의 성향과 발달의 양상을 설명하고, 해석하고, 대응하는 방식에는 분명한 차이가 보입니다. 비슷한 성향과 기질을 약점으로 볼 수도 있고, 강점으로 볼 수도 있습니다. 이안의 부모는 아이의 넘치는 에너지를 약점으로 봤고, 간식으로 아이를 꼬드겨 책 읽기를 시도하지만, 계획처럼 되지 않자 잔소리를 합니다. 카일의 부모는 카일의 넘치는 에너지를 장점으로 봤고, 아이의 관심을 수 세기까지 연결합니다. 에너지가 많고 충동적인 성향을 약점이 아닌 호기심으로 받아들여, 이를 장점으로 확장해 아이의 발달적 양상에 적절하게 대처하는 바람직한 태도를 엿볼 수 있습니다.

이러한 부모들의 각기 다른 접근 방식은 아이의 발달에 어떤 영향을 미칠까요? 부모와 면담을 진행할 때 아이는 보통 제 사무실에 있는 장난감을 가지고 놀며 시간을 보내는데, 이때 면담 내용을 당연히 다 듣습니다. 어려서 잘 모른다고 생각할 수 있지만,

아이는 어른들이 생각하는 것보다 훨씬 더 많은 것을 알고 있고, 어른들의 대화를 통해 자기 자신을 이해하기 시작하며, 나아가 자화상까지도 그립니다. 아이는 자기 자신이 어떤 사람인지 알아가는 출발점에 서 있습니다. 하얀 도화지에 하나둘씩 자기 자신을 채워가고 있는 것이지요. 아이는 자기 자신을 이해하고 정의하는 과정에서 주위 사람들과 환경에 많은 영향을 받습니다. 자아 형성은 많은 시간과 경험이 쌓이면서 이뤄지는데, 이때 가장 많은 시간을 함께 보내는 부모의 말과 행동이 결정적 요소라고 할 수 있습니다. 부모가 매사 걱정하고 있다면, 그런 생각은 표정과 동작 등에 자연스럽게 드러납니다. 이안의 부모처럼 아이의 타고난 기질과 성향 및 발달의 양상을 부정적으로만 바라보는 부모 밑에서 자란 아이는 자기 자신을 부정적으로 인식할 가능성이 큽니다. 하지만 카일의 부모와 같이 매사 긍정적으로 바라보고 해석하여 대응해주면 아이는 자기 자신을 긍정적으로 바라보게 되고, 잠재성을 최대치로 활용해 살아갈 수 있게 됩니다.

"칭찬은 고래도 춤추게 한다"라는 말이 있듯이 아이가 잘한 점을 바라봐주고, 같이 기뻐해주고, 응원해주면 아이에게는 더 잘하고 싶은 욕구가 생기기 마련입니다. 반대로 아이의 부족한 부분에만 주목해 부정적인 메시지를 계속 전한다면, 아이는 '나는 그런 아이구나' 하며 스스로 한계를 소극적으로 정하고, 때로는 그 한계를 극복할 시도조차 하지 않을 수도 있습니다.

'셀프 스티그마self-stigma'라는 말이 있습니다. 어차피 안 되는 것을 왜 해야 하는지 생각하다가 끝내 아무런 노력도 하지 않게 된다는 뜻입니다. 셀프 스티그마는 3단계로 진행되는데, 먼저 선입견이 생기고, 이어서 그 선입견을 인정하게 되며, 마지막으로는 그 선입견을 자기 자신에게 적용하게 됩니다. 셀프 스티그마는 자존감과 자기 효능감을 떨어뜨려 목표를 세우거나 노력하지 않게 되고, 혹여나 기회가 찾아와도 감히 도전할 엄두조차 내지 않게 되어, 끝내 스스로 성장할 기회를 놓치게 만듭니다.

아이에게 부족한 부분이 보인다면 그것을 질책하거나 주목하기보다는 다른 시각으로 바라봐야 합니다. 이런 태도는 부모가 먼저 연습해야지만 아이에게 전해줄 수 있습니다. 약점 안에서 강점을 보는 것은 아이의 자존감을 키워주는 작업이며, 이는 자기 자신을 제대로 볼 수 있는 메타인지를 키워주는 작업이기도 합니다. 자존감과 메타인지는 아이가 살아가면서 계속 키워나갈 능력이며, 당연히 학업 성취도 면에서, 나아가 직장에서, 또 일상생활에서 유용하게 쓰일 아이의 커다란 자산입니다.

기질에 따라 달라지는 아이의 발달

아이마다 발달의 양상과 속도가 다르듯 기질 또한 가지각색입니다. 빠른 발달이 모두 강점이 아니듯, 느린 발달 역시 다 약점으로 치부되는 것은 아니지요. 기질도 마찬가지입니다. 특정 기질이 더 좋다거나 더 나쁘지 않습니다. 기질의 특성에 대한 인식과 해석, 그리고 그로 인한 태도가 중요하지요. 아이마다 고유한 발달의 모습을 제대로 알고, 이에 걸맞은 양육 및 육아 환경을 조성해야 하는 것처럼, 기질도 제대로 이해하고 대응하는 것이 중요합니다. 기질 역시 발달의 한 부분이고, 아이의 발달은 기질과 상호 작용을 하며 이뤄지기 때문입니다.

아이마다 기질, 즉 타고난 성향이 다르다는 것은 누구나 잘 알고 있는 사실입니다. 그런데도 육아를 하다 보면 "얘는 누굴 닮아서 이렇게 예민하지?", "넌 왜 잠시도 가만히 앉아 있지 못하는 거니?"라며 무심코 아이에게 말을 던지게 됩니다. 그런데 한번 생각해볼까요. 아이가 예민하게 하고 싶어서 그런 게 아닙니다. 그것은 아이가 세상을 탐색하며 알아가는 과정에서 그에 대응해 살아가는 아이만의 방식일 뿐입니다. 바로 그 방식이 기질입니다. 그런데 이때 부모의 무의식적 사고에서 나온 말과 행동이 고스란히 아이에게 전해져서, 아이가 '나는 예민한 아이라서 그래' 하며, 사기를 잃고 스스로 단정하며 한계를 넘지 못하는 모습으로 자라날 수도 있습니다. 그렇다면 부모 자신도 모르게 툭 튀어나오는 말과 행동, 아이의 부족함을 먼저 보는 부모의 좋지 않은 습관을 어떻게 하면 바꿀 수 있을까요? 이는 아이의 기질에 대한 올바른 이해에서부터 시작됩니다.

국내 전문가들이나 육아서에서는 일반적으로 아이의 기질을

'순한 아이', '느린 아이', '까다로운 아이' 이렇게 3가지로 나눠 소개합니다. 이는 미국의 기질 연구자인 알렉산더 토마스Alexander Thomas와 스텔라 체스Stella Chess가 9가지 특성(활동성, 규칙성, 초기 반응, 적용성, 정서의 강도, 기분, 주의력, 인내, 민감성)을 바탕으로 아이의 기질을 3가지 유형으로 분류한 데서 비롯되었습니다.

가장 먼저 '느린 아이'는 원래 표현에 따르면 'slow to warm up', 즉 아이가 주어진 환경에 대응하기까지 시간이 조금 더 걸린다는 뜻입니다. 아마도 번역 과정에서 쉽게 표현하기 위해 '느린 아이'라고 해석한 것일 텐데요. 그런데 이런 해석으로 인해 발달이 느리다고 오해하거나, 이것이 부정적인 기질 또는 약점이라고 인식하는 경향이 있는 듯합니다. '느린 아이'는 발달이 느린 아이가 아니라, 자신이 속한 세상을 알아가는 데 시간을 조금 더 두고 신중하게 대응하는 아이일 뿐입니다. 이어서 '까다로운 아이'는 주어진 환경에 조금 더 예민하게 반응하며 적응하는 아이로, 역시 세상을 살아가는 또 다른 방법일 뿐입니다. 마지막으로 '순한 아이'는 기본적으로 긍정적인 뉘앙스가 깔려 있어서 새로운 환경에 적응을 잘하고 자극에도 크게 반응하지 않아 제일 좋은 기질이라고 생각될 수도 있지만, 이렇게 순한 기질의 아이들은 자기 의사를 명확히 표현하지 않기 때문에 다른 사람의 의견에 따라가기만 하는 모습을 보일 수도 있습니다. 기질이란 일상에서 생기는 자극에 반응하는 하나의 방법일 뿐이므로, 절대 어떤 기질이 더 좋고 더 나쁜 것은 없습니다.

이처럼 아이는 세상을 살아가며 마주하는 다양한 자극과 경험 안에서 자신만의 기질 특성을 바탕으로 반응하며, 고유의 기질과 둘러싼 환경의 상호 작용을 통해 발달합니다. 다시 말해, 아이의 특정 기질이 발달 양상에 영향을 미치는 것입니다.

기질을 바라보는 시선을 바꾸면 일어나는 일

제레미(6세)는 느린 기질을 갖고 있습니다. 낯선 사람이 제레미에게 인사라도 건네면 엄마 뒤에 숨어버리고, 예전에 친했던 친구도 오랜만에 만나면 헤어질 즈음이 되어서야 놀기 시작합니다. 늘 가는 놀이터에 가도 한참 동안 친구들을 쳐다만 봅니다. 엄마는 답답한 마음에 인사를 억지로 시키기도 하고, 친구들 사이에 밀어 넣기도 합니다. 유치원에서 생활하는 모습을 보면, 똑같은 활동만 반복하고 있어 안타깝습니다. 새로운 경험을 많이 해야 여러 영역이 골고루 발달할 텐데 싶습니다. 그래서 엄마는 느린 기질의 제레미를 재촉하면서 어떻게든 바꿔보려고 노력합니다.

제레미 엄마처럼 아이가 특정 기질을 갖고 있는데, 그것을 바꾸기 위해 부단히 노력하는 부모들이 많습니다. 왜 그럴까요? 먼저 부모의 기질이 아이의 기질과 다르다면, 다른 기질을 가진 아이를 이해하기가 쉽지 않고, 아이의 그런 기질적 특성이 부모와 맞지 않아 단점 혹은 약점으로 여겨져서일 수 있습니다. 그런데 기질은 바꿀 수 있을까요? 그것도 짧은 시간 안에 가능할까요? 만약 바꿀 수 있다면, 그 후에 약점은 없어지는 걸까요?

우선 부모 자신의 어릴 적 모습과 지금의 모습을 생각해보면 좋겠습니다. 예민했던 어린 시절의 나, 그리고 어른이 된 나. 성인이 되었다고 예민한 성향의 내가 무딘 나로 변했을까요? 물론 커가면서 사회적 경험과 나름의 노력을 통해 개선이 되었을 수는 있지만, 지금도 분명 어느 정도는 예민한 성향이 남아 있을 것입니다. 어릴 때부터 특정 기질을 가졌다는 것은 곧 그 사람에 대한 설명이자 정의일 수 있습니다. 따라서 기질을 통째로 바꾸려고 하기보다는 그런 기질이 장점이 되는 경우를 생각해보고, 그런 기질 때문에 어려운 점이 있다면 기질의 근간을 흔들지 않을 정도만 보강할 필요가 있습니다. 다시 말해, 고유한 기질의 강점은 지키고, 약점은 앞으로 나아가는 데 방해받지 않을 정도로만 보완해서 균형을 맞추면 됩니다. 아이의 타고난 기질 자체를 인정함으로써, 그 기질 덕에 얻는 이로운 점을 칭찬해주고, 그 부분을 아이가 인지할 수 있도록 이끌어주며, 기질로 인해 생기는 불편한 부분을 도와주는 것입니다. 부모가 아이의 기질을 존중하고 인정하는 양육 태도를 가질 때 기질은 아이가 삶을 긍정적으로 살아갈 수 있게 하는 기반이 됩니다.

저도 어린 시절에는 통지표에 산만하다는 말이 빠지지 않았습니다. 두뇌가 명석하고 이해력이 빠르나 산만하다, 교과 성적이 우수하나 산만하다 등 앞에 좋은 말이 나오고 뒤에 꼬리표처럼 따라오던 '산만하다'라는 말. 시험을 볼 때도 문제를 잘못 읽거나 마지막 문제를 안 풀고 다음 장으로 넘어가서 틀리곤 했습니다. 궁금증과 호기심이 가득해서 관심 있는 분야도 많았고, 이것저것 다 해봐야 직성이 풀리는 아이였습니다.

그래서 어떤 선생님은 부모님에게 제가 너무 산만하니 서예를 시켜보라고 조언했고, 또 다른 선생님은 제가 이것저것 너무 많은 것을 기웃거리니 하나라도 잘하는 아이로 크도록 불필요한 가지는 다 자르고 필요한 한두 개만 남겨주라고 조언하기도 했습니다. 그런데, 서예를 배운다고 해서 저의 호기심이 잠잠해지고 침착해졌을까요? 만약 그때 제가 가진 여러 가지 중 한두 개만 제외한 나머지를 부모님이 전부 잘랐다면 아마도 저는 배우려는 의욕과 사기가 떨어지고, 궁금증이 해결되지 않아 속상했을 것 같습니다. 계속해서 새로운 것에 관심을 갖고 도전하며 자라지도 못했을 것 같고요.

한국에서 보낸 초등학교와 중학교 시절 동안 부모님은 제가 하고 싶어 하고 궁금해하는 것들을 마음껏 펼치도록, 다양한 지지를 해줬습니다. 호기심 많고 에너지 넘치는 성향을 부모님의

지지로 이어나갔기에, 초등 시절에는 수영과 스케이트 대회에 나가 메달도 따보고, 미국에 와서는 고등학교에서 영어가 서툰데도 합창단 반주를 하고, 오케스트라에 들어가 플루트 연주자로 퍼스트 체어에도 앉아보고, 친구들과 테니스를 치고 스키를 타며 더 빨리 친해질 수 있었습니다. 각종 스포츠를 함께하며 대화했기에 일상에서 영어를 사용할 기회가 늘어 영어 실력 향상에도 도움이 되었습니다. 무엇보다 중요한 것은 지금도 피아노를 치고, 각종 운동을 하며 여가를 즐긴다는 것입니다. 또 산만하고 성급하다며 지적을 받았던, 무엇이든 빠르게 해결했던 저는 스스로 그런 성향을 인지하면서부터 실수를 줄이기 위해 연습을 더 열심히 했고, 지금은 일상생활에서건 직장에서건 일 처리가 빠르면서도 꼼꼼한 어른이 되었습니다.

아이의 기질을 대하는 부모의 현명한 태도

부모가 보기에 보완해야 하는 아이의 기질을 어떻게 하면 긍정적으로 바라봄으로써 그 안에 숨겨진 잠재성을 키워줄 수 있을까요? 첫 번째는 부모에게 달려 있습니다. 아이 본연의 모습을 고치거나 바꾸려고 하지 말고, 있는 그대로 인정해주세요. 그러려면 우선 다음과 같이 부모가 자기 자신을 돌아보고, 나의 감정과 행동을 분리하는 연습을 해야 합니다.

① **아이의 어떤 모습 또는 행동이 가장 크게 신경이 쓰이는지 생각해봅니다.**

(예) 아이의 소극적인 모습: 가지고 놀던 장난감을 친구에게 빼앗겨도 가만히 있다, 친구에게 먼저 다가가서 말을 걸지 못한다, 혼자 노는 경향이 있다 등

② **①에서 생각한 아이의 모습 또는 행동으로 인한 나의 감정에 집중해봅니다.**

(예) 답답하다, 걱정된다, 안타깝다, 기질을 바꿔주고 싶다 등

③ **②에서 떠올린 감정이 나의 말 또는 행동에 어떤 영향을 끼쳤는지 돌이켜봅니다.**

(예) 아이에게 인사를 강요했다, "너는 속도 없어?"라고 말했다, "친구랑 같이 놀아야 재미있지 않아?"라고 물었다 등

물론 부모라면 누구나 아이의 특정 모습과 행동에 당연히 어떤 감정이 뒤따르기 마련입니다. 그러나 감정은 그냥 감정일 뿐입니다. 감정에 생각이나 말, 그리고 행동이 지배당하면 안 됩니다. 감정을 자신과 떼어놓지 못하면, 결국 그 감정이 아이에게 그대로 전해집니다. 그리고 그런 감정에서 비롯한 부모의 말과 행동은 아이의 발달에 별다른 도움이 되지 못합니다. 오히려 그 감정을 유발하는 원인을 정확하게 분석하는 것이 아이를 있는 그대

로 받아들이는 데 도움이 됩니다.

두 번째는 아이의 기질을 이루는 특성 하나를 찾아서 브레인스토밍 작업을 해보는 것입니다. 아이의 특성 하나를 적고, 거기에서 이어지는 다른 좋은 점들을 떠올려 써봅니다. 예를 들면, 느린 기질에서 오는 장점을 나열해보는 것입니다. 느린 기질의 아이는 자신을 둘러싼 환경을 시간을 두고 신중하게 탐색하는 모습을 보이므로, 관찰력이나 집중력이 좋기 마련입니다. 내성적인 기질의 아이는 생각이 깊고 신중합니다. 매사에 시간을 더 할애하니, 일을 처리할 때 실수가 적고 끈기와 인내심이 좋은 편입니다. 이런 식으로 아이의 기질 하나를 찾아, 거기에서 파생되는 좋은 점들을 생각하다 보면 인식이 바뀌고, 또 관점이 바뀌면서 아이의 약점을 장점으로 보는 눈을 갖게 됩니다. 약점을 강점으로 이끌어줄 수 있게 되는 것이지요. 이때 부모가 발견한 약점이 강점이 되는 순간을 아이에게 알려주는 것도 좋습니다.

세 번째는 아이의 강점을 발견할 때마다 아주 작은 것이라도 매 순간 말해주는 것입니다. 그냥 잘한다, 잘했다가 아니라, 너의 이런 장점이 이런 결과를 낳았다고, 구체적으로 정확하게 명명해주면 도움이 됩니다.

"우리 지아는 사교성이 좋아서 새로운 친구들을 잘 사귀는구나. 친구들에게 친절한 지아가 기특해."

"레고 블록이 너무 많고 복잡해서 어려웠을 텐데, 며칠 동안 끝까지 노력해서 완성했구나. 너의 노력이 정말 대단해."

"너도 갖고 싶었을 텐데 친구에게 양보했네? 마음씨가 따뜻한 우리 딸(아들) 덕분에 엄마 마음도 따뜻해졌어."

아이는 아직 어리므로 자신의 작은 행동이 장점이 될 수 있다는 사실을 생각하기가 쉽지 않습니다. 앞서 나온 말들을 일상에서 꾸준히 들으면서 자라면, 아이는 자기도 모르는 사이에 자신의 장점을 보는 힘을 지니게 됩니다. 이는 자존감을 키워줄 뿐만 아니라 자기 자신을 잘 아는 메타인지로 연결되어 앞으로 아이가 삶을 독립적으로 살아가는 데 큰 도움이 됩니다.

마지막으로, 특정 기질이 조금이라도 아이의 발달을 가로막는다면 아이가 자신의 기질을 훼손하지 않으면서 아쉬운 부분을 보완할 수 있도록 부모가 적극적으로 도와야 합니다. 예를 들어 아이가 적응력이 부족해 학교생활에 어려움을 겪는다면, 입학 전부터 새로운 학교에 대한 정보를 함께 공유하며 불안을 낮추도록 유도할 수 있습니다. 만약 아이가 새로운 도전을 어려워한다면, 작은 도전부터 시작해 성공 경험을 쌓게 함으로써 점진적으로 성취감을 맛보도록 도와줄 수 있습니다. 설령 성공하지 못하더라도 작은 시도에도 칭찬과 격려를 해서 재차 도전할 수 있도록 이끌어줘야 합니다. 또 아이가 산만하여 정리와 계획에 어려움을 겪는다면, 체크 리스트 작성이나 루틴 만들기 등을 통해 아이가 스스로 해보도록 도와줄 수 있습니다.

기질은 유전적이라 완전히 바꾸기에는 한계가 있습니다. 그러나 주변 사람들의 말과 행동에 따라 아이는 새로운 경험을 할 수 있고, 이러한 과정 안에서 아이의 기질은 다듬어질 수 있습니다. 이렇게 다듬어진 기질은 훗날 아이의 정체성이 됩니다. 그래서 아이의 기질은 어느 한쪽으로 함부로 규정하는 것이 아닌, 스스로 강점으로 키워나가는 대상인 것입니다. 결국, 부모가 아이의 기질에 대해 어떤 태도를 지니는지에 따라 아이는 자기만의 잠재력을 터뜨리는 존재가 될 수도 있고, 그렇지 않은 존재가 될 수도 있다는 사실을 꼭 기억하기를 바랍니다.

발달의 다양성을 존중하며 아이 키우기

부모는 아이마다 발달 속도와 양상이 다르다는 사실을 알고 있습니다. 하지만 실제로 아이의 고유성을 존중하며 아이를 키우기란 쉽지 않습니다. 때마다 실시하는 영유아 건강 검진을 통해 우리 아이가 지금 어디쯤 서 있는지 확인합니다. 아이가 가정을 벗어나 어린이집이나 유치원 등 기관에서 교육을 받기 시작하면 아이를 평가하고 비교하면서, 아이가 다른 아이들에 비해 늦되면 걱정하고 앞서 나가면 기뻐합니다. 그런데 아이가 성인이 되었을 때를 생각해봅시다. 아이는 수학적 능력을 기반으로 한 직업, 언어적 능력을 기반으로 한 직업, 음악이나 스포츠와 관련된 직업 등 자기만의 우세한 다중 지능을 바탕으로 고유한 빛을 내며 세상을 살아갈 것입니다. 하지만 이런 생각을 하지 못한 채 지금의 부모들은 아이에게서 늦되거나 부족한 점이 보이면 속상해합니다.

건강하고 행복한 삶을 일궈나가는 아이로 키우고 싶다면, 아이만의 고유한 특성을 축복 및 존중해주고, 아이의 발달 속도와 양상에 맞춰 그에 맞는 자극을 줄 수 있는 환경을 만들어줘야 합니다. 그래야 아이가 그 안에서 잠재력을 터뜨리며 자라날 수 있을 테니까요. 아이마다 각자의 시간이 있는데 이를 존중하지 않고, 그저 빨리빨리, 평균 백분율을 넘어서기 위해 아이 기준보다 많은 양, 높은 수준의 기술을 요구하고 있는 것은 아닌지요. 마치 로트 메모리rote memory처럼 무작정 외워서 평균 백분율을 넘어서도록 하고 있지는 않은지요. 이는 진짜 아는 것이 아니라 잠깐의 시험을 위해 기계처럼 반사적으로 반응하는 일시적인 암기이므로, 장기적으로 보면 어느 순간 갑자기 무너질 수 있습니다. 발달 속도에 맞춰 끌어올린 것이 아니기 때문입니다. 이러한 이유에서 초등학교나 중학교 때 잘하던 아이가 고등학교 때 혹은 대학 때 뒤처지기도 합니다. 미국 대학, 특히 아이비리그에 부모의 열정으로 소위 말하는 스펙을 만들어 입학하는 경우가 있지만, 정작 입학해서는 따라가지 못해 방황하거나 자퇴하고, 심지어 극단적인 선택을 하기도 합니다. 자기 인생을 직접 책임지고 설계해본 적이 없고, 계획해서 성취해본 경험이 없는 아이가 갑자기 스스로 하려다 보니 정신적으로 큰 스트레스를 받아 동기 부여에 어려움을 겪게 되는 것입니다.

부모는 진정 우리 아이가 어떤 성인으로 컸으면 좋겠는지 그 생각을 먼저 정리해야 합니다. 그다음에 우리 가정의 가치를 담은 교육관을 바로 세우고, 아이가 자라며 변화하는 양상에 맞춰 수정하면서 키워나가기를 바랍니다. 아이가 학습적으로 뛰어나 매번 1등을 하지만, 친구 사귀기를 힘들어해 항상 혼자 지낸다면 그것으로 만족할 수 있을까요? 공부도 잘하고 부모님 말씀도 잘 듣는, 바라는 대로 잘 크고 있는 기특한 우리 아이라고 믿었지만, 만약 아이가 마음속에 부모님을 만족시키기 위해 어떤 공포나 부담감을 안고 살았다면, 그래서 아이가 훗날 부모의 울타리를 벗어났을 때 어려움을 겪는다면 부모의 마음은 어떨까요?

거듭 강조하지만, 발달의 속도나 수치는 그리 중요하지 않습니다. 부모가 속도전과 평균의 덫에서 벗어나 발달의 다양성을 존중하며 아이를 키우려면 먼저 발달 양상에 대한 보다 깊은 이해가 필요합니다. 2장에서는 다양하게 성장하는 아이들의 모습을 발달 영역별로 더 자세히 알아보고, 동시에 부모들의 고민과 오해가 자주 발현되는 지점을 살펴보겠습니다.

2장

아이의 6가지 발달 영역 들여다보기

하버드 동그라미

육아 심화

HARVARD

새로운 생명이 잉태되는 순간부터 우리는 부모라는 새로운 타이틀을 달게 됩니다. 아이가 성장하는 과정을 처음으로 경험하며 부모의 여정이 시작되고, 사랑하는 내 아이가 잘 성장하고 있는지에 관심이 맞춰집니다. 그래서 아이의 발달을 눈여겨보기 시작하고, 주위의 아이들과 비교도 해보고, 발달에 관한 정보를 얻기 위해 영상도 찾아보고, 책도 읽어가면서 내 아이의 발달 사항을 확인합니다. 보통 아이 발달 백과 같은 책은 시간의 흐름에 따른 아이의 발달 단계와 마일스톤에 대한 정보를 제공하는데, 특히 월령별로 아이에게서 관찰되는, 즉 아이가 도달해야 하는 주요 발달 과업에 대해 알려줍니다.

예를 들어 언어 발달을 살펴보면, 생후 0~3개월에는 음성에 반응하고, 3~6개월에는 간단한 음소를 모방하고, 6~9개월에는 옹알이를 하며, 돌 전후로 첫 단어를 말한다는 식의 순차적 정보를 담고 있습니다. 그래서 아이가 개월 수에 맞춰 옹알이를 하고 첫 단어를 말하면 안심하다가, 돌이 지나 발달 마일스톤에서 기대하는 단어 수가 모자라는 경우, 걱정하면서 단어 수를 늘리기 위해 "자동차 해봐", "우유 해봐" 하며 노력하기도 합니다.

그런데 여기서 염두에 둘 것은 앞서 말했던 대로 이 모든 과정이 아이의 타고난 기질에 따라 각양각색으로 나타날 수 있다는 사실입니다. 아이가 완벽주의 성향이면 스스로 확고한 믿음이 생길 때 도전하려 할 것이고, 부모가 말이 없는 성향이면 말이 많은 부모에 비해 아이에게 노출되는 언어의 양이 적기에 아이가 첫 단어를 내뱉기까지 상대적으로 오랜 시간이 걸릴 수 있습니다. 그리고 문화적 차이로 인해 개인의 자율성 및 독립심을 중시하는 문화권에서 크는 아이는 비교적 이른 시기에 혼자 밥을 먹거나 잠을 자지만, 돌봄에 중심을 두는 문화권에서 크는 아이는 상대적으로 자조 능력이 떨어지기도 합니다. 즉, 아이의 발달 양상과 속도는 타고난 기질, 양육 및 육아 환경, 문화 등에 영향을 받기 때문에 어떤 부분은 발달 이정표에 맞춰 발달하고, 또 다른 부분은 그렇지 않을 수 있습니다.

이렇게 다양한 모습으로 성장하는 아이들을 이해하고 지원하기 위해 아이의 발달 양상을 여러 영역으로 나눠 살피는 것이 일반적입니다. 그러면 각 영역에서의 아이의 강점 및 잠재력을 파악할 수 있고, 도움이 필요한 영역을 조기에 발견함으로써 아이에게 맞는 양육 및 육아 환경과 교육을 제공할 수 있기 때문입니다. 발달 영역을 나누는 데 전문가마다 약간의 견해 차이는 있지만, 주요 개념은 같아서 대부분 '인지, 언어, 사회 정서, 신체(대근육, 소근육)'를 기본으로 합니다. 이때 학령기 이전 아이들의 발달을 이해하기 위해 '자조'를 포함해 살펴보는 경우도 많습니다. 자조 능력이 아이의 일상생활은 물론이고 이후 학교생활에도 크게 영향을 미치기 때문이지요.

그래서 2장에서는 아이의 발달 양상을 '인지, 언어, 사회 정서, 신체, 자조'의 5가지 영역에 마지막으로 '행동'에 관한 내용을 추가해 총 6가지 영역으로 나눠서 살펴볼 것입니다. '행동'을 추가한 이유는 부모의 대부분 고민이 아이의 문제 행동(과격한 행동, 반복적인 행동, 짜증이나 울음 등)과 관련이 있고, 이러한 문제 행동이 발달의 한 가지 영역, 또는 여러 영역 간의 불균형에서 비롯되기 때문입니다.

발달을 여러 측면에서 바라봐야 하는 이유

발달이란 무엇일까요? 1장에서는 지금까지 부모들이 가졌던 아이 발달에 대한 고정 관념을 파헤치고, 그간 부모들이 알아차리지 못했던 진짜 발달의 의미에 관해 이야기를 나눴습니다. 이제 2장에서는 조금 더 근본적·학문적으로 발달의 의미를 짚어보려고 합니다. 스위스의 심리학자 장 피아제Jean Piaget는 발달을 아이가 세상을 이해하고 적응해나가는 과정으로 바라봤습니다. 아이가 새로운 경험을 통해 이미 알고 있던 지식을 수정하면서 환경과 상호 작용하고 인지를 발달시킨다는 것입니다. 그런가 하면 러시아의 심리학자 레프 비고츠키Lev Vygotsky는 아동이 자신보다 숙련된 개인의 지원을 통해 독립적으로 발달해나간다는 이론인 ZPDZone of Proximal Development(근접 발달 영역)를 내세우면서, 아동 발달을 사회 문화적 관점에서 바라봤습니다. 또 독일계 미국인 심리학자 에릭 에릭슨Erik Erikson은 사회성 발달에 초점을 두면서 발달을 사회적 관계를 통해 자아 정체성을 형성해나가는 과정이라고 해석했습니다. 이렇듯 아이의 발달은 학자마다 중시하는 초점에 따라 다양하게 정의 및 해석되지만, 아이가 환경과 상호 작용하며 양적·질적으로 변화하는 과정이라는 점에서는 일맥상통하는 것으로 보입니다.

발달의 방향성과 연속성에 대해서도 살펴볼까요? 발달은 위에서 아래로head to toe, 즉 머리와 상체부터 시작해서 발끝 방향으로 순차적으로 일어나는 경향이 있습니다. 또 안쪽에서 바깥쪽으로central to peripheral, 즉 몸의 중앙에서 외부로 확장해나가며, 전체에서 세밀한 부분으로general to specific, 즉 몸 전체를 쓰는 동작에서 세밀한 동작을 가능하게 하는 방향으로 일어납니다. 발달의 연속성은 아이의 발달이 이전에 습득한 능력과 경험을 바탕으로 하여 단계적으로 일어난다는 의미인데, 예를 들면 가족과 교류하며 습득한 기초적 관계 형성의 경험이 이후 타인과의 관계 형성에도 영향을 미친다는 것입니다.

이렇게 방향성과 연속성 측면에서의 발달은 순차적·단계적으로 이뤄지는 경향을 보이지만, 발달을 영역별로 나눠 살펴보면 발달의 양상과 속도가 영역 간 상호 작용에 따라 차이를 보인다는 사실을 알 수 있습니다. 뒤집기, 앉기, 서기, 걷기와 같은 신체 발달이 빠르게 이뤄진 아이가 언어 발달은 상대적으로 더뎌 말을 시작하는 시점이 늦을 수 있다는 것입니다. 특정 영역에서의 발달이 제대로 이뤄지지 않을 경우, 다른 영역이 이에 영향을 받아 이차적인 문제가 발생할 수 있습니다. 예를 들어, 언어 발달이 지연되면 소통에 문제가 생기므로 사회성 발달에 어려움을 겪을 수 있고, 또 언어 발달의 지연으로 추상적 개념을 비롯한 다양한 관점을 이해하는 데 어려움을 겪기에 인지 발달에도 지장이 생길 수 있습니다.

발달에 있어서 유전적 영향과 환경적 영향 중 무엇이 더 중요한가에 대한 논의와 연구도 활발하게 이뤄지고 있습니다. 그런데 둘 중 무엇이 더 중요한가보다는 둘이 어떻게 상호 작용하느냐가 핵심입니다. 지능은 유전적으로 타고나는 부분도 있지만, 지능의 성장과 발달이 환경에 영향을 받기 때문이지요. 1979년부터 수십 년간 쌍둥이를 연구한 미국 미네소타대의 한 연구팀에 따르면, 일란성 쌍둥이 여럿을 추적 조사한 결과, 어린 나이에 헤어져 각자 다른 환경에서 자란 쌍둥이가 서로 비슷한 직업을 갖거나 비슷한 관심사를 보이는 경향이 있었던 반면에, 교육적으로 지원이 풍부한 환경에서 자란 쌍둥이가 그렇지 못한 환경에서 자란 쌍둥이보다 IQ가 더 높게 측정되기도 했습니다.

따라서 정리하자면 다음과 같은 이유로 우리는 아이의 발달을 여러 측면에서 바라보고 이해해야 합니다. 첫째, 아이의 발달은 다양한 영역 간의 상호 보완 과정에서 이뤄지므로, 여러 측면으로 나눠 살펴봐야만 아이의 복잡한 발달 과정에 대한 총체적 이해를 도모할 수 있습니다(요즘 부모들은 때때로 아이에 대한 총체적 이해에 어려움을 겪습니다. 이는 아이가 하나라서, 혹은 비교 대상인 또래를 가까이서 볼 수 없는 현실적인 문제에서 비롯됩니다).

둘째, 개인적 차이를 간파할 수 있습니다. 우세한 영역과 우세하지 않은 영역을 파악함으로써 아이가 지니는 고유성을 발견할 수 있고, 이런 개인적 차이를 인식하고 존중함으로써 개별화된 도움을 줄 수 있습니다.

셋째, 아이의 강점을 이해함으로써 잠재력을 키워줄 수 있습니다. 언어가 강점인 아이에게는 다양한 책을 제공해 어휘력을 확장시켜줄 수 있고, 자신만의 이야기책을 만들게 한다거나 다양한 문화적 활동을 제공해 상상력을 자극함으로써 아이가 자신을 폭넓게 표현하도록 도울 수 있습니다.

넷째, 이렇게 찾아낸 강점을 활용해 아이에게 도움이 필요한 영역을 끌어올릴 수도 있습니다. 신체 발달이 우수하지만 집중력이 부족해 인지 발달에 도움이 필요한 아이라면, 외부 활동을 통해 '직접 경험hands-on'의 기회를 늘려주거나, 학습지보다는 조작이 가능한 교구를 제공해주는 식이지요.

다섯째, 다양한 영역을 관찰함으로써 조기 개입을 통해 적절한 도움을 줄 수 있습니다. 발음이 정확한 아이라 언어적으로는 문제가 없다고 생각했지만, 알고 보니 언어를 이해하는 인지 발달에 지연이 있을 수도 있습니다. 미리 언어와 인지 발달을 총체적으로 살폈다면 조기 중재의 기회를 얻을 수 있었겠지요.

마지막으로, 부모에게는 아이의 능력 및 발달 수준에 적절한 양육 환경 조성의 기회를 주고, 교사에게는 아이의 고유성(발달 사항)을 고려하여 더 효과적인 커리큘럼을 설계하고 조정할 기회를 제공합니다. 그럼, 이제부터 앞서 언급한 아이의 6가지 발달 영역 중에서 인지 발달부터 하나씩 살펴보도록 하겠습니다.

발달 영역 ①
아이의 인지 발달

인지 발달과 하워드 가드너의 9가지 다중 지능

인지란 시각, 청각, 미각, 후각, 촉각과 같은 여러 가지 감각을 통해 받아들인 정보를 뇌가 처리하여 알게 되는 것, 즉 기억하고 이해하여 문제를 해결하는 능력을 뜻합니다. 아이의 인지 능력이라고 하면 대개 부모는 국어, 영어, 수학 등 학과 공부를 잘하기 위한 언어적·수학적 능력 또는 암기력을 떠올립니다. 쉽게 말해 똑똑하고, 공부 잘하고, IQ가 높으면 인지 능력이 뛰어나다고 생각하는 것이지요. 물론 일부는 맞는 말이지만, 애초에 IQ 검사는 학습 능력의 평가를 위해 시작되어 학습적인 요소로써의 언어 능력, 암기 능력, 이해 능력을 측정하는 것이기에 아이의 전반적인 인지 능력을 판단하는 데는 제한적입니다.

메리안(5세)은 호기심이 많고 조작하는 것을 좋아하는 여자아이입니다. 주로 블록이나 구슬을 가지고 노는 것을 즐기는데, 하루는 카펫이 깔린 방에서 구슬을 굴리는 트랙 타워를 만들고 있었습니다. 그런데 타워가 높아질수록 자꾸만 휘청대고 심지어 무너지기를 반복하자, 메리안은 예전에 오빠가 마루가 깔린 거실에서 블록을 쌓던 기억을 떠올렸습니다. 그래서 트랙과 블록을 거실로 옮겨 다시 만들기 시작했지요. 방에서 만들 때보다 훨씬 수월해서 메리안은 신이 났습니다. 트랙 타워를 완성한 다음에 구슬을 굴렸는데, 구슬이 천천히 굴러서 생각만큼 재미있지 않았습니다. 메리안은 전날 밤에 발랐던 바셀린 연고가 거실에 있는 것을 발견했고, 곧바로 구슬에 발랐습니다. 그런데 생각처럼 구슬이 빠르게 구르지 않았습니다. 메리안은 놀이터에서 놀 때 인형을 손에 쥐고 미끄럼틀을 타다가 인형을 놓쳤는데 인형이 빠르게 굴러 내려간 기억을 떠올렸습니다. 이에 메리안은 미끄럼틀을 생각하며 트랙의 기울기를 키웠습니다.

아이가 블록과 구슬을 가지고 노는 평범한 장면이지만, 이 장면을 통해 메리안의 여러 가지 인지 능력을 살펴볼 수 있습니다. 트랙 타워가 견고하지 않다는 문제점을 찾아냈고, 오빠가 거실에서 블록을 쌓던 기억을 떠올렸으며(기억력), 거실로 이동해 다시 만들기 시작했습니다(문제 해결 능력). 구슬을 빨리 굴리기 위해 연고를 발랐고(창의력), 트랙의 기울기를 조정했습니다(공간 지각 능력). 그리고 아마도 이렇게 다양한 시도를 통해 원인과 결과의 관계를 알아챘을 것입니다(인과적 추론).

이처럼 인지 능력에는 정보를 이해하고 처리하는 과정에서 요구되는 다양한 기술이 포함됩니다. 더 어린아이의 경우를 예로 들어볼까요? 아이는 보고 느끼고 경험하며 습득한 것을 저장했다가 나중에 머릿속에서 재생시키는데, 이것이 기억력의 발달입니다(사람 얼굴을 기억한다거나 짝짜꿍을 흉내 내는 것 등). 여러 가지 자극 중 선택적으로 집중하는 것은 주의 집중력 발달입니다(목소리를 구별한다거나 여러 사물 중 하나를 고르는 것 등). 여기서 주의 집중력이 인지 능력과 어떤 관련인지 의아할 수도 있습니다. 앞서 말했듯 인지 능력이란 정보를 습득하고 이해하여 결정을 내리는 과정을 모두 포함하기 때문에 주의 집중력은 인지 능력의 한 부분입니다. 필요한 정보 습득을 위해 특정 활동에 집중하는 것, 방해되는 자극은 걸러내는 것, 집중을 어느 한 곳에서 다른 곳으로 옮기는 것, 그리고 필요에 따라 동시에 여러 개에 집중하는 것도 모두 인지 능력이라고 할 수 있습니다.

인지 발달에 포함되는 다양한 능력에 대한 깊은 이해를 위해서는 1장에서도 언급한 미국 하버드대 교육대학원 교수인 하워드 가드너의 다중 지능 이론을 빼놓을 수 없습니다. 다중 지능 이론은 간단히 설명하면, 인지를 기존의 IQ 검사로 대표되던 학습적 부분만의 제한적 영역으로 보는 것이 아니라, 여러 분야의 지능으로 이뤄진 것이라고 보는 이론으로, 인지를 다음과 같이 9개의 다중 지능으로 구분하고 있습니다.

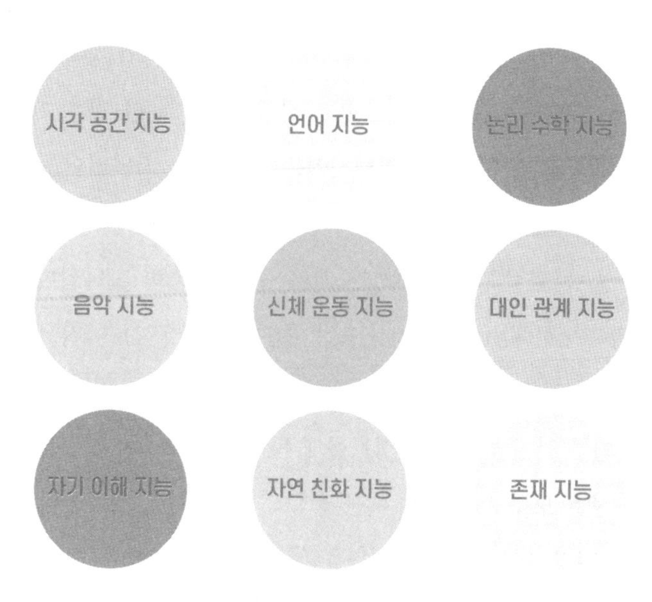

하워드 가드너의 9가지 다중 지능

- **시각 공간 지능**Visual-Spatial Intelligence

- 시각 공간 지능은 시각적 정보와 공간적 정보를 인식하고, 그들의 관계를 이해해 활용하는 능력을 말합니다. 시각 공간 지능이 뛰어난 아이는 색상, 모양, 그림, 공간 등의 관계를 잘 이해하여 퍼즐을 잘 맞추고, 그림이나 그래프 해석이 뛰어나며, 패턴도 금세 파악합니다. 방향 감각이 좋아서 길을 잘 찾고, 지도로 위치를 파악하는 능력도 뛰어납니다. 다양한 각도에서 사물을 시각화할 수 있어서 3차원 공간도 잘 이해하지요. 그래서 자기 생각을 그림으로 설명하거나 시각적으로 잘 표현합니다. 시각 공간 지능이 뛰어나다면 예술가나 건축가, 또는 엔지니어 등으로 자라날 잠재력이 있다고 할 수 있겠지요.

- **언어 지능**Linguistic-Verbal Intelligence

- 언어 지능은 아이가 말하고 듣고 읽고 쓰는 등 언어 기능을 잘 활용하는 능력을 말합니다. 아이가 언어 지능이 뛰어나면 자기 생각을 명료하고 조리 있게 이야기할 수 있어서 타인을 설득하는 데 능합니다. 읽거나 들은 정보를 기억해 재미있게 이야기할 줄 알아서 친구들을 사귀고 관계를 이어나가는 데도 도움이 됩니다. 새로운 언어 배우기를 즐기고, 비교적 빨리 배워 다수의 언어에 능통할 수도 있습니다. 언어 지능이 높은 아이는 학업적 성취에 유리하며, 문학가, 저널리스트, 아나운서, 교사, 변호사 등으로 자라날 잠재력이 크다고 할 수 있습니다. 그런데 언어 지능이 뛰어나다고

해서 꼭 말을 잘하거나 글을 잘 쓰거나 외국어를 쉽게 습득하는 것은 아닙니다. 언어 지능은 말하기나 쓰기처럼 표현하는 영역expressive language, 읽거나 듣고 이해하는 영역receptive language, 상황에 맞춰 대화를 주고받는 영역pragmatic language 등으로 세분되어 있는데, 각각의 영역이 모두 일관성 있게 발달하는 것은 아니기 때문입니다.

- **논리 수학 지능**Logical-Mathematical Intelligence

- 논리 수학 지능은 논리적 문제나 수학적 문제를 잘 분석하고 해결하는 능력입니다. 논리 수학 지능이 높은 아이는 논리적으로 생각하고 추론하는 능력이 뛰어납니다. 복잡한 문제도 추상화해 이해하는 능력이 있어서 패턴이나 규칙을 잘 찾아내지요. 그래서 숫자뿐만 아니라 그림이나 기호, 사물 간의 관계 파악에도 능합니다. 또 추상적인 생각을 좋아하고, 과학적 실험을 즐기며, 문제 해결 능력이 뛰어납니다. 수학자, 과학자, 프로그래머, 엔지니어, 회계사 등으로 성장할 가능성이 있습니다.

- **음악 지능**Musical Intelligence

- 음악에 대한 이해력과 민감성이 높은 지능을 말합니다. 음악 지능이 높은 아이는 소리, 리듬, 음의 패턴이나 변화를 잘 인지하고 다양한 음악적 경험을 즐깁니다. 음악에 맞춰 춤을 춘다거나 스스로 노래를 만들어 부르기도 하고, 멜로디나 리듬 등을 조합해 새로운

것을 창조해내기도 합니다. 다양한 악기를 연주하는 기술도 뛰어나지요. 그런데 노래를 못하거나 악기를 잘 다루지 못하면 음악 지능이 낮은 걸까요? 음악 지능 또한 언어 지능처럼 세분되기에 노래를 못한다고 해서, 악기를 잘 다루지 못한다고 해서 음악 지능이 낮다고만은 볼 수 없습니다. 음악 지능도 청각적인 능력, 악기를 다루는 기술적인 능력, 음악을 분석하는 능력, 창작하거나 표현하는 능력 등 다양한 영역으로 나뉘기 때문이지요. 기술적인 능력이 부족해서 악기를 잘 못 다룬다고 해도, 절대 음감을 타고나 청각적인 능력이 뛰어나다면 음을 잘 구분하여 정확한 음을 만들어내는 조율사가 될 수도 있는 것입니다.

- **신체 운동 지능**Bodily-Kinesthetic Intelligence

- 신체 운동 지능이란 자기 몸을 잘 활용하고 사물을 잘 다루는, 신체 움직임을 통제하고 조절하는 능력을 말합니다. 신체 운동 지능이 뛰어난 아이는 주로 몸으로 감정을 표현하고 활동적입니다. 균형감, 민첩함 등이 뛰어나 스스로 몸을 잘 다뤄서 운동을 잘하거나 춤을 잘 추고, 손과 눈의 협응력 또한 좋은 경우가 많아 라켓으로 공을 치는 운동이나 손으로 도구를 정교하게 조작하는 일도 잘하지요. 보고 들은 것보다 몸으로 행동한 것을 더 잘 기억하고, 만들기를 좋아합니다. 운동선수, 댄서, 조각가, 예술가, 배우 등이 될 수 있는 잠재력을 가졌다고 하겠습니다.

• **대인 관계 지능**Interpersonal Intelligence

- 대인 관계 지능이란 사람들과의 상호 작용에 민감하고 소통을 잘 해 대인 관계 형성에 능통한 능력을 말합니다. 대인 관계 지능이 높은 아이는 대화의 기술이 좋아 친구들과 쉽게 어울립니다. 타인의 눈빛, 표정, 동작 등을 읽어내는 비언어적 의사소통에 능하기에 친구들의 감정이나 의도를 더 잘 이해함으로써 친밀한 관계를 유지하는 것이지요. 뛰어난 공감 능력을 바탕으로 상대방을 잘 이해하기에 다양한 시각으로 문제를 볼 수 있어 집단에서 문제가 생기는 경우 중재자 역할을 하기도 합니다. 협동심과 리더십도 좋은 편이고요. 사람들과의 상호 작용에 능한 능력을 바탕으로 영업 관련 직업, 타인을 공감하고 지원하는 상담사, 또는 심리학자나 철학자의 자질이 있다고 하겠습니다.

• **자기 이해 지능**Intrapersonal Intelligence

- 자기 이해 지능이란 말 그대로 스스로 생각, 감정, 행동을 잘 알아채서 자기 자신에 대해 깊이 이해할 수 있는 능력을 말합니다. 자신의 강점과 약점을 잘 알고 자아 신념이 확실하기에, 자신의 약점을 인정하며 긍정적인 자아를 유지하기 위해 목표를 설정하고, 성취를 위해 자신의 감정이나 동기를 자발적으로 조절하지요. 자기 계발에 관심이 많고, 이론이나 아이디어의 분석을 즐기며, 자신의 신념 및 가치관을 지속해서 탐구하며 살아갑니다. 자기 이해 지능이 높은 아이는 독립적인 성향이 강하고 스스로 공부하면서

자기에게 맞는 방법을 찾아 문제를 해결합니다. 이처럼 자신만의 창의적인 방법을 모색하고 이행하기를 즐기기에 철학자나 이론가, 과학자가 될 잠재력이 있습니다.

• **자연 친화 지능**Naturalistic Intelligence

- 자연 친화 지능이란 자연에 대한 이해를 바탕으로 자연과 상호 작용하는 능력을 말합니다. 자연에 존재하는 동식물을 비롯한 여러 가지 자연환경 요소에 대한 인식, 이해, 존중을 의미하기도 합니다. 자연 친화 지능은 처음에는 하워드 가드너의 다중 지능 이론에 포함되지 않았었는데요. 앞서 이야기했던 7가지 지능 발표 이후에 추가되었습니다. 자연 친화 지능이 추가된 배경에는 환경 문제의 증가로 이에 대한 인식을 반영한 것도 있고, 신경 과학의 발전으로 자연과의 상호 작용이 인지 발달에 영향을 미친다는 연구들이 이어진 것도 있습니다. 자연 친화 지능이 높은 아이는 자연을 탐구하고 보호하며, 여러 생명체를 공부하는 것을 좋아합니다. 그래서 자연을 끊임없이 관찰하고 동식물학에 관심이 많다 보니, 캠핑이나 하이킹과 같은 야외 활동을 즐깁니다. 자연히 환경 문제, 환경 보존과 연결되어 환경 운동가, 생물학자, 농부 등의 직업으로 이어지는 경우가 많습니다.

• **존재 지능**Existential Intelligence

- 마지막으로 존재 지능은 자신의 존재와 주변 세계에 대해 깊이 생

각하며 삶의 의미와 목적에 대해 사색하는 능력을 말합니다. 존재 지능이 높은 사람은 삶과 죽음, 그리고 인간의 존재에 대해 깊이 고민하며 삶의 통찰력을 갖게 됩니다. '우리는 누구인가?', '어디서 와서 어디로 가는가?', '왜 사람은 존재하는가?' 등의 질문으로 사색하며 삶의 근원적인 가치를 추구하는 능력이라고 할 수 있습니다. 앞서 말한 8가지 지능과 존재 지능이 결합하면 자신의 삶뿐만 아니라 타인의 삶, 더 크게는 세상에 영향을 미치기도 합니다. 인류를 위해 고민하고 실존적 사고를 할 수 있는 사람들, 윤리적 문제 및 세상의 다양한 면을 창의적인 사고와 심층적인 사고를 통해 사색하는 사람들에게 돋보이는 능력이기에, 철학자나 종교인, 또 직종을 가리지 않고 세상을 위해 봉사하는 사람들이 존재 지능이 뛰어나다고 할 수 있습니다.

이처럼 9가지 다중 지능을 살펴본 바와 같이 인지에는 다양한 분야가 있으므로 인지가 빠르다, 느리다, 특별하다고 나누는 것은 별다른 의미가 없을 수 있습니다. 여기서 중요한 것은 아이가 어느 영역에 우세한지 앎으로써 잠재력을 키워줄 수 있는 경험과 환경을 제공하는 것입니다. 아이의 행동과 놀이를 면밀하게 관찰하는 시간을 갖는다면, 아이가 음악을 좋아한다거나, 동물에 관심을 가진다거나, 수 감각 또는 언어 사용에 재능을 보인다거나 등을 확인할 수 있습니다. 그리고 대화할 때 아이가 특정 영역에 대해 자주 언급하거나 질문한다면 해당 지능이 높을 가능성이 큽니다. 다양한 경험을 위해 여행을 간다거나 여러 가지 활동을 체험할 기회를 만들어준다면 일상에서 발견하지 못했던 다른 영역의 잠재력을 알게 될 수도 있을 것입니다. 이어지는 내용은 제가 20년 넘게 교육 현장에 몸담으며 가장 흔하게 마주했던 부모들의 인지 발달 관련 고민과 이를 해결할 수 있는 아이 발달의 다양성에 기반을 둔 솔루션입니다.

아이의 인지 발달 고민과 다양성 기반의 솔루션

인지 발달 고민 ①
숫자나 문자에 전혀 관심이 없어요

부모들이 아이가 영유아 때는 오감 놀이나 다양한 놀이 학교, 문화 센터를 다니며 많은 경험을 시켜주는 일에 깊은 관심을 갖다가, 유치원에 들어갔는데 아이가 숫자나 문자에 전혀 관심이 없으면 슬슬 조바심이 나기 시작합니다. 특히 아이가 학교에 입학하는 시기가 다가오는데도 한글을 아직 못 뗀 상태라면 크게 초조해지지요. 주위에서는 한글뿐만 아니라 영어 유치원이나 학원에 다니며 파닉스 교육에 한창인 아이들을 쉽게 찾아볼 수 있으니까요.

그런데 부모들은 미취학 아동의 숫자나 문자 공부를 무엇이라고 생각하는 걸까요? 아이가 책상에 앉아 숫자나 문자를 읽고 쓰면서 공부하는 것으로 생각했다면 이제부터 그 생각은 머릿속에서 지웠으면 합니다. 아이가 흥미를 보이는 놀이 안에도 숫자와 문자는 존재합니다. 장난감 공룡을 차례대로 나열해 하나하나 짚어가며 수를 세고, 친구의 공룡과 내가 가진 공룡의 개수를 비교하며 양의 개념을 인지합니다. 친구의 키와 내 키를 비교하면서, 이런저런 물건들을 들어보면서 크고 작고 무겁고 가볍다는 측정의 개념도 익힙니다.

3~5세 아이는 일상에서 충분히 수 감각을 익히고 문자 개념을 이해해나갈 수 있습니다. 6~7세가 되어 초등학교 입학을 준비하는 미취학 아동의 경우는 부모가 문제집을 사서 아이에게 건네는 등 조급한 마음을 갖기도 하는데, 숫자나 문자를 대하는 부모의 태도가 아이의 학습에 큰 영향을 미친다는 사실을 잊으시는 안 됩니다.

다시 말하지만, 아이가 흥미를 보이는 놀이에도 숫자와 문자의 개념은 존재합니다. 아이가 숫자 또는 한글 공부 이야기가 나오면 회피하거나, 부모가 아이에게 숫자나 한글을 가르치며 "이 숫자는 뭐야?", "이 글자는 뭐라고 읽어?" 하고 확인할 때 반응하지 않거나, 또는 문제집을 펼치고 숫자와 한글 쓰기를 반복해서 시킬 때 힘들어하면 아이가 숫자나 문자에 흥미가 없다고 생각할 수 있습니다. 그런데 이때 아이가 회피하는 이유는 여러 가지

일 수 있습니다. 손 근육이 아직 덜 발달해서일 수도 있고, 기본적으로 아이가 집중할 수 있는 시간이 짧은데 부모가 생각하기에는 그 시간이 부족하다고 느껴져서일 수도 있습니다. 또 관심사가 너무 많거나, 각종 장난감이 어수선하게 어질러져 있거나, 거실에 틀어놓은 텔레비전 소리 때문에 집중이 어려워서일 수도 있습니다. 즉, 아이가 왜 숫자나 문자에 관심이 없는지 숨은 이유를 파악하는 게 우선입니다. 인지 쪽 문제가 아닌 경우가 의외로 많기 때문입니다.

아이가 밖에서 노는 것만 좋아하고 잠시도 가만히 앉아 있기 힘들어하는 유형이라면, 집에 있는 작은 장난감에 숫자나 문자를 붙이고 해당 숫자나 문자를 부모가 부르면 아이가 가서 가지고 오게 한다거나, 까치발 또는 앞구르기처럼 집 안에서 할 수 있는 신체 활동을 곁들여 몸을 움직이면서 숫자와 문자를 익히게 할 수 있습니다. 만약 아이가 공룡이나 기차에만 관심을 쏟는다면, 공룡이나 기차 장난감에 스스로 숫자나 문자를 써서 붙이게 하는 방법도 있습니다. 여기서 포인트는 아이의 고유한 특성을 인정해주고, 아이만의 발달 양상과 속도에 맞게, 아이의 흥미를 고려한 활동을 제공해주는 것입니다. 이러한 긍정적인 경험이 아이에게 배움의 즐거움을 깨닫게 하여, 학교에 진학해서도 긍정적으로 학습을 이어나가게 합니다.

인지 발달 고민 ②
숫자나 문자에만 관심이 있어요

반대로 숫자나 문자에만 관심이 있고, 친구들이 좋아하는 블록 놀이, 기차 놀이, 인형 놀이 등에는 흥미가 없는 아이도 있습니다. 그런데 유아기에 숫자나 문자에만 흥미를 보이는 건 그리 특별한 경우는 아닙니다. 숫자나 문자가 주는 의미를 깨우치는 순간, 더 많은 것에 의미가 부여되고 이해되어 또 다른 세상이 열리는 것뿐입니다. 물론 아이가 배움에 열망을 보이니 부모로서는 굉장히 반가운 일이지만, 이러한 열망이 간혹 너무 커져서 다른 영역 발달에 방해가 된다면 주의할 필요가 있습니다. 숫자나 문자만 파고들다가는, 친구들과 교류하며 사회성을 키우고, 바깥에서 뛰어놀며 다양한 경험을 함으로써 창의성을 키우는 데 타격을 입을 수도 있기 때문입니다.

또 숫자나 문자에만 관심을 보이는 아이는 자칫 태블릿을 비롯한 전자기기나 책만 볼 수도 있어서 신체 발달에 좋지 않은 영향을 받습니다. 장시간의 독서와 전자기기 사용으로 시력이 저하되고, 제한적인 움직임으로 근육 발달이 저조해져 아이가 자기 몸을 통제하고 균형을 잡는 데 어려움을 겪기 때문입니다. 특히 코어 발달이 저조하면 앉는 자세에도 영향을 주기에 이후 아이의 학습 태도나 학교생활의 문제로까지 이어질 수도 있습니다. 그렇다면 숫자나 문자에만 흥미가 있고 다양한 활동 참여가 제한적인 아이는 어떻게 도와줄 수 있을까요?

보통 숫자나 문자를 좋아하는 아이들은 퍼즐이나 조립 등 시작과 끝이 있는 닫힌 놀이를 선호합니다. 블록 놀이나 역할 놀이 등 열린 놀이는 즐기지 않는 경우가 많지요. 숫자는 규칙적이고 구조화된 패턴을 따르며, 문제가 구체적이고 정확한 답이 있습니다. 그래서 문제 해결을 통해 목표를 달성함으로써 끝이 있는, 명확한 목표가 있는 놀이에서 안정감을 찾는 것이지요. 동시에 블록처럼 명확한 규칙이나 목표가 없는 놀이, 상상력과 창의력을 요구하는 비구조화된 놀이를 선호하지 않는 것입니다. 따라서 처음부터 다양한 재료를 주고 콜라주를 제안한다거나, 블록으로 만들고 싶은 걸 만들라고 하면 몇 번 하다가 주저하는 경우가 대부분입니다. 이러한 성향의 아이들은 다양한 활동으로 흥미를 먼저 유도해야 합니다.

미술 활동의 경우, 서너 가지 스텝을 차례대로 따라 해 완성하는 만들기부터 시작해볼 수 있습니다. '1번 색칠한다, 2번 가위로 오린다, 3번 풀로 붙인다, 4번 실로 연결한다' 이런 식으로 하면서 하나의 스텝을 완료할 때마다 숫자 카드를 획득하게 하는 것입니다. 블록을 가지고 노는 경우, 앉아서 조작하는 조그만 블록보다는 일어났다 앉았다 해야 쌓을 수 있는 큰 블록을 가지고 놀게 하면 소근육뿐만 아니라 대근육까지 발달시킬 수 있습니다. 이때 큰 블록에 문자를 붙이거나, 블록으로 숫자의 모양을 만들게 하거나, 총 몇 개의 블록을 사용했는지 질문하면서 대화를 시도해볼 수도 있습니다. 이렇게 아이의 발달 사항과 관심사를 파악하고, 아이가 최대한 여러 가지 활동에 참여할 수 있도록 유연하게 이끌어주는 것이 중요합니다.

인지 발달 고민 ③
질문에 제대로 대답하지 못해요

아이가 말도 잘하고, 수도 잘 세고, 모양이나 색깔에 대한 이해도도 좋아서 한동안 인지 발달 쪽으로는 걱정이 없었는데, 언제부턴가 설명을 못 알아듣고, 책을 읽어주고 나서 내용을 물어보면 대답을 어려워해서 아이의 이해력이나 독해력에 문제가 있는 건 아닌지 걱정하는 부모들을 많이 만났습니다. 아무리 이야기를 해줘도 기억하지 못하는 아이를 보면서 암기력이 의심된다는 부모들도 있었고요.

아이가 부모의 질문에 대답하지 못하는 이유는 여러 가지가 있으며, 무엇보다 부모가 아이에게 질문하는 상황이 어떠한가에 따라 결과가 달라질 수 있습니다. 먼저 아이 중심적으로 몇 가지 상황을 가정해봅시다. 우선 부모가 동화책을 끝까지 읽고 질문했는데, 아이의 주의 집중력이 부족해서 동화책을 읽는 중간에 관심사가 다른 곳으로 옮겨 갔을 수 있습니다. 다음으로 언어 발달이 늦는 경우인데, 이는 어휘력이나 문법의 이해도와 관련이 있습니다. 아는 단어가 제한적이거나 문장의 구조를 몰라서 정보를 제대로 파악하지 못하는 것이지요. 또 아이가 아직 어려서 주제에 관한 개념이 형성되지 않았거나, 사전 지식이나 경험이 없어서 설명을 들어도 이해하기 힘든 상황일 수 있습니다.

이번에는 부모 중심적으로 상황을 가정해볼까요? 부모가 질문한 때가 아이가 졸려 하거나 피곤하거나 놀고 싶은 상황이었다면 아이는 당연히 그 상황을 빨리 종결하고 싶었을 것입니다. 또 부모의 질문 뉘앙스가 테스트하는 느낌이었다면 아이는 평가받는 느낌이 들어서 회피했을 수 있습니다. 그런가 하면 부모의 질문 수준이 아이가 이해하기에는 무리인 경우도 많습니다. 만약 이러한 상황이 아닌데도 아이의 이해력과 독해력, 그리고 암기력의 문제가 의심된다면, 아이는 정보 처리 능력에서 어려움을 겪고 있을 가능성이 큽니다.

정보 처리 능력이란 감각적으로 받아들인 정보를 처리하는 과정에서 필요한 정보를 수집하고 분석하고 저장했다가 필요할 때 다시 꺼내서 적절하게 활용하는 능력을 말합니다. 다시 말해, 정보를 다양한 방식으로 받아들이고(지각), 정리하여(부호화) 저장하고, 다시 불러오는 능력이기에 아무래도 기억력과 관련이 있습니다. 정보 처리 능력은 학습뿐만 아니라 일상생활과 사회생활에도 영향을 미칩니다. 정보 처리 능력이 떨어지면 지시 사항에 대한 대응이 늦고, 갈등이나 문제를 해결하는 능력도 떨어지기 때문입니다.

예시 1 에비게일(5세)은 호기심이 많고, 하고 싶은 것도, 알고 싶은 것도 많은 아이입니다. 특히 부모님이나 선생님이 책을 읽어주는 시간을 좋아하지요. 익숙하지 않은 새로운 장르의 책도 그 책이 주는 정보를 그대로 흡수합니다. 이야기를 듣다가 궁금한 점이 생기면 바로 질문하고, 스토리 타임이 끝나면 친구들과 새로 알게 된 정보를 나누며 놉니다. 공룡에 관한 이야기를 들은 뒤에는 친구들과 어떤 공룡이 채식 공룡이고, 어떤 공룡이 육식 공룡인지 이야기하면서 그림도 그립니다. 에비게일은 말에 있어서도 또래보다 어휘력이 뛰어나고, 자기 생각도 조리 있게 잘 표현합니다. 또 에비게일은 예리한 눈을 갖고 있어서 패턴을 금방 발견하고 아주 작은 부분도 예리하게 인지합니다. 그래서인지 퍼즐, 매칭 게임, 블록 놀이에 능합니다.

예시 2 아벨(6세)은 활발하고, 친구들을 좋아하며, 다양한 활동에 신나게 참여해 즐거운 유치원 생활을 합니다. 그런데 그룹 활동을 할 때마다 자주 뒤처지는 모습을 보입니다. 습관적이고 반복적인 지시 사항은 잘 따라 하지만, 새로운 지시 사항이나 몇 가지 지시 사항을 동시에 주면 어려워합니다. 만들기 시간에도 단계별로 차근차근 완성해나가야 하는 프로젝트를 시작만 할 뿐 완성하지 못합니다. 선생님이 동화책을 읽어줄 때 중간에 "이건 뭐지?"라고 단답형으로 질문하면 대답을 하지만, 이야기를 마치고 다시 내용에 대해 질문하면 대답을 못 합니다. 5세 반 때는 친구들과 바깥에서 뛰어놀며 곧잘 지냈는데, 6세 반에 올라오면서부터는 친구들의 대화에 깊이 참여도 못 하고, 비언어적 신호에 민감하지 못하다 보니 친구들 사이에서 겉도는 모습을 자주 보입니다.

에비게일과 아벨의 예시를 통해 정보 처리 능력이란 이해력과 독해력 등 학습뿐만 아니라 사람들과 관계를 맺고 이어나가는, 즉 전반적인 일상생활에도 필요한 능력이라는 사실을 알게 되었을 것입니다. 그렇다면 아이의 정보 처리 능력을 키워주기 위해서는 어떤 활동이 도움이 될까요?

손 조작이 필요한 놀이나 활동

인간은 시각, 청각, 촉각, 후각 및 기타 다양한 감각을 통해 정보를 지각하는데, 특히 어린아이들은 보고 듣고 만져서 느끼는 동적 감각을 통해 주변 환경을 이해합니다. 아이는 이러한 감각적 정보들을 뇌에 입력하고 처리하면서 세상을 배워나가는데, 이를 뇌 유연성, 즉 뇌가 새로운 정보를 받아들이고 이에 맞게 대응하는 능력이라고 부릅니다. 특히 손으로 작업하는 놀이를 많이 하면 손 근육 협응 능력, 눈 손 협응 능력, 감각 처리 능력 등이 향상되는데, 정교하고 미세한 손의 움직임이 뇌의 신경 세포들을 활성화하고 신경 연결을 형성하기 때문입니다. 이러한 신경 연결을 통해 아이는 다양한 감각 정보를 받아들이고 처리하므로 인지 발달에서 중요한 부분이라고 할 수 있습니다.

- 종이접기
- 선 따라 그리기
- 가위로 종이 자르기
- 유아용 찰흙이나 슬라임 갖고 놀기
- 블록이나 떼었다 붙였다 하는 장난감 갖고 놀기
- 정교한 손 움직임이 필요한 일상 활동하기
  (옷 입고 벗기, 신발 끈 묶기, 씻기 등)

주의 집중을 향상시키는 활동

아이가 사물이나 상황에 집중해야 이에 대한 정보를 입력할 수 있습니다. 다음과 같은 활동을 통해 아이는 주의 집중력을 향상시킬 수 있습니다.

• **같은 모양 찾기**

- 다양한 모양 사이에서 같은 모양을 찾는 활동입니다. 처음에는 단순한 모양으로 시작해 점차 복잡한 그림으로 진행하는 것이 좋습니다. 여기서 주의할 점은 처음에는 모양에 색이 있으면 안 된다는 것입니다. 시중에 파는 모양 카드를 보면 모양이 색칠해져 있는데, 이런 경우 아이는 선을 보지 않고 색을 먼저 볼 가능성이 큽니다. 아이가 색이 아닌, 선에 집중해서 모양을 구분할 수 있도록 해야 합니다. 그림으로 넘어갈 때도 같은 맥락으로 단순하게 색칠된 것부터 시작하는 게 좋습니다.

• **숨은그림찾기**

- 복잡한 그림 속에서 숨어 있는 그림을 찾는 활동입니다. 처음에는 단순한 그림 서너 개를 찾는 것부터 시작해서 복잡한 그림으로 발전해나갈 수 있습니다.

• **빨리 찾기**

- 어떤 사물을 순간적으로 보여줬다가 빠르게 감춘 다음에 그 사물이 무엇이었는지 알아맞히는 활동입니다.

• **날 따라 해봐요**

- 술래를 정한 다음에 술래가 하는 행동을 똑같이 따라 하는 활동입니다.

연관해서 사고하는 힘을 키우는 활동

아이가 이해력이 떨어지는 것은 연관성을 이해하지 못해서인 경우가 많습니다. 여러 가지 사물이나 상황 안에서 비슷한 점, 다른 점 등을 발견하는 훈련을 하면 연관해서 사고하는 힘을 키울 수 있습니다. 처음에는 특성, 장소, 기능, 카테고리 등 몇 가지 기준을 두고 시작하는 것이 좋습니다. 예를 들면, 특성은 사물의 크기, 모양, 색상 등으로, 장소는 가정에서 쓰는 물건, 학교에서 쓰는 물건, 병원에서 쓰는 물건 등으로 구분할 수 있습니다. 기능은 교통수단(자동차, 비행기, 기차 등), 학용품(연필, 지우개, 가위, 풀 등) 등을 생각할 수 있지요. 카테고리는 눈에 보이지 않는 개념으로, 채소, 직업 등을 두고 브레인스토밍을 하는 것입니다. 카테고리가 '채소'라면, 당근, 오이, 상추, 깻잎 등을 떠올릴 수 있겠고, '직업'이라면, 선생님, 경찰관, 소방관, 의사 등을 떠올릴 수 있을 것입니다. 특히 산만하거나 ADHD 성향을 보이는 아이는 이렇게 연관하여 사고하는 힘을 키워주는 활동을 하면 정리 및 계획성, 학습력 향상에 도움이 됩니다. 물론 보통의 아이들에게도 이러한 활동은 정보를 정리해 기억하고 다시 꺼내는 힘을 키워주기 때문에 전략적으로 기억하는 방법을 배우게 합니다.

- **정리하기**
  - 놀이 공간 또는 장난감 정리를 할 때 일정한 기준을 두고 정리할 수 있도록 도와줍니다. 예를 들어 주방 놀이라면, 주방용품은 주방용품끼리, 채소는 채소끼리, 디저트는 디저트끼리 정리하도록 유도합니다.

• **분류하기**

- 다양한 카드나 사진을 두고 기준에 맞춰 분류하는 활동입니다. 과일 카드나 사진이 있다면, 색깔을 기준으로 정해 분류할 수 있습니다.

• **연관 단어 이어가기**

- 말꼬리 잇기 노래처럼 연관 단어를 이어가는 활동입니다. "원숭이 엉덩이는 빨개, 빨가면 사과, 사과는 맛있어…"로 부르는 노래를 떠올리면 이해하기 쉽습니다.

• **스무고개**

- 추리 과정을 통해 대상 간의 관계를 살피면서 답을 도출하는 활동으로, 연관성이라는 개념을 이해하는 데 도움이 됩니다. 술래가 생각한 것이 무엇인지 알아내기 위해 술래 아닌 사람들이 질문하고, 여기에 술래는 "네" 또는 "아니오"로만 대답합니다. 예를 들어, "살아 있습니까?" 하면 "네", "동물입니까?" 하면 "아니오", "식물입니까?" 하면 "네" 이런 식으로 술래의 대답을 토대로 계속 질문하면서 추리하여 답을 알아내는 것이지요.

기억력 발달에 도움이 되는 게임이나 활동

정보 처리 능력에서 가장 중요한 부분은 정보를 기억했다가 다시 불러오는 것입니다. 그러기 위해서는 정보 저장 전략을 잘 짜야 합니다. 저장을 잘해야 나중에 필요한 정보를 정확히 선택해서 불러옴으로써 문제를 잘 해결할 수 있기 때문이지요.

• **메모리 게임**

- 같은 모양의 짝이 있는 그림 카드 여러 장을 그림이 안 보이게 엎어놓은 다음, 하나씩 번갈아 뒤집으며 같은 모양의 카드를 기억해서 짝을 맞추는 게임입니다.

• **컵 게임**

- 컵 3개를 준비해 뒤집은 다음, 작은 물건을 그중 하나의 컵 안에 넣습니다. 이어서 3개의 컵을 여러 번 움직인 후에 물건을 넣은 컵을 찾는 게임입니다.

• **거꾸로 말해요**

- 들은 단어를 거꾸로 말하는 것입니다. '바나나-나나바', '사과-과사'처럼 말이지요.

• **시장에 가면**

- 시장에 가면 볼 수 있는 아이템을 차례가 넘어갈 때마다 하나씩 보태서 말하는 게임입니다. 예를 들어, 첫 번째 사람이 "시장에 가면, 사과가 있고"라고 한다면, 두 번째 사람은 "시장에 가면, 사과가 있고, 바나나가 있고"라고 하고, 세 번째 사람은 "시장에 가면, 사과가 있고, 바나나가 있고, 소시지가 있고" 이런 식으로 진행합니다. 그리고 시장뿐만 아니라 여러 장소를 다양하게 시도할 수도 있습니다. 마트에 가면, 병원에 가면, 바닷가에 가면 등으로 말이지요.

창의적인 놀이

아이들은 정해진 틀 없이 자유롭게 창의적인 놀이를 하면, 상상력을 바탕으로 모험과 탐험을 하면서 새로운 아이디어를 창출해낼 수 있습니다. 틀에 박힌 생각에서 벗어나 유연한 사고를 하면서 독특한 결과를 도출하기도 하지요. 이러한 과정 안에서 다양한 정보를 통합해보기도 하고, 동떨어진 개념을 연결해보기도 하며, 새로운 가능성을 그려보기도 합니다. 여러 가지 방식으로 정보를 처리하는 경험을 통해 정보 처리 능력을 향상시킬 수 있습니다. 또 다양한 매체를 통해 얻은 감각적 경험은 뇌의 뉴런들을 연결하여 정보 처리 능력을 향상시킵니다. 각양각색의 재료를 사용하는 미술 놀이, 감각 놀이, 블록 놀이, 역할 놀이, 상상 놀이, 음악, 춤, 자연과 함께하는 바깥 놀이 등 창의적인 놀이에는 제한이 없지요.

유아기 및 아동기는 다양한 경험을 쌓고 세상을 이해하면서 정보 처리 과정과 관련된 여러 발달 영역들을 빠르게 향상시켜나가는 민감하고 중요한 시기입니다. 아이는 스스로 경험함으로써, 그리고 친구나 주위 사람들의 영향을 받음으로써 정보 처리 능력을 지속해서 발전시킬 것입니다.

인지 발달 고민 ④
질문만 계속하고 대답은 듣지 않아요

"엄마, 엄마, 저것 좀 보세요. 왜 저 새는 하늘을 나는데 날개가 안 움직여요?"

"아, 저 새는…"

"엄마, 저기 비행기 좀 봐요. 진짜 낮게 날아요. 어디 가는 거 같아요?"

"글쎄다. 아마 저 비행기는…"

엄마가 대답하려고 하지만 아이는 놀이터를 향해 달려갑니다. 아이가 끊임없이 질문해서 애써 대답해주면 다른 질문을 한다거나 다른 곳으로 가버리는 경우를 다들 경험해봤을 것입니다. 2~3세 아이가 질문만 연이어서 하는 것은 발달적으로 자연스러운 현상입니다. 본능적으로 새로운 세상을 탐색하며 수많은 호기심을 채워나가는 시기이기 때문이지요. 또 인지적으로 발달하면서 보다 추상적이고 고차원적인 사고를 하기 시작하므로 질문이 많은 것은 당연한 모습입니다. 그런데 4~5세가 되었는데도 계속 질문하면서 대답은 듣지 않고 자기 말만 하거나 다른 소리만 하는 건 물론 여러 가지 이유가 있겠지만, 인지와 언어 영역 발달에 도움이 필요한 경우일 수 있습니다.

앞서 말했던 정보 처리 능력과 관련이 있을 수도 있고, 이와 연관된 언어 능력과 관련이 있을 수도 있습니다. 언어 영역에는 말하는 영역 외에도 듣는 영역이 있는데, 아이마다 영역별로 차이가 있습니다. 말은 유창하게 잘하지만, 듣고 이해하는 능력이 더디게 발달할 수도 있다는 것입니다. 이런 경우에는 이해도가 떨어지기 때문에 질문이 앞설 수 있습니다. 또 대화할 때 말을 듣고 말하며 주고받는 것이 일반적이지만, 아이는 아직 사회적 경험이 적어 '핑퐁' 대화의 경험이 별로 없습니다. 주로 부모가 아이의 말을 들어주는 상황이 더 많았을 테니까요.

인지 및 언어 발달 외에 사회적 상호 작용(눈을 마주 보는 것이 어렵거나 타인의 말에 공감하지 못하는 경우)이 이유일 수도 있고, 혹은 부모의 설명이 아이의 발달 수준에 맞지 않게 길고 어려워서일 수도 있습니다. 또 타인의 관심을 받는 수단으로써 질문을 하거나 호기심이 너무 많은 나머지 대답을 기다릴 여유가 없을 수도 있습니다. 그러면 질문만 하고 대답은 듣지 않는 아이는 어떻게 도와줄 수 있을까요?

차례대로 순서를 기다리며 수행하는 게임하기

아이가 차례대로 순서를 배우는 데는 게임이 효과적입니다. 게임을 하면서 꼭 순서를 말로 뱉어낼 수 있도록 도와주세요. 자기 차례에는 "내 차례"라고 하면서 주사위를 던지고, 상대방 차례에는 "네 차례"라고 하면서 주사위를 건네는 식입니다. 일상에서 대화할 때도 이처럼 서로 주고받으며 기다리는 시간이 필요하다는 사실을 알려주면 좋습니다.

어린아이들과 그룹 수업을 하다 보면, 아이들이 동시에 자기 말만 하느라 중재가 안 되는 상황이 발생하기도 합니다. 한 아이가 주말에 놀이공원을 다녀왔다고 하면, 저마다 주말에 무엇을 했는지 말하느라 아수라장이 되기도 하지요. 그래서 학기 초에는 아이들에게 말하는 사람의 순서를 눈으로 보여주기 위해서 마술 모자를 쓰기도 하고(마술 모자를 쓴 사람만 이야기하고, 안 쓴 사람은 들어야 합니다), 인형을 안고 이야기하기도 합니다.

아이의 관심사로 대화를 이끌어가기

질문이 많다는 것은 주제가 아직 아이에게 어려워서일 수도 있습니다. 그래서 아이의 관심사와 발달의 양상을 고려하여 주제를 정해 대화를 이끌어가는 것이 좋습니다. 대화할 때는 아이의 발달 단계에 맞춰 짧고 간결하게 말하고, 어휘 선택도 아이의 수준에 맞게 해야 합니다. 문장 구조 자체가 길면 아이의 관심이 이미 다른 곳으로 가버리기 때문이지요. 말투 또한 아이가 즐겨 보는 영상 속 등장인물들의 톤을 떠올리면 효과적일 수 있습니다. 여기에 재미있는 동작이 더해지면 아이의 시선을 더 오래 잡아둘 수 있겠지요.

아이의 관심사를 알아채는 가장 좋은 방법은 일상에서 아이를 면밀하게 관찰하는 것입니다. 아이가 즐겨 하는 놀이나 자주 보는 책 등을 떠올려보고, 이와 관련된 질문으로 대화를 시작하면 좋습니다. 열린 질문도 좋고, 아이와 함께 질문 카드를 만들어서 가족이 모두 모여 게임처럼 질문과 대답을 하는 방법도 효과적일 것입니다. 이때 듣는 사람이 대답하는 사람을 향해 몸을 돌리는 규칙을 정한다면, 아이가 대화에서의 태도를 배울 수 있습니다. 이러한 대화 놀이는 가족 간 관계 또한 돈독하게 만들어줄 것입니다.

리액션이 풍부한 대화하기

아이가 질문한 다음에 다른 곳으로 이동할 때는 또 다른 새로운 자극에 아이의 주의가 옮겨 간 경우도 있겠지만, 대답하는 사람의 태도가 성의 없거나 건조해서일 수도 있습니다. 아이들뿐만 아니라 어른들도 재미없게 말하는 사람의 말을 끝까지 듣고 싶어하지는 않으니까요. 뮤지컬 배우처럼 과장해서 표현하고, 코미디언처럼 웃겨야 한다는 뜻은 아니지만, 적당히 큰 리액션은 아이를 대화에 머물게 만듭니다. 아이가 질문할 때 몸을 돌려 눈을 맞춤으로써 아이에게 '난 네가 하는 말을 잘 듣고 있어'를 알려주고, 풍부한 리액션으로 '네 이야기가 정말 재미있어'라는 메시지를 전달한다면 아이는 부모와의 대화에 더 흥미를 느낄 것입니다.

다이엔(5세)은 호기심이 넘치고 질문이 많은 아이입니다. 어느 날 저녁, 혼자 동화책을 보다가 갑자기 엄마에게 질문합니다. "엄마, 비둘기는 왜 구구, 하고 울어요?" 엄마는 저녁 준비로 바쁜 와중에도 질문에 대답해줍니다. "사람처럼 말을 못하니까. 새니까 구구, 하며 말하는 거야." 다이엔은 엄마의 대답을 들었는지, 못 들었는지 혼자 계속 동화책을 봅니다. 엄마는 다이엔과의 대화를 조금 더 이끌어보기 위해 이번에는 채소를 썰며 조금 더 큰 목소리로 말합니다. "비둘기가 구구, 하는 것은 여러 가지 이유가 있을 거야. 다른 비둘기 친구들에게 위험하다고 알려주는 것일 수도 있어." 다이엔은 여전히 책을 읽고 있습니다. 엄마는 계속해서 말합니다. "그리고 비둘기가 구구, 하며 사랑 고백을 하는 것일 수도 있고." 다이엔이 질문합니다. "비둘기도 사랑해요? 사람처럼 사랑 고백도 하는 거예요? 너무 웃겨요." 엄마는 기다렸다는 듯 바로 대화를 이어갑니다. "그럼. 비둘기도 마음에 드는 비둘기한테 잘 보이려고 구구, 하는 거야."

다이엔은 대답이 없지만 엄마의 말을 다 듣고 있습니다. 엄마가 포기하지 않고 더 재미있는 내용을 조금 더 큰 목소리로 말하자 이내 다이엔의 관심이 돌아와 대화가 이어집니다. 이처럼 아이가 관심 있어 할 만한 이야깃거리를 제공하면서 다양한 톤으로 대화를 시도하면 아이와 더 즐거운 대화를 나눌 수 있습니다.

공감력 향상을 위한 감정 놀이와 그림책 읽기

질문만 하고 대답을 듣지 않는 것은 상대방에게 공감하지 못하기 때문일 수 있습니다. 3~5세는 자기중심적 사고를 하는 시기이기에 상대방의 입장을 살피고 공감하기에는 사회 정서 발달이 부족할 수 있습니다. 그런데 잘 공감하려면 먼저 감정에 대한 이해가 필요합니다. 이때는 다양한 사람들의 여러 가지 표정이나 동작 등을 관찰하여 감정을 유추해보는 놀이가 도움이 됩니다. 집에 반려동물이 있다면 반려동물과 함께 다양한 상황을 만들어가며 감정에 대해 이야기해보는 것도 좋습니다. 또 그림책을 통해 등장인물의 감정을 이해하고 표현하면서 공감 능력을 키우는 것도 좋은 방법입니다.

질문이 많다는 것은 아이가 세상을 향한 호기심이 많고 세상을 알아가고 싶다는 증거입니다. 이러한 아이의 지적 호기심은 여러 발달 영역에 활력을 불어넣어줄 소중한 자원입니다. 부모가 다른 영역과의 이상적인 상호 작용이 이뤄지도록 다양한 경험을 제공해주고, 아이 스스로 답을 찾을 수 있다고 생각하도록 아이의 질문을 존중하며 더 깊이 있는 질문으로 대화를 이끌어간다면 아이는 창의적이고 비판적인 사고 능력을 키워 인지 발달을 향상시켜나갈 것입니다.

인지 발달 고민 ⑤
발달 지연인지 장애인지 구분법이 궁금해요

부모들이 아이의 발달에서 가장 어려워하거나 고민하는 부분은 아이의 늦됨이 발달 지연이지, 아니면 장애인지 구분하는 것입니다. 지연과 장애의 차이를 정확히 이해해야 중요한 시기를 놓치지 않고 아이에게 적절한 대안을 제공할 수 있습니다.

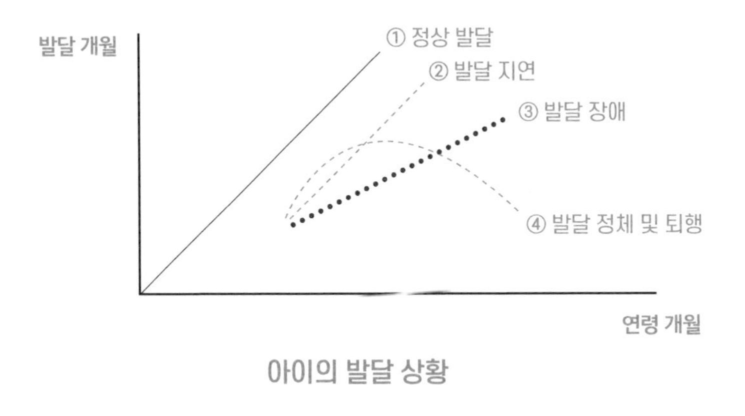

아이의 발달 상황

아이의 발달 상황을 나타낸 그래프입니다. ①번은 정상 발달입니다. 아이의 연령 개월 수가 올라감에 따라 아이의 발달 개월 수도 정비례해서 올라갑니다. ②번은 발달 지연입니다. 연령 개월 수가 9개월인 경우, 발달 개월 수는 6개월 정도입니다. 연령 개월 수가 올라가면 발달 개월 수도 올라가지만, 그 격차는 꾸준히 3개월 정도를 유지합니다. ③번은 발달 장애입니다. ①번, ②

번과는 기울기가 다릅니다. 연령 개월 수가 올라갈수록 정상 발달과의 발달 개월 수 격차가 크게 벌어집니다. ④번은 발달 정체 및 퇴행으로, ②번 발달 지연과 비슷하게 시작하지만, 정체 구간을 보이다가 급격히 떨어집니다. 이는 퇴행을 의미합니다. 이렇게 정체와 퇴행이 반복적으로 나타나는 것은 자폐 스펙트럼으로 해석될 수 있습니다.

부모들은 보통 아이가 2~3세일 때 아이의 발달에 대해 지연인지 장애인지 가장 많이 고민합니다. 1세 전후로는 신체적으로 잘 성장하는지만 인지하다가, 언어와 사회성이 급격히 발달하는 2~3세가 되면서부터 다른 아이들과 발달 양상에서의 차이가 보이기 때문에 그렇습니다. 때로는 부모 중 한 사람이 어릴 때 늦었다는 이야기, 또는 장애라는 사실을 인정하기 어려운 마음 때문에 중요한 시기를 흘려보내기도 합니다. 정기적인 검진의 발달 체크 리스트를 통해 조금이라도 의구심이 든다면 전문가의 소견을 꼭 들어보는 것이 좋습니다.

다음은 발달 지연 및 장애와 관련하여 가장 자주 발현되는 양상을 모아본 것입니다. 발달 지연과 장애는 간단한 체크 리스트로 진단할 수 없는 사항이지만, 참고용으로 활용하기를 바랍니다.

〈1세〉

- ☐ 눈 맞춤을 하지 않는다.
- ☐ 여러 가지 소리에 반응이 없다.
- ☐ "엄마", "아빠"를 하지 않는다.
- ☐ 말소리 모방이 없다.
- ☐ 손가락으로 가리키는 것이 없다.
- ☐ 작은 물건을 잡지 못하거나 손을 바꿔 잡지 못한다.
- ☐ 걸으려는 의지를 보이지 않는다.
- ☐ 인사할 때 손짓을 하지 않는다.

〈2세〉

- ☐ 호명 반응이 없다.
- ☐ 타인에게 관심이 없다.
- ☐ 모방이 없다.
- ☐ 장난감에 관심이 없다.
- ☐ 간단한 지시 사항을 따르지 않는다.
- ☐ 간단한 말로 의사 표현을 하지 않는다.
- ☐ 짜증과 울음이 많고 진정시키기 어렵다.
- ☐ 움직임이 어색하다.

〈3세〉

- ☐ 새로운 사람과 환경에 극도로 예민하다.
- ☐ 불안감과 공포감이 커서 일상생활에 지장이 크다.
- ☐ 감각이 너무 예민하거나 너무 무디다.
- ☐ 루틴에 민감하고 집착이 심하다.
- ☐ 편식 이상의 극도로 제한적인 음식 섭취가 있다.
- ☐ 사소한 일에 짜증과 화가 많고 조절이 어렵다.
- ☐ 과격하고 충동적인 행동을 자주 한다.
- ☐ 자조 능력이 현저하게 떨어진다.
- ☐ 친구들과 어울리지 않는다.
- ☐ 핑퐁 대화가 어렵다.
- ☐ 놀이가 반복적이고 한정적이다.
- ☐ 상상 놀이를 하지 않는다.

발달 영역 ②
아이의 언어 발달

언어 발달의 시작 시기와 과정

언어란 사람이 생각하고 느낀 것을 표현하여 타인과 소통할 수 있도록 도와주는 사고의 수단입니다. 언어 습득 이론으로 유명한 미국의 언어학자 노암 촘스키Noam Chomsky, 아동 발달 연구로 유명한 장 피아제 등 여러 학자들은 언어 발달이 아이가 태어나는 직후부터 일어난다는 일치된 견해를 가지고 있습니다. 아이가 출생 후 세상과 상호 작용하며 언어를 습득한다고 보기 때문이지요. 그런가 하면 아이가 엄마의 자궁 안에서 소리를 인지하고 반응하는 것을 보며 언어 발달이 태어나기 전부터 일어난다는 소수의 견해가 있기도 합니다. 태아는 임신 24~28주 차부터 주변의 소리나 말, 엄마의 목소리로부터 자극을 받고, 음악을 틀어놓으면 멜로디나 리듬에도 반응하는데요. 하지만 이는 청각적 자극에 한정되기에 총체적인 언어 습득이나 발달로 보지는 않습니다.

아이는 출생과 동시에 소리를 내기 시작하고 울음 및 옹알이를 통하여 소리를 조절하는 경험을 하는데, 이는 언어 구사의 핵심 기반이 됩니다. 이러한 초기 음성 활동이 중요한 이유는 간단합니다. 아이는 울음 및 옹알이를 통해 처음으로 자신의 요구 사항이나 감정을 표출하는데, 부모가 적절히 반응해주면 의사소통을 경험하게 되고, 이 과정을 통해 언어의 의미를 이해하게 되기 때문입니다. 그래서 아직 언어를 구사하지 못하는 비언어적 시기에도 아이가 표정과 몸짓으로 의사를 표현하면 부모는 이러한 아이의 노력에 적절히 반응해줘야 아이의 언어 발달을 촉진할 수 있습니다. 아이는 옹알이를 함으로써 소리를 다양하게 내면서 입안의 근육을 사용하고, 이를 통해 소리를 조합해 여러 가지 발음을 만듭니다.

제시(1세)가 옹알이를 하기 시작합니다. "바바" 소리를 내다가 "푸푸" 소리를 내기도 합니다. 엄마는 제시를 바라보고 옹알이에 대꾸합니다. "제시야, '바바' 했어? 기분이 좋구나? 배도 부르고 기저귀도 갈아서 좋은지 노래를 하네?" "바~바~, 바~바~, 제시가 기분이 좋으니까 엄마도 기분이 좋네." 엄마가 제시가 내는 소리를 따라 하며 말을 덧붙여서 상호작용을 하니, 제시는 손과 발을 힘차게 움직이며 다른 소리도 내기 시작합니다. 제시의 옹알이 소리가 더 커지고 표정도 밝아집니다.

이처럼 아이가 내는 옹알이 소리를 따라 하고, 같이 웃어주고, 말을 많이 해주면, 아이 또한 엄마의 말을 따라 하려는 시도로 소리를 모방하고, 소리 모방이 단어로 이어지며, 단어가 문장으로 발전되어갑니다.

언어 발달을 정확히 이해하기 위해 말과 언어에 대해 자세히 알아볼 필요가 있습니다. 말과 언어는 얼핏 같은 것처럼 보이지만 서로 다른 개념을 가지고 있고, 상당히 다른 개념이지만 서로 연결되어 있습니다.

영어로 말은 speech, 언어는 language입니다(언어 치료사를 speech and language pathologist라고 합니다). 먼저 말을 살펴보자면, 말은 소리를 내면 그 소리의 조합으로 단어가 표현되고, 결국 문장으로 만들어집니다. 그래서 말은 소리를 정교하게 내도록 돕는 입술과 혀, 그리고 성대 및 호흡과 연관이 있습니다. 발음이 정확하지 않거나 특정 소리를 내지 못하는 것은 말의 발달에 문제가 있는 것입니다.

언어는 말뿐만 아니라 읽고, 쓰고, 이해하고, 대화하며 다양한 방면으로 활용해 소통할 수 있는 체계입니다. 언어 능력에는 문자와 단어와 문장이 전하는 의미를 이해하는 능력, 단어의 순서

말과 언어의 차이

	말	언어
정의	언어의 구두 표현	의미를 전달하기 위해 단어, 동작 등을 사용하는 통신 시스템
매체	소리를 통한 말	말, 글, 비언어적 표현(기호/표성/동작)
구성	음성, 발음, 유창성 등	음운론, 형태론, 구문론, 의미론, 화용론 등
생산	말하기의 신체적 행위	인지적 처리와 언어 지식 필요
발달	유아기에 습득	태어나서부터 성인까지 점차적 발달
장애	말더듬증, 음성 장애, 발음 장애 등	표현 언어 장애, 수용 언어 장애, 정보 처리 장애, 화용 언어 장애, 선택적 함구증, 특정 언어 장애 등

와 구조를 이해해 문장으로 말하는 능력, 언어 고유의 문법을 알고 적절하게 사용하는 능력, 그리고 사회적 상황에 따른 맥락을 이해하는 능력 등이 포함됩니다.

따라서 말이 소리를 구사하는 것이라면 언어는 조금 더 큰 개념으로, 의미 있는 소통을 하기 위한 표현 능력과 이해력이 포함된다고 할 수 있습니다.

표현 언어, 수용 언어, 화용 언어

아이의 언어 발달 상태는 어떤 기준으로 구분할 수 있을까요? 일반적으로 말을 잘하는 아이를 언어 발달이 빠른 아이라고 합니다. 말을 늦게 시작하거나 더듬거나 표현이 서툰 아이는 언어 발달이 느린 아이라고 하지요. 앞서 언어에는 말로 의사를 표현하는 능력과 말에 대한 이해력이 포함된다고 했는데, 보다 전문적으로는 이를 각각 '표현 언어'와 '수용 언어'라고 합니다. 표현 언어와 수용 언어가 둘 다 균형 있게 발달해야 하는데, 둘 중 하나가 현저히 우세해서 언어 발달이 빠른 아이 또는 느린 아이라고 잘못 인식될 수도 있습니다. 모든 영역이 활발히 상호 작용하며 성장하는 민감한 유아기에 이러한 오해가 생길 경우, 결정적으로 도움이 될 황금 같은 기회를 흘려보낼 수도 있습니다.

표현 언어란 생각이나 감정, 그리고 정보를 단어나 문장의 형태로 타인에게 전달하는 언어적 표현 능력으로, 표정이나 동작, 몸짓 등 비언어적 표현도 이에 포함됩니다. 표현 언어가 우세한 아이의 경우, 자기 생각을 잘 표현하고 말을 조리 있게 합니다. 적극적으로 대화에 참여해 이야기를 재미있게 만들어내기도 하지요. 또래 아이들이 모여 있을 때 대화를 주도하고, 충돌이 생겼을 때 논리적으로 말해 상대방을 잘 설득합니다.

수용 언어란 타인의 말 또는 글을 이해하는 것뿐만 아니라, 비언어적 신호가 보내는 의미 또한 이해할 수 있는 능력을 뜻합니다. 수용 언어가 우세한 아이는 타인의 이야기를 경청하고 이해력이 좋습니다. 지시 사항을 잘 따르며 또래들끼리 대화할 때 주로 듣는 경향을 보입니다.

표현 언어 발달이 또래보다 빠른 경우 얼핏 언어 발달이 빠른 아이처럼 보일 수 있지만, 만약 수용 언어가 표현 언어와 비교해 발달이 현저하게 더디다면 언어 발달이 빠르다고 할 수 없습니다. 즉, 지시 사항의 수행을 힘들어하고, 사회적 신호에 둔감하며, 이야기를 듣고 내용을 이해하는 데 어려움을 겪는다면 수용 언어적으로 도움이 필요한 경우일 수 있습니다. 이때 별다른 조치를 하지 않으면 훗날 글을 읽고 흐름을 이해한다거나, 읽은 내용을 바탕으로 전체를 추론한다거나 하는 고차원적인 지점에서 커다란 벽을 만나 학업에도 문제가 발생할 수 있지요.

마지막으로 화용 언어는 언어를 상황과 맥락에 따라 다양한 의미로 해석하여 이해하고 사용할 수 있는 능력을 뜻합니다. 사람들과 상호 작용하며 소통하는 데 아주 중요한 능력이지요. 같은 말이라도 상황과 의도에 따라 의미가 달라질 수 있다는 사실을 알고, 비언어적 표현도 이해할 수 있습니다. 화용 언어가 우세한 아이는 사회적 상황에 민감해서 상황 파악이 빨라 눈치가 있고 상대방에 따라 유연하게 대처합니다. 반면에 화용 언어가 약한 아이는 다양한 상황과 맥락에 대한 이해 부족으로 눈치가 없고 엉뚱한 말이나 행동을 하기도 합니다.

이어지는 내용은 제가 20년 넘게 교육 현장에 몸담으며 가장 흔하게 마주했던 부모들의 언어 발달 관련 고민과 이를 해결할 수 있는 아이 발달의 다양성에 기반을 둔 솔루션입니다.

아이의 언어 발달 고민과 다양성 기반의 솔루션

언어 발달 고민 ①
손짓과 몸짓으로만 의사를 표현해요

말보다는 손이 먼저 나가거나 동작으로 의사를 표현하는 아이들이 있습니다. 원하는 물건이 있을 때 말로 묻기 전에 손을 먼저 뻗어서 낚아채거나 손가락으로 가리키거나 소리를 내기도 합니다. 물론 아이가 아직 말을 배우지 못했다면 손짓이나 몸짓을 하겠지만, 말로 표현해야 하는 시기인데도 지속해서 비언어적 표현에만 기댄다면 어떻게 도와주는 것이 좋을까요?

기차를 가지고 놀던 안톤(4세)은 갑자기 일어나서 냉장고 문을 잡고 열려고 합니다. 엄마는 안톤이 뭘 먹고 싶어 하는 것 같아서 어젯밤에 만든 수프를 데웁니다. 안톤에게 수프가 준비되어 식탁에 앉으라고 말하니, 안톤은 수프 그릇을 넌지시 쳐다보고는 고개를 젓습니다. '아, 배가 고픈 게 아니라 목이 말랐구나.' 엄마는 물컵을 내밉니다. 그런데 안톤은 물컵을 힘껏 빌치더니 결국 물을 쏟고 맙니다. 옷이 젖자 울기 시작하는 안톤. 엄마는 물이 아니라 주스인가 싶어서 사과주스를 꺼냅니다. 안톤은 주스를 보자마자 엄마 손에서 낚아챕니다.

비언어적 의사소통은 언어 발달의 기본이며, 의사를 전달하고 감정을 인식하거나 표현하는 데 중요한 역할을 합니다. 언어에 담긴 사전적 의미를 넘어서 보다 섬세한 의사를 전달하기도 하고, 아예 언어의 사전적 의미와는 다른 의미를 전달하기도 하지요. 만약 비언어적 표현에만 의존하거나 비언어적 표현을 제대로 활용하지 못한다면 원활한 언어 발달이 이뤄지기가 어렵습니다. 따라서 아이가 이런 상황이라면 먼저 원인을 파악해 알맞은 도움을 줘야 합니다.

부모는 아무래도 아이와 많은 시간을 보내고 아이에 대해 잘 알다 보니, 아이가 말하지 않아도 무엇을 원하는지 미리 알고 척척 제공해주는 경향이 있습니다. 만약 아이가 비언어적 표현에만 의존한다면 스스로 이와 같은 양육 태도를 보인 건 아닌지 점검해볼 필요가 있습니다. 어떻게 해서든지 일단 말을 해야만 하는 상황을 만들어주는 것이 좋습니다. 예시 속 안톤과 같은 상황이라면, 뭘 원하는지 묻거나 물과 주스 중 원하는 걸 선택하게 함으로써 언어적 대답을 유도할 수 있습니다.

부모의 성향에 따라 아이를 키우며 수다쟁이처럼 말을 많이 하는 경우도 있고, 반대로 말을 많이 하지 않는 경우도 있을 것입니다. 아이는 일상생활에서 풍부한 언어를 접할 때 자연스럽게 언어를 습득합니다. 언어적 모델의 제공이 중요한 법이지요. 따라서 아이와 자주 눈을 맞추고, 아이의 소리를 모방하면서 상호작용을 하면, 아이도 다시 부모의 소리를 모방하면서 말을 배우게 될 것입니다.

간혹 청력에 문제가 있어서 아이가 말을 안 하는 경우도 있습니다. 듣는 게 어려우면 소리를 모방하는 기회를 얻을 수 없기 때문이지요. 이때 적절한 청력 보조 기기의 도움을 받는 것이 좋습니다. 또 시각적 자료를 사용하거나 언어 치료사와 협력해서 언어에 대한 이해를 도울 수도 있습니다.

언어 발달을 촉진시키는 시각 자료

어린아이들은 말로만 지시 사항을 전달받았을 때 산만한 주변 환경, 외부 소음, 수용 언어 발달 지연 등과 같은 여러 이유로 이해를 못 하거나, 아예 기억을 못 하는 경우가 많습니다. 그래서 눈에 보이고 만질 수 있는 확실한 사물 또는 시각적인 자료를 통해 이해도를 향상시켜주면 좋습니다. 교실에서 글을 아직 못 읽는 아이들을 위해 게시판에 글과 그림을 함께 게시하는 것, 동화책을 읽고 나서 사건이 일어난 순서대로 그림 카드를 배열하는 것, 글자를 배울 때 특정 몸짓을 하며 발음하는 것 모두 아이의 발달 특성을 고려한 시각 자료 이용 활동입니다.

그런데 시각 자료는 이점이 많지만, 잘못 사용할 경우 언어 발달을 저하시킬 수 있기에 주의해야 합니다. 표현 언어 향상을 위해 기호나 그림을 동반한 시각 자료를 사용했는데, 오히려 아이가 이러한 보조 자료에 의존하느라 언어 표현을 안 하게 되는 것이지요. 한번은 의사 표현에 어려움을 겪던 아이가 PECS The Picture Exchange Communication System(그림 교환 의사소통 체계)를 학교에서 사용하고 있었는데, 원하는 것이 있으면 자신의 소통 보드에 붙어 있던 사진을 떼어 선생님에게 전달하는 시스템이었습니다. 이전까지 의사 표현을 전혀 안 하던 아이라 초반에는 이 시스템이 도움이 되었지만, 계속해서 이 시스템을 사용하자 나중에는 오히려 더 말을 하지 않게 되었습니다. 이처럼 시각 기반의 소통 보조 자료는 처음엔 소통을 호전시키지만, 오랜 시간 같은 방법을 사용하면 그 효과가 반감됩니다.

그러므로 아이의 변화하는 모습을 살피면서, 칭찬을 바탕으로 한 다양한 전략을 통해 시각 자료의 활용을 극대화하도록 노력해야 합니다. 예를 들면, 시각 자료를 가리키며 의사를 표현할 때 가리키는 동작과 함께 그 사물의 이름을 말로도 표현하게 하는 것입니다. 만약 아이가 바나나를 원한다면 처음에는 실제 바나나 또는 바나나 사진을 손가락으로 가리키기만 해도 부모가 바나나를 주지만, 그다음에는 아이가 "바" 소리를 내면 주고, 또 그다음에는 "바나나", "바나나 주세요" 식으로 늘려가는 것입니다.

이때 중요한 점은 부모가 언어 모델링을 지속해서 제공해줘야 한다는 것입니다. 아이가 아직 사물의 이름을 정확히 발음하지 못한다면 부모가 정확한 발음으로 말해줘야 합니다. 그림으로 전하기 힘든 동사는 행동을 함께하며 말해줘야 합니다. "엄마랑 같이 점프할까? 점프! 점프!" 하며 아이 손을 잡고 같이 점프를 하거나, "우리 '시작' 하면 달리는 거야. 그러다가 엄마가 '멈춰' 하면 멈추는 거고"라고 하면서 시작과 동시에 아이와 함께 달리다가 "멈춰"를 외치고 같이 멈추는 것이지요. 시각 자료는 앞서 언급했던 표현 언어뿐만 아니라 수용 언어 발달(지시 사항을 그림으로 전달, 책을 읽고 이야기 순서대로 그림 카드 배열 등의 활동) 및 전반적인 인지 발달에도 효과적입니다.

언어 발달 고민 ②
발음이 부정확해서 알아듣기 힘들어요

아이들이 커다란 노란 버스를 타고 동물원으로 소풍을 떠났습니다. 끝나고 유치원으로 돌아오는 버스 안, 아이들은 서로 제일 좋았던 동물을 이야기하느라 정신없이 바쁩니다. 코끼리, 사자, 호랑이, 기린, 원숭이… 일라이자(5세)도 신이 나서 이야기합니다. "I loved hnake." 친구가 "뭐라고?"라며 다시 묻자, 일라이자는 "hnake"라고 다시 말하지만 친구들은 갸우뚱합니다. 일라이자는 평소 'S' 발음이 잘 안 되던 아이입니다. 그걸 아는 선생님이 거들어줍니다. "Oh, you loved snakes." 그제야 다른 친구들도 "나도 뱀이 좋았어요", "난 뱀이 너무 징그러웠어요"라며 뱀에 관해서 이야기하기 시작합니다.

아이가 특정 발음이 잘되지 않아 언어 치료를 고민하는 부모를 많이 만났습니다. 언어 치료를 받을 정도는 아니지만, 발음이 너무 새서 가족 외의 사람들은 아이의 말을 이해하지 못해 고민이라는 부모도 많았지요. 아이의 발음이 완성형이 아니라는 사실을 잘 알면서도 "유치원 같은 반 아이는 또박또박 말을 잘하는데,

우리 애는 도대체 왜 안 되는 걸까요?"라고 고민하는 부모도 있었고요. 아이의 발달이 영역별로 개인차가 있듯이 발음도 마찬가지입니다. 다음은 한글 자음과 영어 알파벳 소리를 완성하는 생물학적 나이를 나타낸 표입니다.

아이의 한글 및 알파벳 소리 완성 시기

	한글 자음	영어 알파벳
2세	ㅍ, ㅁ, ㅇ	/b/, /p/, /m/
3세	ㅂ, ㅃ, ㄸ, ㅌ	/n/, /p/, /h/, /w/
4세	ㄴ, ㄲ, ㄷ, ㅎ	/f/, /d/, /k/, /g/
5세	ㄱ, ㅌ, ㅈ, ㅉ, ㅊ	/t/, /y/, /ng/
6세	ㅅ, ㅆ	/l/, /v/, /r/, /sh/, /ch/
7세	ㄹ	/s/, /z/, /j/, /zh/, /th/

모음의 경우는 한국어나 영어 모두 1~2세 정도에 "아, 에, 이, 오, 우"와 같은 기본적인 소리를 다 낼 수 있습니다. 자음의 경우

는 표에 정리한 것처럼 보편적인 기준은 있지만, 아이마다 개별적 발달 양상에는 차이가 날 수 있습니다. 따라서 기준에서 크게 벗어나는 경우에만 언어 치료사를 찾아가 전문적으로 상담을 받는 것을 추천합니다.

예를 들면 5세 아이가 "사과 주세요"를 "따과 두떼요"라고 한다면 전문가를 만날 필요는 없습니다. 'ㅅ' 발음은 6세가 되어서도 완성되지 않을 수 있기 때문이지요. 일반적으로 한국어나 영어나 비음(ㅁ, ㄴ, /m/, /n/)이 제일 먼저 발달하기 시작해서 파열음(ㅍ, ㅌ, ㅋ, /p/, /t/, /k/), 파찰음(ㅈ, ㅉ, ㅊ, /z/, /ch/), 마찰음(ㅅ, /s/), 유음(ㄹ, /l/) 순으로 완성됩니다. 따라서 5세 아이가 "사과 주세요" 대신에 "따과 두떼요"라고 하는 것은 아이의 발달 연령을 고려했을 때 크게 걱정할 만한 부분이 아닌 것이지요.

아이의 발음을 개선하기 위해 간혹 부모가 "따과가 아니고 사과지. 다시 해봐"라면서 지적하는 경우가 있습니다. 이런 방식은 아이를 주눅 들게 하고, 스트레스만 증가시키며, 더 나아가 아이의 사기를 꺾어 언어 발달에 악영향을 미칠 수 있습니다. 아이의 발음이 부정확하다면 한두 차례 언어 모델링을 해주는 것만으로도 충분합니다.

발음을 잘하기 위해서는 정확한 발음을 듣는 일도 중요하지만, 먼저 입안의 구강 근육 및 혀 운동, 그리고 입술의 힘이 밑받침되어야 합니다. 말이나 단어를 따라 하기 전에 구강 근력을 키우는 놀이가 우선되어야 한다는 것입니다. 촛불 끄기, 바람개비

불기, 메롱 하기 등의 활동은 구강 근력 향상에 도움이 됩니다. 간식을 먹을 때도 단단해서 우적우적 씹어 먹을 수 있는 당근이나 셀러리가 발음 교정에 효과적입니다. 뽀뽀하기도 입술을 오므렸다가 푸는 운동이기에 식구들끼리 자기 전에 뽀뽀로 하루를 마무리한다면 발음은 물론 사회 정서 발달에도 도움이 될 것입니다.

마지막으로 당부하고 싶은 것은 이렇게 구강 훈련만 한다고 해서 언어 발달이 향상되는 것은 아닙니다. 부모의 풍부한 언어 모델링과 긍정적인 자극이 가득한 환경에서, 그리고 다양한 상황과 맥락 속에서 사람들과의 상호 작용을 통해 아이가 언어를 배워나간다는 사실을 기억하기를 바랍니다.

언어 발달 고민 ③
말을 잘 시작하지 못하고 더듬어요

아이가 말을 시작하기 전에 "어, 어, 어" 하거나 단어의 첫음절을 여러 번 말하면 말더듬증이 아닌지 걱정된다는 부모들이 있습니다. 그런데 일반적으로 아이가 말을 더듬는 것은 그 순간 적당한 단어가 바로 떠오르지를 않아 시간을 벌기 위한 경우가 가장 많습니다. 또 특정 발음을 만들어낼 만큼 입술과 혀의 근육이 발달하지 않아서 비슷한 소리를 여러 번 내는 경우도 있습니다. 이는 2~5세 때 많이 나타나는 현상으로 크게 걱정할 필요가 없습니다. 시간이 지나면 자연스럽게 사라지지요. 그런데 이러한 모습이 너무 오래 지속되거나 이 때문에 원활한 대화를 나누지 못할 정도라면, 이는 언어 발달뿐만 아니라 사회 정서 발달에도 영향을 미치기에 도움을 줘야 합니다.

일단 말더듬증의 원인부터 잘 살펴야 합니다. 말하는 과정에서 긴장하거나 스트레스를 받아서, 새로운 환경에 적응하거나 사람들과 교류하는 과정에서 심리적 불안감이 느껴져서, 때로는 가족 중에 말더듬증이 있다면 유전적인 요소일 수도 있고, 신경학적인 문제로 인해 뇌 회로 발달이 불균형해서 유발될 수도 있습니다.

일단 아이가 말을 더듬을 때 그러지 말라며 부모 또는 조부모가 강하게 지적하는 경우가 많습니다. 이는 아이가 말을 더듬고 있다는 사실을 의식하게 해서 오히려 심리적 부담감만 키웁니다. 압박하는 상황 대신, 아이가 편하게 말할 수 있도록 기다려주고 천천히 말하도록 응원하는 것이 좋습니다. 말하는 중간중간 숨을 쉴 수 있도록 이끌어주면 압박감이 완화되어 보다 여유를 가지고 말할 수 있게 됩니다. 아이가 말을 더듬으면 어른이 중간에 말을 끊고 대신 말하기도 하는데, 그보다는 인내심을 장착하고 아이가 하려는 말을 끝까지 들어주는 게 좋습니다. 또 부모가 먼저 천천히 말함으로써 모델링해주는 것도 효과적이지요.

친구들과 어울려 놀거나 다양한 활동에 참여하기를 좋아하는 앨리스(6세)는 할 말이 많거나 신나서 흥분하거나 바쁠 때 종종 말을 더듬습니다. 일주일의 봄방학이 끝나 엄마 손을 잡고 교실에 도착한 앨리스는 하고 싶은 놀이가 넘쳤습니다. "엄마, 나, 나, 나… 차, 차, 찰흙 가지고 노, 노, 놀고 싶어요. 피, 피, 피터랑요." 엄마는 웃으며 무릎을 꿇고 앉아서 앨리스와 눈을 맞췄습니다. "앨리스, 숨 한번 크게 쉬어 볼까? 급하게 말 안 해도 괜찮아. 그리고 오늘은 친구들이랑 말할 때 갑자기 할 말이 너무 많이 생각나면 잠깐 멈추고 쉬었다가 말해봐." 앨리스는 "네, 엄마" 하고 교실로 들어갔습니다. 엄마는 선생님에게 그동안 집에서 어떤 방법으로 앨리스의 말더듬증에 대응했는지 정보를 나눴습니다. 선생님과 엄마는 한 팀이 되어서 앨리스에게 도움이 되는 정보를 정리했고, 앨리스의 말더듬증이 발현되어도 계속 편안함을 느낄 수 있도록 환경을 만들어줬으며, 힘껏 응원하면서 앨리스를 있는 그대로 품어줬습니다. 앨리스는 흥분하면 잠깐 멈춘 다음에 셋까지 숫자를 세었고, 큰 숨을 마셨다가 뱉어내고 나서 다시 말을 시작했지요. 인내와 이해, 포용과 용기를 주는 환경에 적절한 모델링과 함께 칭찬이 더해지니 앨리스의 말더듬증은 점차 호전되어갔습니다.

아이가 말을 더듬으면 위축되고 자신감이 떨어지는 경우가 많습니다. 아이의 자존감이 회복될 수 있도록 아이가 잘하는 것을 상기시키면서 칭찬을 듬뿍 해주세요. 아이의 강점을 이야기해주고 노력하는 과정을 칭찬하면서 긍정적인 환경을 조성해주면 그 안에서 아이는 보다 편안한 마음으로 자기 생각을 표현할 수 있게 되어 말더듬증이 점점 나아질 것입니다.

언어 발달 고민 ④
이중 언어를 구사하는 아이로 키우고 싶어요

미국에서 교직 생활을 20년 넘게 하다 보니, 그동안 사회적·경제적·문화적으로 다양한 배경을 가진 가족들을 많이 만났습니다. 그러다 보니 자연스럽게 이중 언어, 때로는 다중 언어를 사용하며 자라나는 아이들을 어렵지 않게 마주할 수 있었지요. 어느 순간 한국도 이중 언어에 대한 관심이 대폭 증가했고, 그래서인지 이제는 비교적 많은 수의 아이들이 미취학 때부터 영어 유치원 또는 영어 학원을 열심히 다닙니다. 그런데 이중 언어는 왜 필요할까요? 이중 언어를 하면 어떤 좋은 점이 있길래 많은 부모들이 아이를 이중 언어자로 키우고 싶어 하는 것일까요?

제가 자랄 때만 해도 한국에는 이중 언어를 구사하는 사람이 많지 않았기에 길에서 영어가 들리면 고개를 돌려 쳐다보기도 했습니다. 요즘은 한국 어디를 가도 영어로 대화하는 사람들을 심심치 않게 마주칠 수 있습니다. 사실 한국은 한국어만 쓰는 나라이므로 딱히 영어를 하지 못해도 사는 데 지장이 없습니다. 그런데 왜 많은 사람들이 이중 언어를 중요하게 생각하고, 더 나아가 완벽한 이중 언어자를 꿈꾸는 것일까요? 아마도 다양한 언어를 구사해야 글로벌 시장에서 더 많은 기회와 경제적 이익을 얻을 수 있을 것이라는 믿음 때문인 듯합니다. 물론 다양한 문화를 가진 사람들과 더 쉽게 교류하며 얻는 개인적 만족과 발전도 큰 이유겠지요. 특히 아이가 이중 언어를 구사함으로써 얻을 수 있는 장점으로는 크게 다음과 같은 것들이 있습니다.

두뇌를 유연하게 만들어 뇌 기능을 강화시킨다

우선 이중 언어는 뇌 기능 강화에 도움이 됩니다. 한 언어를 다른 언어로 전환해서 소통한다는 것은 2가지의 언어 체계를 오가며 코드 스위칭을 한다는 것으로, 즉 이중 언어자는 한 언어로 이야기할 때 다른 언어의 사용을 억제하며 필요한 정보를 꺼냅니다. 이런 과정은 두뇌 활동의 유연성을 요구합니다. 따라서 주의력, 집중력, 기억력, 추론력과 같은 인지 능력을 강화시킵니다.

저는 그동안 이중 언어와 관련해서 많은 질문을 받았는데, 그중 하나가 두 언어를 동시에 배우는 일이 아이에게 혼란을 주거나 언어 발달의 속도를 늦추는 건 아닌지 하는 것이었습니다. 하지만 아이들의 뇌는 유연하기에 이중 언어를 습득하는 과정에서 오히려 많은 인지적 이점을 얻습니다. 아이들은 이중 언어를 구사하면서 특정 물건이 다른 언어에서는 다른 이름으로 불린다는 것, 언어마다 각기 다른 문법 체계가 있다는 것 등을 배우게 됩니다. 두 언어 간의 유사성과 차이점을 인지하고 알아가는 과정을 통해 아이들의 사고 범위는 넓어지고 창의력, 어휘력, 표현력, 유연성 및 융통성 또한 향상됩니다.

이해력, 기억력, 문해력 등 학습 능력을 증진시킨다

이중 언어를 구사하려면 당연히 단일 언어를 구사할 때보다 더 다양한 상황과 사람에 대한 이해가 필요합니다. 그렇기에 다양한 관점에서의 이해력 및 창의적인 문제 해결 능력을 증진켜줍니다. 그리고 이중 언어자들은 두 언어를 번갈아 쓰면서 자연스럽게 기억력과 집중력을 지속적으로 훈련하며, 서로 다른 두 언어 체계를 오가며 얻는 경험 안에서 폭넓은 어휘, 각 언어만의 특성, 문법에 대한 이해가 깊어집니다. 이중 언어를 구사하는 아이들이 단일 언어를 구사하는 아이들보다 기억력이나 문해력 등 학습에 필요한 인지적 능력 측면에서 더 뛰어나다는 다수의 연구 또한 이를 뒷받침하고 있습니다.

다름을 존중하고 포용할 기회를 얻어 사회성을 발달시킨다

이중 언어를 구사함으로써 더 많은 문화와 사고방식을 배울 수 있습니다. 이중 언어를 구사한다는 것은 다른 언어 안에 담긴 문화를 배우고, 동시에 그 다름을 존중하고 포용할 기회를 얻는

다는 뜻입니다. 나아가 이중 언어 및 다중 언어를 구사하는 아이들은 훨씬 다양한 사람과 의사소통하는 기회를 얻으므로 이를 통해 사회성 발달에도 큰 도움을 받을 수 있습니다.

그런가 하면 이중 언어를 구사하는 아이들은 배움 초기에 사용하는 어휘가 단일 언어를 구사하는 아이들보다 제한적이고, 자기 생각을 표현할 때 두 언어가 혼재되어 나오거나 혼동하는 모습도 보이기에 언어 지연에 대한 염려를 사기도 합니다. 하지만 결론부터 이야기하자면 이중 언어는 언어 지연을 초래하지 않습니다. 그렇다면 왜 이러한 우려들이 끊이지 않고, 전문가마다 다른 견해를 보이는지 알아보겠습니다.

초기 연구, 즉 1960년대 이전 이중 언어 연구에서는 두 언어를 '혼용'하는 것을 '혼동'하는 것으로 판단해, 이중 언어 아이들이 단일 언어 아이들보다 습득한 단어가 적나는 사실을 근거로 언어 지연이 일어난다고 봤습니다. 그러나 1962년 캐나다의 심리학자 엘리자베스 필Elizabeth Peal과 월레스 램버트Wallace Lambert의 연구를 기점으로 이중 언어의 구사가 인지적·언어적 발달 향상에 도움이 된다는 발표가 쏟아져 나오기 시작했습니다. 이는 초기 연구가 단일 언어 아동은 교육을 잘 받은 중상류층의 아이들, 이중 언어 아동은 교육을 잘 받지 못한 이민자의 아이들을 대상으로 하면서 사회적·경제적 차이를 고려하지 않은 데서 비롯한 것입니다. 그런가 하면 어휘력을 비교할 때 한 언어의 어휘량만 포함시킨 것에 대한 비판이 있기도 했습니다. 이후 1990년대부터 현재까지 이어지는 연구들은 혼용 현상이 이중 언어 습득 초기에 일어나는 자연스러운 현상learning error이라고 보고 있습니다.

아이가 어떤 어휘를 영어로는 아는데 한국어로는 모른다거나, 한 문장 안에 2가지의 언어를 섞어 쓰는 것 등도 딱히 걱정할 문제가 아닙니다. 예를 들어 공ball이라는 단어는 영어로 ㅂ 소리가 나기 때문에 일반적인 발음의 발달 순서를 고려하면 ㄱ으로 시작하는 '공'보다는 ㅂ으로 시작하는 'ball'이 발음하기 더 쉬울 수 있습니다.

엄마: 오늘 유치원에서 어떻게 지냈어?

코코: 친구들이랑 놀았어요.

엄마: 뭐 하고 놀았는데?

코코: playground에서 음… tag 했어요.

엄마: 재미있었겠네.

코코: It was really 웃겨.

엄마: 뭐가 웃겼는데?

코코: Really, really, really fast하게 달리다가 옷이 떨어졌어요.

엄마: 옷이 떨어져?

코코: 바지가 커서 knee까지 갔어요.

엄마: 어머나, 바지가 커서 무릎까지 흘러내린 거야?

코코: 네. 바지가 흘러내려갔어요.

코코와 엄마의 대화를 살펴보면 어휘를 떠올리는 데 시간이 걸린다거나 문법상 맞지 않게 이야기하여 언어 발달에 영향을 받는 것처럼 보일 수 있으나, 이는 두 언어를 학습하는 과정에서 나타나는 지극히 자연스러운 현상입니다. '잡기 놀이tag'를 한국어로 말하고 싶어서 약간의 머뭇거림이 있었고, 바지가 흘러내린 상황을 설명하기 위해 영어로 'fall'을 떠올려 한국어로 '떨어졌다'라고 이야기했지만, 이내 바로 '흘러내리다'라는 정확한 표현으로 교정했습니다. 이렇게 두 언어가 섞이는 상황은 두 언어를 배우는 과정에서 흔히 나타나는 일일 뿐입니다.

이중 언어 아이의 어휘량의 경우, 한 언어의 어휘량만 생각하면 단일 언어 아이보다 적을 수 있습니다. 그러나 두 언어의 어휘량을 합하면 더 많다는 사실을 인지해야 합니다. 한 언어의 어휘량만 비교해서 발생하는 격차가 초등학교 입학을 앞둔 부모 입장에서는 염려될 수도 있지만, 초기의 격차는 시간이 지나면서 점점 줄어들다가 취학 연령기가 되면 대부분 사라집니다. 그 후에는 오히려 단일 언어 아이보다 뛰어난 어휘력과 언어 능력을 갖게 될 수 있습니다.

간혹 아이에게 언어 지연이 보인다면, 이것은 이중 언어 때문이 아니라 단일 언어 아이라고 해도 보였을 현상일 수 있습니다. 부모는 아이의 발화가 늦는다거나 어휘력이 떨어진다거나 언어가 섞이는 상황을 섣부르게 지연으로 판단하지 말고, 아이가 비언어적 의사소통이 잘되는지, 의사소통에 다른 어려움을 겪고 있지는 않은지 면밀하게 관찰해야 합니다.

언어 발달 고민 ⑤
영어 조기 교육을 어떻게 해야 할지 고민이에요

요즘은 세계화의 영향으로 외국에 살지 않아도, 부모가 이중 언어자가 아니어도 아이를 이중 언어자로 키우기 위해 많은 부모들이 노력합니다. 취학 전 한글은 물론이고 파닉스 떼기도 어느덧 유행처럼 번져 영어 유치원이나 학원을 선택하는 경우도 늘어났습니다. 한글이 먼저다, 영어가 먼저다, 동시에 가야 한다 등의 논란도 끊이지 않고 있습니다.

영어 조기 교육에 대한 여러 논란에 앞서, 저는 무엇을 목표로 한 채 시작하는 영어 교육인지 고민하는 과정이 중요하다고 생각합니다. 언제when 보다는 왜why 와 어떻게how 가 중요한 것이지요. 노암 촘스키가 제시했던 언어 민감기(3~7세)는 아이가 언어 발달 측면에서 크게 발전하는 시기입니다. 민감기에 어떤 목적으로 어떻게 영어 교육이 이뤄지는지에 따라 아이의 이중 언어 능력은 물론이고, 다른 영역의 발달에도 영향을 미치기 때문입니다. 아이의 균형 있는 발달을 위해 우선되어야 할 것은 정서적 안정감입니다. 아이는 안정감을 느끼는 환경에서 적극적으로 탐험하며 성장해 나아갑니다. 그런데 이중 언어자로 키우기 위해, 특히 아웃풋을 목적으로 아이에게 모국어인 한글보다 파닉스를 먼저 떼게 하는 등 영어 교육을 더 중요시하게 되면, 아이는 새로운 언어에 대한 압박과 스트레스로 영어가 부정적인 경험으로 자리 잡게 되어 이후 영어 학습에 어려움을 겪게 될 것입니다. 또 모국어인 한국어로 사고를 확장해나가고, 한국의 정서가 담긴 한국어에 대한 깊은 이해가 뿌리를 내리기 전에 영어가 우선시된다면 자아 정체성 형성에도 타격을 입겠지요.

앞에서도 언급했지만 이중 언어 능력이 아이가 세상을 살아가는 데 매우 유익한 것은 사실입니다. 하지만 이는 아이의 발달을 도모하는 여러 가지 수단 중 하나일 뿐입니다. 제2의 언어는 아동기 이후 언제라도 학습할 수 있습니다. 그래서 이중 언어 교육에 너무 에너지를 쏟느라 부모와 아이가 일찍 지치는 일은 없으면 좋겠다는 게 제 생각입니다.

부모가 자신에게 편한 언어로 아이에게 충분한 자극을 주고 최대한의 의사소통을 하는 것이 아이가 정서적인 안정감과 유대감 안에서 논리적인 사고력과 창의력을 키우는 길입니다. 이렇게 다져진 능력이 나중에 제2의 언어 습득을 돕겠지요. 조기에 억지로, 높은 수준의 이중 언어를 강요함으로써 부모와의 제한된 상호 작용을 초래하는 건 바람직하지 않습니다. 유아기에 가장 중요하게 고려해야 하는 사항은 언어 학습이 아니라, 자연스러운 환경에서 자발적인 언어 습득으로의 참여를 유도하는 것입니다. 언제나 자연스러운 방식이 가장 중요합니다.

아이는 태어날 때부터 이미 주어진 환경에서 사용되는 언어를 습득하도록 준비되어 있습니다. 노암 촘스키는 이를 언어 습득 장치LAD, Language Acquisition Device라고 하면서 적절한 언어 자극이 주어지는 환경에서 성장하는 한 무난한 언어 발달이 가능하다고 주장했습니다. 유럽에서 성장하는 아이의 경우, 자연스럽게 2개 이상의 언어를 사용하는 환경에 지속적으로 노출되므로 의도하지 않아도 이중 언어, 다중 언어를 하게 됩니다. 하지만 한국에서 자라나는 아이의 경우, 영어는 소통을 위한 필수적인 언어가 아닙니다. 일부러 이중 언어 환경을 조성해주기 위해 영어 유치원을 보낸다거나 가정에서 영어를 사용하기도 하지만, 이는 매우 제한적일 수밖에 없습니다. 영어 유치원 이후 영어 사용 학교로 진학하거나 부모가 영어에 능통하여 가정에서 영어를 주 언어로 사용하지 않는 이상 쉽지 않습니다. 또 학령기가 되면 영어가 습득이 아닌 암기, 독해, 문법, 쓰기와 같은 학습의 형태로 바뀌는 것이 현실입니다. 영어 학습의 목적이 시험을 잘 보고 학점을 잘 받고 사회에서 일반적으로 요구되는 만큼의 수준을 확보하는 정도라면 이는 초등학교 이후의 학습을 통해서도 충분히 도달할 수 있습니다. 유아기 때의 영어 학습은 그저 사람들과 즐겁게 소통하는 긍정적 경험만으로도 충분하다는 뜻입니다.

아마도 부모가 어릴 때부터 아이에게 영어 교육을 시키고 싶어 하는 이유는 언어 민감기를 놓치지 않으려는 의도겠지요. 노암 촘스키는 사람의 언어 습득 장치가 3~5세에 활발히 작동하다가 11~13세 정도에 점차 활동을 줄인다고 했습니다. 이러한 이론을 바탕으로 언어 민감기를 3~7세로 보는 연구들이 많은 것이고, 따라서 언어 습득 장치의 기능이 줄어들기 전에 영어 교육을 시작해야 한다고 보는 것이지요. 또 프랑스의 뇌 신경학자 폴 브로카Paul Broca는 사람이 5세 이전에 외국어를 모국어와 같은 언어 저장 공간에 저장한다고 이야기하면서 5세 이전을 언어 민감기라고 주장하기도 합니다. 두 언어를 구분 없이 하나의 방에 저장하기 때문에 별도의 언어 변환 과정이 필요하지 않아 성인보다 빠르게 언어를 배운다는 것입니다.

그런데 아무리 이론적으로 제시하는 언어 민감기라고 해도 첫 번째로 우리 아이가 준비되지 않는다면, 두 번째로 적절한 노출 환경이 조성되지 않는다면, 세 번째로 어떤 동기에서 교육이 시작되는지가 빠진다면, 마지막 네 번째로 아이의 모국어 발달이 충분하지 않다면 적절한 시기라고 볼 수 없을 것입니다. 다시 말해 앞선 4가지를 다 고려해서 우리 아이의 이중 언어 민감기를 찾아야 한다는 것이지요.

한국에서 《크라센의 읽기 혁명》으로 잘 알려진 미국의 언어학자 스티븐 크라센Stephen Krashen은 외국어를 배우는 방법을 습득과 학습으로 나눕니다. 어린 시절 자연스러운 환경에서 경험하는 언어는 습득이고, 노력과 암기를 통해 배우는 언어는 학습이라는 것입니다.

이중 언어자가 되는 방법에는 두 언어를 동시에 습득하는 동시적 이중 언어 습득 방법simultaneous bilingual, 한 언어를 먼저 습득한 뒤에 두 번째 언어를 배우는 순차적 이중 언어 습득 방법 sequential bilingual이 있습니다. 둘 중 어느 방법이 더 좋은지를 따지기 이전에 소통에 어떤 언어가 가장 적합한 언어인지를 생각해야 합니다. 초등학교 입학 전에 영어를 배워야 한다, 부분적으로는 맞는 이야기입니다. 아이의 발달상으로 보면 발음의 경우에는 어릴 때 배우는 것이 유리할 수 있습니다. 뇌 발달상으로 봐도 더 수월하게 배울 수 있는 시기는 맞습니다. 다만, 다시 한번 말하지만, 언어 민감기라는 시기와 숫자에 연연하지 않기를 바랍니다. 부모와의 관계 형성을 방해하지 않는 선에서, 아이의 다른 발달을 놓치지 않는 선에서 영어 조기 교육과 이중 언어 환경을 생각했으면 합니다.

발달 영역 ③
아이의 사회 정서 발달

사회 정서 발달의 의미와 4가지 측면

사회 정서 발달은 사회적 능력과 정서적 능력의 2가지로 나눠 살펴볼 수 있습니다. 먼저 사회적 능력은 아이가 타인과 관계를 형성하고 교류하며 생겨나는 갈등을 슬기롭게 풀어나가 건강한 관계를 유지할 수 있는 능력입니다. 이러한 사회성은 아이가 속한 사회 속에서 키워지며, 그 사회에서 형성되는 관습을 이해함으로써 이에 맞는 사회적 교류를 통해 타인과 건강하게 어울릴 수 있도록 합니다. 안정적인 환경을 벗어나 불안감 또는 불편함을 느낄 수 있는 새로운 환경 안에서의 규칙을 수행하는 것이지요. 다양한 사람들과 어울리며 서로의 차이를 존중하고, 필요에 따라 자신의 의견을 내거나 타인의 의견을 들어가며 절충하고 협력하는 과정에서 사회적 측면의 발달이 이뤄집니다.

이어서 정서적 능력은 아이가 스스로 자기감정을 인지하고 표현하며 그 감정을 다스릴 수 있는 능력, 그리고 타인의 감정을 이해하고 이에 공감할 수 있는 능력을 말합니다. 아이는 일상에서 마주하는 다양한 상황 속에서 자기감정을 인지하고, 부모나 친구에게 감정을 표현하며, 타인의 감정을 공감하고, 격한 감정이 찾아오면 때와 장소에 맞춰 이를 조절하면서 정서 발달을 이뤄나갑니다.

아이가 세상을 살아가면서 다양한 사람들과 어울리며 마주하는 여러 가지 사회적 상황에 슬기롭게 대처하려면 사회 정서 발달이 매우 중요합니다. 유아기에 형성되는 사회 정서 능력은 결국 어른이 되어 행복한 삶을 만들어나가는 데 가장 중요한 자원이기 때문입니다.

사회 정서 발달도 역시 여러 가지 측면이 있어서 사회 정서 발달이 빠르거나 느리거나 특별하다고 딱 잘라 규명하기는 힘듭니다. 자신의 감정을 이해하고 조절하는 것, 타인의 감정을 헤아리며 관계를 맺고 이어나가는 것, 그리고 자신과 타인을 둘러싼 환경을 이해하는 것 등 다양한 측면이 있기 때문이지요. 또 사회성에는 타인과의 관계 외에 사회적 책임도 포함되어 있습니다.

여기서 사회적 책임이란 사회 구성원으로서 지녀야 하는 공감, 배려, 기여 등 공정함을 이루는 가치라고 볼 수 있습니다.

사회 정서 발달을 더 깊이 이해하기 위해 4가지 측면에서 살펴보려고 합니다. 그러고 나서 이어지는 내용은 제가 20년 넘게 교육 현장에 몸담으며 가장 흔하게 마주했던 부모들의 사회 정서 발달 관련 고민과 이를 해결할 수 있는 아이 발달의 다양성에 기반을 둔 솔루션입니다.

사회 정서 발달의 4가지 측면

	자신self	타인others
인식awareness	자기 인지self-awareness	사회적 인지social-awareness
행동actions	자기 조절self-managemant	사회적 관계 조절 social-relationship management

알리아(7세)는 친구를 좋아하는 활발한 아이입니다. 혼자 놀기보다는 항상 친구들을 찾아다니면서 어울려 놀기를 선호하지요. 알리아는 친구들과의 충돌을 싫어하는 성향이 있다 보니, 주로 친구의 의견을 따르거나 양보하는 경우가 많습니다. 순서를 기다렸다가 타야 하는 미끄럼틀도 친구한테

먼저 타라고 하고, 화장실 줄을 설 때도 친구 뒤에 서는 날이 많았지요.
그러던 어느 날, 알리아가 좋아하는 장난감을 친구가 먼저 가지고 놀기 시작했습니다. 알리아는 친구에게 다른 장난감을 건네주며 바꾸자고 제안했지만, 친구는 싫다고 했습니다. 알리아는 그동안 미끄럼틀을 양보할 때 기분이 좋지 않았고(자기 인지), 화장실 줄을 설 때 친구에게 양보하면서 짜증이 나기도 했지만(자기 인지), 내일은 더 서둘러야겠다고 생각하며 참아왔습니다(자기 조절). 그런데 자신이 그간 여러 번 양보했고, 장난감을 그냥 달라고 한 게 아니라 다른 장난감과 바꾸자고 제안했는데도 친구가 양보하지 않자 이번에는 화가 났습니다(자기 인지). 그래서 드디어 참지 않고 친구에게 말했습니다(사회적 관계 조절).
"내가 놀이터랑 화장실에서 양보했잖아. 이번엔 너도 양보 한 번만 해. 조금만 가지고 놀다가 다시 바꾸면 되잖아." 이 말을 들은 친구는 "아, 미안. 이번엔 내가 먼저 양보할게"라며 바꿔줬습니다. 알리아는 친구도 자신과 똑같은 마음일 수 있다는 것, 그리고 말하지 않으면 친구가 자신의 기분을 모를 수도 있다는 것을 알게 되었습니다(사회적 인지).

자기 인지

사회 정서 발달에서 보는 자기 인지란 자신의 다양한 감정을 식별하고 표현할 수 있는 것, 그리고 자신의 감정에 따른 영향력을 인식하는 것을 뜻합니다. 다시 말해, 자기 생각과 감정이 행동에 어떤 영향을 미치는지 그 관계를 이해하는 것을 의미합니다. 여기에는 특정 사건이나 상황, 생각 등이 특정 감정을 불러일으키는지를 아는 것, 미묘한 감정의 차이를 아는 것, 감정에 따른 신체의 반응을 아는 것, 나의 감정을 인정하는 것 등 자기 자신의 내적 상태를 제대로 파악하는 일이 포함됩니다.

자기 조절

자기 조절은 자기 인지 이후에 적절하게 대처하는 능력을 말합니다. 자신이 느끼는 다양한 감정을 부정하지 않고 때와 장소에 맞게 적절히 조절하는 능력이지요. 특정 상황이 자신의 감정이나 행동의 제어를 더 어렵게 만들더라도 적절히 유지하고 대처하는 것입니다. 자기 조절 능력은 긍정적인 자아(자존감), 할 수 있다는 신념(자기 효능감), 그리고 도전 의식(자신감)을 근원으로 하는, 문제를 이해하고 효율적인 방법을 찾는 문제 해결 능력과 적응력 및 유연성을 요구합니다. 이때 아이가 성장하며 교류하는 사람들과 환경 속에서 어떠한 경험을 하느냐가 중요합니다. 만약 부모가 아이가 힘들어할 만한 상황을 매번 미리 제거해주거나 대신 해결해주면, 아이는 자기 조절 능력을 배울 기회를 놓치게 되고, 결국 성인이 되어서 문제가 발생하면 대처하는 방법을 몰라 쉽게 좌절할 수 있습니다. 또 자신의 감정에 휘둘려 행동에도 영향을 받게 되겠지요.

사회적 인지

사회적 인지란 타인의 감정을 인지하고 공감하는 능력입니다. 타인의 감정을 헤아리고, 타인의 관점을 이해하며, 내면에 숨어 있는 의도까지 알아채는 것을 말하지요. 아이가 어릴 때는 만나는 대부분이 기관(어린이집, 유치원, 학교 등) 사람들, 그리고 부모 중심의 선택적 모임 안에서 교류하는 사람들이라 타인의 범위가 넓지 않을 수도 있습니다. 하지만 아이는 성장하면서 더 다양한 사람들, 그리고 상황들과 마주하게 됩니다. 특히 우리 아이들이 자라는 글로벌 시대는 부모 세대가 어릴 때와는 크게 다릅니다. 그래서 사회적 인지 능력의 중요성이 예전보다 훨씬 커졌다고 할 수 있지요.

타인에 대한 공감 능력에는 다양성의 이해도, 사회·경제·문화적 차이를 이해하고 존중하는 능력, 소통과 협동은 물론 배려까지 많은 부분이 포함되어 있습니다. 사회적 인지 능력은 삶의 여러 측면에서 중요한 역할을 합니다. 아이가 살아가며 계속 키워나갈 수 있도록 지원해준다면 아이는 자신의 삶을 더 조화롭고 행복하게 꾸려나갈 것입니다.

사회적 관계 조절

다양한 사회적 상황에서 적절하게 행동하면서 타인들과의 관계를 유지하고 발전시키려면 여러 가지 사회적 기술이 필요한데, 그러한 사회적 기술 중 조절 능력은 큰 부분을 차지합니다. 사회적 관계 조절 능력은 아이의 기질, 환경, 경험 등에 의해 향상되거나 손상될 수 있습니다. 아이가 성장하면서 주변 사람들과의 갈등을 경험할 때, 감정을 표현하거나 갈등을 풀어나가는 과정 안에서 부모나 교사의 적절한 모델링과 지원이 뒷받침된다면 사회적 관계 조절 능력이 향상되겠지만, 아이가 감정을 표현할 때 무시나 억압을 당하면 사회적 관계 조전 능력은 손상될 수 있습니다. 건강하고 이상적인 관계의 기준이 아직 확립되지 않은 어린 나이에 주변 사람들의 행동은 무의식적으로 학습 및 모방되기 때문이지요.

사회적 관계 조절은 전반적인 삶의 질에 있어서 가장 중요하다고 할 수 있습니다. 개인의 행복과 안녕뿐만 아니라 사회적으로도 영향을 미치기 때문입니다. 부모의 울타리 안에서 벗어난 아이는 부모가 중재하거나 도와줄 수 없는 상황에 놓이기도 하고, 복잡 미묘한 관계들 사이에서 이전에는 느끼지 못한 커다란 감정에 휩싸일 수도 있습니다. 또 부당함이나 괴롭힘을 당할 때, 불편한 관계 안에서 자기 생각이나 감정을 표현해야만 하는 순간을 마주할 수도 있습니다. 그러므로 사회적 관계 조절 능력을 키워 주는 것은 아이에게 삶의 강력한 무기를 선물하는 것입니다.

아이의 사회 정서 발달 고민과 다양성 기반의 솔루션

사회 정서 발달 고민 ①
내향적, 외향적인 성향과 사회성의 관계가 궁금해요

사람의 성향을 이야기할 때 우리는 보통 내향적, 외향적이라고 합니다. 일반적으로 새로운 것에 대한 불안감이 있고, 수줍음을 많이 타서 친구를 사귀는 것이 힘든 아이를 내향적이라고 합니다. 그런가 하면 처음 만난 사람한테 스스럼없이 인사하고, 친구를 사귀는 게 쉽고, 새로운 것에 흥미를 느끼는 적극적인 아이를 외향적이라고 합니다. 사회성이 좋다고도 하지요. 그런데 이렇게 외향적인 성향이라 친구를 쉽게 사귀는 것은 사교성이 좋은 것이지, 사회성이 좋다고 단정할 수는 없습니다. 사회성에는 사람들과의 관계뿐만 아니라 사회가 만든 규칙 등에 대한 책임도 따라오기 때문이지요. 즉, 아이가 속해 있는 문화 또는 집단에서 중요시하는 예절이나 규칙을 이해하고, 이에 맞는 행동을 하는 것이 사회성에 포함된다는 의미입니다. 또 사회 안에서 나의 역할은 무엇인지 이해하고, 기여하면서 살아가는 능력도 사회성이라고 할 수 있습니다. 마찬가지로 내향적인 아이가 사회성이 부족하다고 단정할 수는 없습니다. 새로운 사람을 만나고 적응하는 데 오래 걸리는 아이더라도, 집단생활의 규칙을 잘 이해하고 적절한 행동을 한다면 또 다른 사회적 측면에서 사회성이 좋은 아이니까요. 아이가 어린이집, 유치원, 학교와 같은 집단생활에서 규칙을 잘 지키는 것은 또 다른 새로운 사회적 상황 안에서도 잘 적응할 수 있다는 뜻이고, 또래들로부터 안정감, 친밀감, 신뢰감을 얻을 수 있다는 뜻임을 기억하기 바랍니다.

사회 정서 발달 고민 ②
매번 혼자서만 놀아요

엘리야(6세)는 집에서 노는 것을 좋아합니다. 외동아이라 엄마가 제일 친한 친구지요. 집에서 엄마랑 기차 놀이를 하며 재잘재잘 쉴 새 없이 말합니다.

엘리야: 엄마, 토마스가 진짜 진짜 멀리 화물을 날라야 해. 그러니까 기찻길을 길게 더 길게 만들어야 해요.

엄마: 방에서 기찻길 더 가지고 나올까?

엘리야: 네. 집에 있는 거 다 쓸 거예요. 엄마, 근데 토마스가 새로운 친구를 만났어요.

엄마: 근데 엘리야, 기차 다 가지고 놀면 다시 바구니에 다 담아서 치워야 해. 알겠지?

엘리야: 새 친구 이름은 레이철인데 레이철은 되게 착해요. 토마스가 길을 잃었는데 레이철이 도와줘서 잘 찾아왔어요.

엄마: 우리 5분만 더 기차 놀이하다가 놀이터 가서 친구들이랑 조금 더 노는 건 어때?

엘리야: 다리를 만들어야겠어요. 토마스가 강을 건너야 하니까 다리가 필요해요.

엘리야는 엄마가 몇 번의 대화를 시도했는데도 계속 토마스 이야기만 합니다. 혼자서 기차만 가지고 노는 엘리야를 또래 친구랑 놀게 해주고 싶은 마음에 엄마는 조금은 억지로 엘리야를 놀이터에 데리고 나갑니다. 그런데 집에서 쉴 새 없이 조잘거리던 엘리야가 밖에 나왔더니 얼음이 됩니다. 친구를 좀 사귀어보라고 무리 지어 노는 아이들 틈에 슬며시 엘리야를 밀어 넣어봅니다. 하지만 엘리야는 엄마 뒤로 숨어버립니다. 엄마는 일부러 친구들에게 엘리야의 이름과 나이를 소개합니다.

또래 ①: 내 이름은 케이야. 넌 엘리야라고?

엘리야: …

또래 ②: 어? 토마스 있네. 나도 집에 토마스 있어.

엘리야: (또래 ②를 보며) …

또래 ①: 난 변신 자동차 있어.

또래 ②: 나도 변신 자동차 있는데! 산타할아버지가 주셨거든.

또래 ①: 난 엄마가 사 줬어. 그런데 내 동생이 던져서 그건 고장 났고, 생일 선물로 받은 건 조금 작은 건데, 그건 아직 변신 잘돼.

또래 ②: 변신할 때 내 거는 바퀴가 잘 안 빠져서 진짜 세게 힘을 줘야 해.

또래 한 명이 기차를 언급할 때 엘리야는 잠깐 그 친구를 봤지만, 또래 둘이서 주고받으며 다른 장난감을 이야기하자 엘리야는 고개를 떨굽니다.

엘리야처럼 집에서는 말도 잘하고 잘 놀지만, 놀이터나 키즈카페에 가서 새로운 친구들을 만나면 움츠리는 경우, 부모는 안타까운 마음에 아이 대신 다른 친구들에게 말을 걸거나 "이렇게 해봐", "저렇게 해봐" 하면서 도와주기도 합니다. 그런데 부모의 좋은 의도가 때로는 상황을 더 악화시킬 수 있습니다. 여러 가지 시도를 하기에 앞서, 먼저 아이를 관찰하는 것이 중요합니다. 물론 내향적인 기질 때문에 새로운 상황이 불편해 주저할 수도 있지만, 또 겉보기와는 다르게 다양한 이유가 있을 수 있습니다.

엘리야의 경우는 내향적인 성향의 아이라 낯선 친구들과 어울리는 것이 어려울 수 있습니다. 적응에 시간이 더 걸리지요. 또래 친구들과 놀아본 경험이 없기에 어떻게 행동해야 할지 어색해 합니다. 그런데 그보다 더 근본적인 원인은 언어 중 화용 언어가 충분히 발달하지 않았기 때문입니다. 앞선 예시에서 엘리야는 자기가 좋아하는 기차를 가지고 놀면서 엄마에게 자기가 아는 지식을 일방적으로 거침없이 말했습니다. 엄마랑 주고받는 핑퐁 대화는 거의 이뤄지지 않았지요. 그래서 친구들이 자신의 관심사 밖의 이야기를 주고받는 상황에서는 엘리야가 끼어들기 힘들었던 것입니다.

엘리야처럼 내향적인 아이는 먼저 아이의 성향을 존중해줘야 합니다. 그래서 아이가 편하게 느낄 수 있도록 다수의 친구보다는 소수의 친구, 그리고 이미 친분이 있는 아이들과 놀 수 있는 경험을 제공하는 것이 우선입니다. 놀이터나 키즈 카페보다는 서로의 눈을 마주하고 대화할 수 있는 닫힌 공간인 집에서부터 시작하는 것이 좋습니다. 상대도 같은 관심사가 있는, 기차를 좋아하는 친구랑 놀면 좋겠지요. 이후 서서히 아이의 속도에 맞춰 놀이의 레퍼토리를 늘려주면 됩니다. 소셜 스토리를 통해 다양한 상황을 소개하는 것도 효과적이지요. 소셜 스토리란 아이가 다양한 사회적 상황을 마주했을 때 적절한 말과 행동을 할 수 있도록 구체적인 문장과 행동 대안을 이야기와 함께 제시하는 것입니다. 다음은 소셜 스토리의 예시입니다.

〈새로운 친구〉

1. 가끔 새로운 친구를 만날 때가 있어요.
2. 새로운 친구를 만나면 괜히 부끄럽기도 하고 긴장이 되기도 해요.
3. 어색한 마음이 들 수 있지만 괜찮아요.
4. 새로운 친구를 만나면 "안녕?"이라고 인사할 수 있어요.
5. 인사하기가 부끄러우면 미소를 짓고 바라봐도 괜찮아요.
6. 새로운 친구가 무엇을 하는지 지켜볼 수 있어요.
7. 새로운 친구가 어떤 말을 하는지 들어볼 수 있어요.
8. 새로운 친구가 하는 놀이가 재미있어 보이면 물어볼 수 있어요.
9. "재미있겠다. 나도 같이 놀아도 돼?"
10. 아직 물어보기 어려우면 새로운 친구 옆에서 같은 놀이를 해도 괜찮아요.

모호한 설명보다는 직접적인 표현의 모델링을 통해 아이는 배웁니다. 물론 이러한 소셜 스토리를 한번 경험했다고 아이가 바로 행동에 옮길 수 있는 것은 아닙니다. 반복적으로 경험하면서 연습하고 천천히 해봐야 하지요. 가장 중요한 점은 작은 성취나 시도였어도 부모가 칭찬하는 것입니다.

마지막으로, 아이는 꼭 친구들과 같이 놀아야 할까요? 혼자서 놀고 싶을 수도 있습니다. 어찌 보면 아이가 다른 아이들과 항상 어울려 놀아야 한다는 생각은 부모의 관점에 따른 것일 수 있습니다. 어른도 가끔은 혼자서 놀고 싶은 것처럼, 아이도 항상 친구들과 놀아야 즐거운 것은 아닙니다. 부모가 알게 모르게 친구랑 놀아야 한다는 메시지를 계속 보낸다면 아이는 혼자 노는 시간이 적절하지 않다고 이해할 수 있습니다.

내향적인 아이가 친구들과 떨어져서 친구들이 노는 모습을 바라만 보는 상황을 부모들은 많이 안타까워합니다. 그런데 이러한 고민은 내향성이 좋지 않다는 생각에서 출발했을지도 모릅니다. 그러나 내향적인 아이는 탐색적인 아이, 섬세한 아이이기도 합니다. 아이의 시간을 기다려준다면 아이는 자신이 원할 때, 자신만의 방법으로 노는, 자기 주도적인 아이로 성장할 것입니다.

사회 정서 발달 고민 ③
눈치가 너무 없어요

부모라면 아이를 키우면서 '얘는 왜 이렇게 눈치가 없지?'라고 답답해한 적이 많을 것입니다. 아이가 눈치가 너무 없어도 걱정이고, 반대로 너무 눈치를 봐도 걱정이지요. 인지, 언어, 사회 정서 발달이 크게 향상 중인 어린아이는 자기중심적 사고가 강하고 사회적 경험이 적기 때문에 눈치가 없는 것이 자연스럽지만,

부모로서는 아이가 어린이집이나 유치원 등 기관에 가서 또래들과 집단생활을 하기 시작하면 은근히 더 눈치에 신경을 쓰기 마련입니다.

눈치는 생각보다 더 많은 기술을 요구하는데, 언어적 능력뿐만 아니라, 비언어적 의미를 파악하는 이해력, 순간 상황을 파악하는 순발력, 정황이나 맥락을 고려해 유추하는 통찰력과 판단력, 그리고 이해한 상황에 따라 적절한 행동을 하는 대처 능력 등이 필요한, 사람이 살아가는 데 아주 중요한 능력입니다. 감각적으로 예민하게 태어난 아이는 눈치가 빠를 것이고, 반면에 언어 중 수용 언어의 발달이 더딘 아이, 사회 정서 영역에서 공감 능력이 결여된 아이 같은 경우는 눈치가 부족하겠지요. 기질과 발달에 적합한 양육 환경을 조성해주면 아이는 눈치를 적절하게 챙기며 타인과의 상호 작용을 잘해나갈 수 있습니다.

눈치가 없는 아이는 보통 자기 말만 하는 경우가 많습니다. 일단 말을 잘하기 때문에 언어 발달에는 문제가 없어 보이기도 하지만, 수용 언어 및 화용 언어가 미숙한 경우에는 이렇게 자기 말만 할 수 있습니다. 타인의 말을 이해하지 못해서(수용 언어 미숙) 대답을 잘하지 못하거나 엉뚱한 행동을 하기도 합니다. 또 상대방의 말을 이해하고 공감하기를 어려워해서(화용 언어 미숙) 상대방과 이야기할 때 주고받는 대화가 잘 이뤄지지 않기도 합니다. 이런 경우에는 앞서 소개한 소셜 스토리가 도움이 됩니다. 또 다양한 사회적 상황에 대한 이해력을 키워주고, 동시에 인지 발달과 언어 발달에서 소개했던 시각적 도구와 게임, 그리고 그림책이나 인형극, 상황극, 모델링을 통해 공감 능력을 키워주면 많은 도움이 됩니다.

사회 정서 발달의 미숙함으로 나타나는 눈치 없음을 해결하려면 먼저 감정에 대한 이해도를 키워줘야 합니다. 주된 원인은 공감하지 못해서인 경우가 많은데, 공감 능력은 하루아침에 키우기가 힘듭니다. 공감하려면, 무엇보다 아이가 다양한 감정을 인지하고 표현하고 이해할 수 있어야 하기 때문입니다. 과거 저는 《회복탄력성의 힘》을 통해 미국 학교에서 사용하는 감정 조절 커리큘럼을 소개한 적이 있습니다. 감정 조절을 가르치기에 앞서, 선행되어야 할 5단계가 있다는 내용인데요. 간단히 설명하자면 다음과 같습니다.

[1단계] 다양한 감정을 식별할 수 있어야 한다.

[2단계] 나의 감정을 인식할 수 있어야 한다.

[3단계] 감정의 원인을 알 수 있어야 한다.

[4단계] 그 감정을 인정해야 한다.

[5단계] 감정을 언어로 표현할 수 있어야 한다.

이처럼 기초 5단계를 쌓았다면, 감정 조절 방법을 배울 준비가 된 것입니다. 부모는 아이에게 다양한 감정이 드러난 사진을 보면서 이름 붙이는 것, 특정 감정이 생겼을 때 변화하는 신체 감각을 인지시키는 것, 왜 특정 감정이 생겨났는지 언어로 모델링하는 것, 모든 감정이 자연스럽고 존중받아 마땅하다는 것, 그리고 자기감정을 언어로 적절히 표현해야 한다는 것을 알려줘야 합니다.

눈치가 부족하다는 것은 결국 사회적 예의와 규칙을 아직 인지하지 못했거나, 왜 따라야 하는지 그 중요성을 모르기 때문입니다. 부모는 아이에게 다른 사람들과 교류할 때는 눈을 마주 보고 이야기해야 한다는 것, 상대방이 이야기할 때는 말을 귀담아들어야 한다는 것, 그리고 내가 말하고 싶을 때는 상대방의 말이 끝난 후에 해야 한다는 것 등 기본적인 예의와 암묵적으로 지켜야 하는 규칙을 구체적으로 이야기해줘야 합니다. 그리고 어떤 행동을 했을 때 그에 따른 결과가 있다는 인과에 대해서도 알려줘야겠지요. 그렇다면 이러한 방법을 실생활에서 어떻게 적용할 수 있을까요?

다양한 규칙을 말보다는 구체적인 시각 자료를 통해 상기시키는 것입니다. 예를 들어, 수업 중에 조용히 하고, 걸을 때는 천천히 걸어야 한다는 규칙이 담긴 그림을 아이에게 잘 보이는 곳에 붙여두거나 카드로 만들어서 필요할 때 가리키면서 사용하면 효과적입니다. 아무리 좋은 메시지라도 반복적으로 말하다 보면 그냥 잔소리로 남을 뿐입니다. 한번 말했다면 다음번에는 시각 자료를 손으로 가리키기만 해도 충분한 의사 표현이 될 것입니다.

눈치가 없는 것은 상대방의 말, 표정 또는 동작에 주의를 기울이지 않아 발현되기도 하므로, 홀바디 리스닝wholebody listening을 활용하면 좋습니다. 홀바디 리스닝은 미국 학교에서 아이들의 듣고 이해하는 능력을 키워주기 위해 활용하는 프로그램으로, 온몸으로 상대방의 상황과 맥락을 이해하도록 하는 것입니다. 듣기에는 귀만 필요한 것이 아니라 눈, 입, 머리, 손, 다리 등 몸 전체를 활용해야 한다는 것이 프로그램의 목적이지요. 실제로 상황과 맥락을 이해하기 위해서는 입을 다물고 귀를 열어 소리에만 집중하는 것은 기본이고, 머리(뇌)도 정보를 입력하고 처리하기 위해 집중해야 하고, 눈은 상대방의 비언어적 표현을 관찰해야 하며, 몸은 손과 다리 등을 움직이지 않고 차분하게 놓아둔 채 말하는 사람을 향해 돌려야 합니다. 그래야 비로소 상대방의 말을 경청할 수 있게 되고, 상대방에게도 내가 잘 듣고 있다는 메시지를 전달할 수 있게 되는 것입니다.

미국 학교에서 사용하는 규칙 카드(왼쪽, 가운데)와 홀바디 리스닝 포스터(오른쪽).

양육 환경에 일관성이 없거나 너무 엄격한 경우에도 아이는 눈치를 보고, 아이가 자신에 대한 믿음이 없는 경우, 즉 자존감이 낮을 때도 눈치를 봅니다. 먼저 양육 환경에 일관성이 없다면, 아이는 집에서 생활하며 부모가 어떻게 할지 예측을 할 수 없기에 불안합니다. 아이가 과자를 달라고 했을 때 평소에는 밥을 다 먹어야만 준다고 하다가, 어떤 날은 아이가 너무 보채니까 과자를 준다면 아이는 혼동을 느낍니다. 양육자 간의 의견이 다를 때도 마찬가지고요. 이런 환경에서 자라는 아이는 계속해서 눈치를 보며 상황을 파악하려고 애를 쓰기 때문에 집 밖에 나가서도 계속 눈치를 보게 될 가능성이 큽니다.

너무 엄격한 부모 아래에서 성장하는 아이는 부모의 뜻을 파악하고 이에 맞춰 행동하기 위해, 관심과 사랑을 받기 위해 눈치를 봅니다. 또 방관하는 육아 형태 안에서도 아이는 자기 행동의 기준점을 모르기 때문에 눈치를 보고, 아이의 자존감이 낮다면 자신에 대한 확신과 믿음이 없기에 주변의 반응을 의식하며 눈치를 봅니다. 그런가 하면 타고난 기질이 예민하거나 신중한 아이도 조심하기 때문에 눈치를 봅니다. 호기심이 많은 경우에도 알고 싶은 탐구심에 눈치를 보고요. 타인으로부터 질책을 받았을 때 자신을 지키기 위한 수단으로써 눈치를 보기도 합니다.

눈치를 필요 이상으로 많이 보는 아이에게는 일단 아이가 자신이 안전하다고 느끼는 것이 우선시되어야 하며, 자기 확신을 심어줘야 합니다. 자신을 믿고 도전할 수 있도록 긍정적인 말로써 용기를 북돋워주고, 건강한 자아를 형성할 수 있도록 아이가 사랑받는 존재라고 느낄 수 있는 사랑의 말과 칭찬의 말을 전해 주면 많은 도움이 될 것입니다.

사회 정서 발달 고민 ④
친구 사귀기를 힘들어해요

친구에게 먼저 다가가 인사는 하지만, 그 후로 관계를 발전시키거나 유지하기를 어려워하는 아이들이 있습니다. 언어 발달이 늦어서 대화를 이어가지 못하는 경우, 자신의 의견만 내세우는 경우, 감정이나 행동 조절을 어려워하는 경우, 선호하는 놀이가 다른 경우 등 다양한 이유가 있겠지요.

언어적 측면의 어려움일 경우, 인지와 언어 발달을 다루는 장에서 제시했던 눈 맞춤, 핑퐁 대화를 위한 활동, 발달 단계에 맞는 언어 자극(모델링)을 제공하면 좋습니다(각각 130~132쪽과 147~148쪽 참고). 사회 정서 발달 측면의 어려움이라면 대부분 공감 능력과 관련이 있습니다. 미취학 아동은 타인의 감정을 이해하고 공감하는 능력이 부족해서 타인의 다양한 감정을 인식하고 이에 맞춰 대응하는 것이 어렵습니다. 공감 능력은 단시간에 향상시킬 수 있는 능력이 아니며, 특히 3~7세 사이에 다양한 경험 속에서 지속적인 지원을 통해 쌓아나가야 합니다. 아이의 현재 공감 능력 수준에 따라 여러 대처법이 있겠으나, 일반적으로는 다음과 같은 단계별로 공감 능력을 향상시킬 수 있습니다.

먼저 아이가 자신뿐만 아니라 타인의 다양한 감정을 인식하고 표현할 수 있다면, 공감이 어떤 의미인지, 왜 중요한지 알려주는 것부터 시작합니다. 공감이란 특정 상황에서 내가 만약 그 사람이라면 어떤 생각을 할까, 어떤 감정일까, 나한테는 그 상황에서 무엇이 도움이 될까를 상상해 이에 적합한 말이나 행동을 수행하는 것입니다.

이어서 공감은 다양한 방법으로 보여줄 수 있고, 공감에는 엄청난 힘이 있어서 친구뿐만 아니라 나 자신에게도 따뜻함을 선물해준다는 사실도 알려주세요. 예를 들어, 친구가 놀이터에서 혼자 있는 모습을 보면 친구한테 먼저 다가가 같이 놀자고 말하는 것입니다. 아이 스스로 '만약 내가 그 친구라면?'이라고 상상해 심심하거나 슬픈 감정이 들 수 있겠다는 인식을 하고, 그럴 때 친구가 나한테 같이 놀자고 하면 기분이 좋겠다는 생각의 과정을 거쳐 행동으로 연결하는 것이지요.

아이가 경험한 다양한 상황 또는 마주할 만한 상황을 카드 앞면에 적고, 뒷면에는 그 상황에 나올 법한 질문을 적어, 여러 장의 카드를 만들어 카드 게임을 하면서 상황에 따라 아이가 할 수 있는 말이나 행동을 구체적으로 연습할 수 있습니다.

[카드 앞면] 친구가 게임에서 졌어요.

[카드 뒷면] 친구는 어떤 감정일까? 만약 내가 같은 상황이라면 어

떨까? 나라면 무엇이 도움이 될까? 친구한테 할 수 있는 말은 무엇일까?

사실 공감이 상대방의 입장에서 상상하고, 이해하려고 노력하는 과정에서 키우는 능력이기는 하지만, 항상 상대방의 마음을 헤아릴 수 있는 것이 아니기에 어렵습니다. 친구의 성향이나 상황이 나와는 다르기 때문이지요. 예를 들어, 친구는 혼자 노는 것을 슬프게 생각하지만, 나는 혼자 노는 것이 즐거울 수도 있으니까요. 그래서 공감 능력을 배우고 발달시키는 과정에서는 '나는 이렇지만, 친구는 저럴 수도 있구나' 하고 넘어가는 부분도 반드시 알려줘야 합니다.

마지막으로, 친구를 만들고 친밀한 관계를 유지하는 데 매너 역시 중요한 요소입니다. 매너는 양육 환경이나 교류하는 사람 사이에서 보고 배우는 경향이 크지만, 교육을 통해서도 충분히 가르쳐줄 수 있습니다. 이어지는 내용은 '친구 만들기 매너'로, 어떻게 보면 뻔하고 당연히 아는 이야기라고 여겨질 수도 있지만, 아직 사회적 경험이 적은 아이들은 이처럼 단순한 태도를 배우는 것만으로도 불필요한 갈등을 줄일 수 있고, 서로를 존중하고 배려하는 태도를 기반으로 더 긍정적이고 친밀한 관계를 만들어나갈 수 있습니다.

〈친구 만들기 매너〉

1. 상냥한 미소 짓기
2. 눈을 보며 대화하기
3. 만나거나 헤어질 때 친구 이름을 불러주며 인사하기
4. 친절한 말투 사용하기(명령하거나 지시하는 말 사용하지 않기)
5. 기다리기(친구가 하는 말 중간에 끊지 않기)
6. 마음을 표현하기
7. 나눠 쓰기
8. 음식을 삼키고 말하기
9. 적당한 목소리 크기로 말하기
10. 적당한 거리 두기

사회 정서 발달 고민 ⑤
감정 표현과 조절을 어려워해요

아이가 감정을 표현하지 않는 이유는 여러 가지가 있습니다. 보통 긍정적인 감정은 잘 표현하지만, 부정적인 감정을 보여주는 것은 적절하지 않다고 여기거나, 사회로부터 부정적인 아이는 착한 아이가 아니라고 배웠기 때문일 수 있습니다. 또는 가정에서 부모의 감정 표현이 적거나 양육 스타일이 억압적일 때, 그리고

감정을 드러내는 일이 이상적이지 않다고 여기는 사회에 속해 있을 때 아이는 표현을 잘 하지 않습니다.

미국의 사회 정서 발달 커리큘럼에서 제일 우선시하는 점은 다양한 감정의 우열을 가리지 않는 것입니다. 인간이 가진 다양한 감정은 좋다, 나쁘다의 이분법적 사고로 나뉠 수 없기 때문입니다. 인간은 감정에 대한 평가가 배제되어야 솔직하게 표현할 수 있습니다. 기분이 좋을 수도 있고, 짜증이 날 수도 있으며, 우울할 수도 있습니다. 또 초조할 수도 있고, 무서울 수도 있으며, 분노나 절망적인 감정에 휘둘리는 때도 있을 수 있습니다. 중요한 것은 이러한 다양한 감정이 우리가 준비되어 있든 아니든 언제든지 찾아올 수 있고, 이를 잘 인지하여 감정이 일상에 영향을 미치지 않도록 조절하는 법을 배우는 것이겠지요.

저는 감정 조절을 잘하기 위해 '일단 멈춤' 할 수 있는 버튼을 누구나 하나씩 장착하기를 권합니다. 다음과 같은 'STOP 요법'이 도움이 될 것입니다.

- **S(Stop, 일단 멈춤)**
- 두 손을 꼭 잡거나, 자기 몸을 감싸안거나, 그 장소를 일단 떠나는 등 화가 나는 순간 일단 멈추는 것입니다.
- **T(Take a breath, 크게 숨 쉬기)**
- 숨을 깊게 들이마시고 3초간 그대로 있다가 천천히 내쉽니다. 들숨과 날숨에 집중해 호흡을 조절하면 심장 박동수와 호흡 속도가

줄어들면서 몸을 진정시켜 안정감을 얻는 데 도움이 됩니다. 아이들을 위한 재미있는 심호흡 방법으로는 동물 호흡법, 양초 불기, 꽃향기 맡기 등이 있습니다.

- **O(Observe, 내 생각 및 행동 관찰하기)**

- 화가 나면 나는 어떤 생각이 드는지, 어떻게 표출하는지를 관찰합니다.

- **P(Practice mindfulness, 마음 챙김)**

- 변화하는 나의 감정이나 행동을 인지했다면 격한 감정이나 행동을 누그러뜨리는 다양한 마음 챙김 활동을 실천합니다.

사실 화가 나는 순간에 STOP 요법을 바로 실천하기는 어렵습니다. 그 전에 내가 무엇에 화가 나는지 사전 이해가 필요하지요. 이어지는 체크 리스트를 시작으로, 아이와 함께 화나는 이유에 대해 리스트를 만드는 활동을 해볼 것을 추천합니다.

〈화가 나는 순간 체크 리스트〉

☐ 친구가 놀릴 때

☐ 내 말을 듣지 않을 때

☐ 게임에서 질 때

☐ 거절당할 때

☐ 오래 기다릴 때

☐ 불공평한 대우를 당할 때

☐ 갑자기 일정이 바뀔 때

☐ 누가 나를 속일 때

☐ 자꾸 틀릴 때

☐ 내 뜻대로 이뤄지지 않을 때

마지막으로 STOP 요법 중 P(마음 챙김)에 대해 조금 더 설명하고자 합니다. 마음 챙김이란 현재에 집중하여 자기 생각과 감정 및 신체적 반응의 변화를 있는 그대로 인정하는 자세를 말합니다. 한국에서도 스트레스를 완화하고 긍정적인 태도를 습득하는 사회 정서 발달 프로그램으로써 주로 호흡이나 명상법 등을 소개하고 있지요. 호흡과 명상법 외에도 아이가 할 수 있는 다양한 마음 챙김 활동이 있습니다. 여러 가지 활동을 하나씩 해보면서 아이에게 맞는 마음 챙김 도구를 찾기를 바랍니다.

1. 어린이 요가하기(스트레칭)
2. 다양한 심호흡하기
3. 수 세기
4. 그림 그리기, 색칠하기
5. 책 읽기
6. 감각 도구 활용하기(놀이용 찰흙 등)

7. 안정 코너에서 쉬기(안락의자, 쿠션, 실내용 텐트 등)

8. 산책하기

9. 물 마시기

10. 애착 인형 안아주기

11. 재미있었던 일 생각하기

12. 음악 듣기

13. 노래하기

14. 춤추기

15. 짐볼에 앉아 움직이기

16. 그네 타기

17. 샤워하기

18. 일기 쓰기

19. 포장용 에어캡 터뜨리기

20. 달리기

발달 영역 ④ 아이의 신체 발달

모든 발달 영역의 기반, 신체 발달

신체 발달은 인지, 언어, 사회 정서, 자조 능력의 기반이 되는 발달이라고 할 수 있습니다. 아이의 몸은 유전과 환경의 상호 작용에 영향을 받으며 성장하는데, 특히 몸의 움직임을 통해 아이는 호기심을 충족하고 지적 발달을 도모하며 세상을 배워나갑니다. 아이는 다양한 활동을 함으로써 몸을 조절하는 법을 배우고, 신체를 활용해 스스로 할 수 있는 일을 늘려가면서 자존감을 키우고 자아를 형성합니다. 아이의 신체 발달은 일반적으로 큰 근육을 사용하는 대근육 발달과 미세한 근육을 사용하는 소근육 발달로 나뉩니다. 대근육 발달은 팔, 다리, 몸통 등을 움직이는 데 필요하며, 소근육 발달은 물건을 잡거나 조작하는, 즉 그림을 그리고 가위로 오리고 글씨를 쓰는 데 필요합니다.

이어지는 내용은 제가 20년 넘게 교육 현장에 몸담으며 가장 흔하게 마주했던 부모들의 신체 발달 관련 고민과 이를 해결할 수 있는 아이 발달의 다양성에 기반을 둔 솔루션입니다.

아이의 신체 발달 고민과 다양성 기반의 솔루션

신체 발달 고민 ①
몸을 가만히 내버려두지 않아요

예시 1 자유 놀이 시간이 끝나고 서클 타임이 시작되자, 아이들은 교실 앞쪽에 동그랗게 앉습니다. 타원형 모양의 카펫 가장자리에는 알파벳이 디자인되어 있어, 아이들은 알파벳을 하나씩 찾아서 앉습니다. 에이든(6세)은 자기 성의 첫 번째 알파벳인 R을 찾아서 앉았지요. 선생님은 모닝 루틴을 시작합니다. 달력을 보며 오늘 날짜와 요일을 함께 확인하고 출석 노래를 부릅니다. 서클 타임이 시작된 지 2분도 채 되지 않아 에이든은 친구한테 몸을 기댑니다. 친구는 그러지 말라고 에이든을 밀어냅니다. 에이든은 다시 몸을 바로 세워 앉지만 이내 몸을 앞으로 접고 배배 꼬더니 뒤로 누워 버립니다. 서클 타임이 끝나고 센터 타임이 이어집니다. 에이든이 먼저 시작하는 센터 활동은 카드 만들기입니다. 아이들은 색연필을 골라서 카드에 그림을 그리고 색칠을 합니다. 에이든은 책상에 엎드리고는 그림은 그리지 않은 채 크레용 하나를 집어 들고 성의 없이 색칠만 조금 하다가 결국 그만둡니다.

예시 2 제이든(7세)은 집에서 한두 명의 친구와 함께 놀 때는 문제가 없어 보이지만, 유독 밖에만 나가면 친구들과 어울리는 것을 어려워하는 듯 보입니다. 놀이터에 가도 친구들은 정글짐에 올라가서 노는데, 제이든은 혼자 앉아 있습니다. 친구들은 자전거를 타고 놀이터를 몇 바퀴씩 돌지만, 제이든은 그런 모습을 보면서도 같이 타려고 하지 않습니다. 친구 한 명이 다가와 같이 공 던지기를 하자고 합니다.

제이든은 공을 몇 번 던지고선 친구가 던진 공을 줍기 위해 몇 번 뛰어가더니 이내 그만둡니다.

예시 3 케이든(7세)은 유치원에서나 집에서나 '허리케이든'이라고 불립니다. 허리케인이 지나가는 것 같은 케이든의 움직임 때문에 붙은 별명이지요. 자꾸 부딪히고 넘어지며, 친구들의 발을 밟고 지나가거나, 넘치는 에너지를 주체하지 못해 친구들 몸 위에 올라타기도 합니다. 성격이 급해서 자주 넘어지고 어딘가에 부딪혀 다치는 케이든에게 부모는 "천천히 해. 급하지 않아"라고 하면서 진정시키고 주의를 줍니다.

에이든은 피곤한 걸까요, 서클 타임에 흥미가 없는 걸까요, 아니면 그림 그리기가 싫거나 어려운 걸까요? 친구들은 에이든을 밀어내고, 선생님은 계속 에이든에게 주의를 주지만, 결국 수업 태도가 좋지 않은 아이로 낙인이 찍힙니다. 게으르거나 피곤해 보이고, 배우는 일에 영 흥미가 없다고 해석되기도 하니까요.

제이든의 경우, 부모는 제이든의 사회성을 걱정합니다. 한두 명의 친구와는 곧잘 놀지만, 더 많은 친구들과 함께 어울리는 데는 어려움을 겪기 때문이지요. 선생님은 제이든이 잠이 부족하거나 집에서 충분한 휴식을 취하지 않는 것은 아닌지 염려합니다. 유독 바깥 놀이 시간에만 잘 움직이지 않으니까요.

케이든은 넘치는 에너지가 문제일까요? 성격이 짓궂어서 친구들 몸 위에 자주 올라타는 것일까요? 아니면 성격이 급하고 주의력이 부족해 자주 부딪히고 넘어지는 것일까요?

세 아이의 이러한 행동은 코어 근육이 약하거나 신체 지각 능력이 떨어져서 나타나는 현상일 수 있습니다. 이때 신체 발달의 문제가 아닌, 다른 발달의 문제라고 생각해 그것을 해결하기 위해 노력하다가는 끝내 근본적인 문제는 해결하지 못한 채 아이의 다른 영역의 발달에 지장을 초래할 수도 있습니다.

그렇다면 아이의 코어 근육을 강화하는 방법, 신체 지각 능력을 발달시키는 방법으로는 무엇이 있을까요? 코어 근육이란 몸의 중심에 있는 근육으로 복부, 허리, 엉덩이, 그리고 등 근육을 포함합니다. 몸의 중심을 지탱하여 올바른 자세를 취하고 균형을 유지하는 데 도움을 받고, 부상을 예방하기 위해서라도 코어 근육의 발달은 매우 중요합니다.

아이의 신체 지각 능력과 코어 근육 키우는 방법

아이가 어딘가에 자주 부딪히고 또 넘어져서 덜렁거린다는 소리를 많이 듣나요? 또는 책상 앞에 앉으라고 하면 자꾸만 엎드리고, 바닥에 앉으라고 하면 흐느적거리나요? 이러한 모습을 보이는 이유는 정말로 공부가 하기 싫어서거나 덜렁대고 급한 성향일 수도 있지만, 신체 지각 능력이 부족해서일 수도 있습니다. 만약 코어 근육이나 신체 지각 능력이 미숙한 아이라면 다양한 활동과 놀이를 통해 아이의 고유 수용 감각과 균형 감각을 강화시켜주면 됩니다. 고유 수용 감각이란 자신의 신체 위치, 자세, 평형, 움직임, 그리고 움직임의 강도 및 방향 등에 대한 감각으로, 자신의 몸이 어디에 위치해 있고 어떻게 움직이는지를 아는 감각을 말합니다.

아이의 신체 지각 능력 향상을 위해서는 먼저 아이가 자기 몸과 공간과의 관계에 대한 이해도를 키워야 하므로, 다양한 움직임을 유도하는 장애물 통과하기 게임이 도움이 됩니다. 또 대형 거울 앞에서 신체를 움직이며 특정 움직임을 따라 하는 것도 아이가 자신의 움직임을 시각적으로 확인할 수 있어 유용합니다. 요가를 통해 아이가 자신의 신체 부위에 집중하는 시간을 가져보는 것도 효과적입니다. 머리끝부터 발끝까지 신체의 각 부위를 명명하고 집중하면서 움직이는, 일명 'body-scan 명상'이라는 어린이 요가 프로그램은 아이가 자신의 신체 부위를 인지하고 움직임을 조절하는 힘을 키우는 데 도움이 됩니다. 그리고 직선을 따라 걷는다거나 한 발로 서기와 같은, 몸의 균형을 잡는 활동은 고유 수용 감각 및 신체의 각 부위를 조화롭게 사용할 수 있는 능력을 향상시킵니다. 그런가 하면 기어서 터널 통과하기, 그네 타기, 짐볼에 앉아 몸을 위아래로 움직이기, 실내 클라이밍 등은 물리 치료사들이 아이의 움직임, 특히 신체 지각 능력을 향상시키기 위해 주로 시행하는 활동입니다.

가장 중요한 것은 아이가 이와 같은 활동을 일상에서 꾸준히 할 수 있는 환경을 만들어주고, 활동을 할 때 몸의 움직임을 말로 표현함으로써 스스로 인지할 수 있도록 돕는 것입니다. 실내 클라이밍을 할 때 "왼쪽 발을 파란 돌에 올리면서 두 팔을 당겨봐", 균형이 필요할 때 "몸을 앞으로 조금만 더 기울여볼래?", 터널을 통과할 때 "등을 구부리고 머리를 숙여봐" 하는 식으로 아이의 세밀한 움직임을 자세히 묘사하거나 움직임의 속도나 강도를 언어로 표현하는 것은 아이가 구체적인 정보와 몸의 움직임을 연결해서 인식하는 데 효과적입니다.

아이의 코어 근육을 강화하는 방법으로는 다양한 게임을 활용합니다. 곰이나 꽃게나 개구리처럼 걷기, 선 따라 걷기, 바닥에 배를 대고 누워서 슈퍼맨처럼 하늘을 나는 동작하기, 외바퀴 수레 걷기wheelbarrow walk(둘이 짝을 지어 한 사람은 두 발을 들고 다른 사람이 그 두 발을 잡은 다음, 두 발을 든 사람이 두 팔로 걷는 것) 등이 도움이 됩니다. 이외에 훌라후프 돌리면서 걷기, 장난감을 이용해 장애물 넘기를 할 수도 있습니다. 스포츠 종목 중에서는 수영이 코어 근육을 자극하는 훌륭한 전신 운동입니다. 일상에서는 엘리베이터보다는 계단으로 오르기, 음악 틀어놓고 신나게 춤추기, 책상에서 의자 대신 요가볼에 앉기 등도 코어 근육 향상에 도움이 됩니다.

신체 발달 고민 ② 글씨를 쓰거나 색칠하기를 어려워해요

아이가 소근육이 덜 발달해서 글씨를 쓰거나 색칠하기를 어려워하면 부모는 걱정이 앞섭니다. 그러다 초등학교 입학을 앞둔 시점이 되면 부모의 고민은 더 커지기 마련이지요. 그래서 아이와 함께 앉아 매일 글씨 쓰기를 연습하는 등 별도의 노력을 기울입니다. 아이가 글씨를 쓰거나 색칠하기 등을 어려워하는 이유로는 소근육이 덜 발달한 것 외에도 손 조작 능력의 부족, 눈과 손의 협응력 부족, 코어 근육의 부족 등 다른 원인이 숨어 있을 수도 있습니다.

아이의 소근육을 강화시키는 활동을 한다면, 무엇보다 먼저 발달의 순서를 생각해야 합니다. 1장에서도 언급했듯이 몸은 중심에서 바깥으로 발달합니다. 즉, 손가락의 세밀한 움직임보다는 코어 근육의 발달이 먼저입니다. 그러므로 아이가 글씨를 쓰기 어려워한다면, 우선 아이가 글씨를 쓰는 자세부터 점검해보기를 바랍니다. 아이가 몸을 책상에 기대거나 이리저리 기울인다면 코어 근육이 약해서일 수 있습니다. 그리고 아이가 글씨를 종이의 칸에 맞춰 바르게 쓰지 못하거나 글씨 크기가 너무 크다면 손의 움직임보다는 팔을 움직이는 연습을 해야 합니다. 벽에 커다란 종이를 붙이고 그림을 그리면 도움이 됩니다. 이젤에 붓으로 그림을 그려보는 것, 부모와 주말에 세차하는 것, 청소할 때 걸

레질하는 것도 팔근육의 발달을 촉진합니다. 아이의 소근육 발달이 미약한 경우, 글씨를 많이 쓰는 것만이 답은 아닙니다. 작은 물건을 잡거나 동전을 줍는 것, 퍼즐 맞추기나 블록 놀이를 하는 것 등이 더 나은 해결 방법일 수 있다는 사실을 잊지 말기를 바랍니다.

신체 발달 고민 ③
몸을 움직이기 싫어하고 누워만 있어요

아이가 몸을 움직이기 싫어하고 주로 앉거나 누워만 있는 모습을 보면, 부모는 아이의 대근육 발달을 우려하면서 혹시 아이가 병약한 것은 아닌지 걱정합니다. 그런데 타고나기를 에너지 레벨이 낮은 경우도 있고, 활동을 즐겨 하지 않는 기질일 수도 있으며, 대근육 발달이 다른 영역에 비해 느리게 진행되는 경우도 있을 것입니다.

만약 아이의 걸음새가 뒤뚱거리거나 휘청거려 위태롭게 보인다면, 움직임이 급격히 홱 하고 꺾이거나 뻣뻣하여 부자연스러워 보인다면, 자주 부딪히거나 넘어진다면, 구부정한 자세 및 제한적인 움직임이 보인다면 부모는 다양한 활동을 통해 아이의 대근육 발달을 지원해줘야 합니다. 실내보다는 바깥 놀이를 통해 아이가 자연스럽게 몸을 움직이면서 발달할 기회를 충분히 제공해야 합니다. 친구들과 함께하는 놀이로 즐거움을 선사하고, 아이가 관심을 보이는 활동을 포함하여 다시 하고 싶다는 생각이 들 만큼의 경험을 만들어주세요. 일상에서는 계단 오르내리기, 보도블록의 가장자리 따라 걷기 등을 해볼 수 있고, 평균대 위에서 중심 잡기도 효과적입니다. 술래의 동작을 따라 하는 거울 게임, 축구나 탱탱볼처럼 공을 활용한 놀이는 신체의 여러 부분을 골고루 자극해 근육, 균형과 조절 능력, 유연성을 발달시켜주지요. 수영, 달리기, 태권도, 댄스, 발레, 체조, 줄넘기, 자전거 등의 운동도 신체 발달과 체력 증진에 큰 도움이 됩니다.

신체 발달 고민 ④
발꿈치를 들고 까치발로 걸어요

누가 시키지 않았는데도 발꿈치를 들고 걷거나 뛰는 아이들이 있습니다. 이때 부모는 아이의 신경계 또는 근육 발달에 문제가 생긴 건 아닌지 걱정이 될 수 있습니다. 까치발로 걷는 행동은 발달적으로 2~3세 아이들에게 나타나는 모습입니다. 균형 감각 및 신체 부위를 조화롭게 사용하는 능력을 키워나가는 시기이기 때문이지요. 아이는 모방하거나 감각 추구 또는 감각을 처리하는 과정에서 까치발을 하기도 합니다. 전정 감각이 예민한 아이들, 즉 자기 몸의 움직임에 대하여 감각이 예민한 아이들에게서 나타나는 현상일 수도 있습니다. 그런데 아이가 3세가 지났는데도 계속해서 까치발로 걷거나, 움직임의 조절이 어려워 몸을 휘청거리거나, 뻣뻣하고 부자연스러운 모습이 보인다면 전문가와의 상담을 권합니다.

까치발을 교정하는 특수 신발을 신는 방법도 있지만, 그 전에 집에서 다음과 같은 활동으로 도움을 줄 수 있습니다. 발목을 위아래로 움직이거나 동그라미를 그리며 돌리는 활동은 발목의 유연성에 도움이 됩니다. 발가락을 좌우로 움직이거나 발가락을 몸 쪽으로 당기는 스트레칭은 발바닥 근육을 강화시켜주지요. 그리고 아이가 걸을 때는 발끝이 앞으로 향하게 해서 올바른 보행 방법을 배울 수 있도록 도와주세요. 집에 짐볼이 있다면 바닥에 발을 대고 균형을 유지한 채 앉아서 몸을 좌, 우, 상, 하로 천천히 움직이는 활동을 해보는 것도 좋습니다. 벽에 짐볼이나 땅콩 모양의 피넛볼을 바짝 붙인 다음, 아이의 발을 볼 위에 대어 브리지 자세를 취할 수 있도록 도와줘도 효과적입니다.

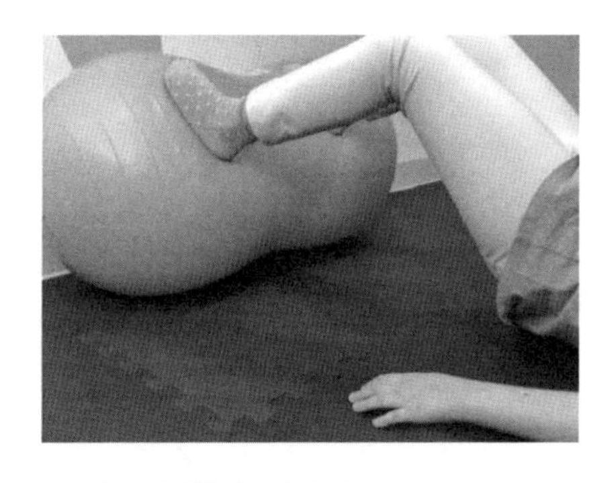

까치발 교정에 좋은 땅콩볼을 활용한 브리지 자세.

신체 발달 고민 ⑤
아무런 기준 없이 양손을 사용해요

특별한 기준 없이 아이가 양손을 사용하면 부모는 소근육 발달에 지연이 있어서 그런 것은 아닌지 걱정합니다. 그런데 3~4세 아이가 양손을 쓰는 것은 지극히 정상입니다. 아직 소근육을 키워나가는 시기이기 때문이지요. 만약 아이의 주된 손이 어느 쪽인지 알고 싶다면, 연필을 탁자에서 굴린 다음에 잡아서 색칠하라고 해보세요. 이때 아이가 먼저 뻗는 손이 주된 손일 가능성이 큽니다. 보통은 3~6세 사이에 주된 손이 결정되니, 아이를 잘 관찰하기를 바랍니다.

발달 영역 ⑤ 아이의 자조 능력 발달

일상생활과 사회생활을 하는 힘, 자조 능력

자조 능력이란 아이가 일상생활에서 스스로 합리적이고 효율적인 행동을 할 수 있는 능력으로, 아이의 발달 사항을 총체적으로 볼 때 반드시 포함하는 영역입니다. 자조 능력이 주요 발달 영역들과 밀접하게 맞닿아 있기 때문이지요. 자조 능력은 아이가 일상에서 수행해야 하는 사소한 일(스스로 먹고, 입고, 자는 일 등)부터 시작해서 자아 형성과 자아 발달, 친구들과의 관계는 물론 인지, 언어, 사회 정서 영역뿐만 아니라 안전과 건강에도 많은 영향을 끼칩니다.

자조 능력은 스스로를 책임지는 일상생활 능력personal care skills과 사회에서 살아나가는 사회적 생활 능력community living skills으로 나뉩니다. 자조 능력을 일상생활 측면에서 보면, 손 씻기, 양치하기, 샤워하기, 머리 빗기 등 개인위생과 관련되는 일은 물론, 스스로 옷을 입고 벗기, 신발 끈 묶기도 포함됩니다. 먹는 일에서도 포크와 수저 사용하기, 그릇 뚜껑 여닫기, 스스로 먹기 등이 자조 능력의 한 부분을 차지합니다. 사회적 생활 측면에서 보면 위험을 인지하고 규칙을 지키는 안전 의식이 중요한 부분을 이루는데, 교통 신호를 알고 지키는 일, 안전하게 길을 건너는 일, 주변 상황을 고려해 몸을 조절하는 일(길에서 장애물 피하기), 학교나 사회에서 정한 규칙을 준수하는 일(우측통행, 횡단보도로 길 건너기) 등이 포함됩니다.

자조 능력은 아이의 각기 다른 발달 사항에 따라 차이가 납니다. 즉, 각 발달 영역에 맞는 적절한 자극과 기회를 주는 양육 환경을 조성한다면, 아이의 자조 능력은 더욱 정교해지며 향상될 가능성이 큽니다. 예를 들어, 수저를 사용해 스스로 먹는 양육 환경 안에서 자란 아이는 소근육이 잘 발달해서 단추나 지퍼를 능숙하게 여닫아 혼자 옷을 입고 벗을 수도 있을 것입니다.

아이의 자조 능력은 스스로 일상을 책임지는 데서 출발하며, 결국 삶을 더 효율적으로 살 수 있고 삶의 질을 높이는 힘의 근원이 됩니다. 아이는 성장하면서 다른 주요 영역이 발달함에 따라 자조 능력도 서서히 함께 발달해갑니다. 이어지는 내용은 제가 20년 넘게 교육 현장에 몸담으며 가장 흔하게 마주했던 부모들의 자조 능력 발달 관련 고민과 이를 해결할 수 있는 아이 발달의 다양성에 기반을 둔 솔루션입니다.

아이의 자조 능력 발달 고민과 다양성 기반의 솔루션

자조 능력 발달 고민 ①
편식이 너무 심해요

예시 1 메들린(7세)의 부모님이 학부모 상담을 위해 학교에 왔습니다. 부모님의 고민은 아이의 편식 문제입니다. 아이가 너무 까다로워서 달래도 보고, 혼도 내보고, 굶겨도 봤지만, 전혀 효과가 없었습니다. 채소를 너무 안 먹어서 당근을 작게 잘라 밥 밑에 숨겨서 줬지만, 메들린은 귀신같이 알고 당근만 쏙 빼서 남겼다고 했습니다.

예시 2 안드레아(7세)는 처음 보는 음식이면 무조건 거부합니다. 일단 초록색이면 거부하고, 선호하지 않는 냄새면 그 즉시 그릇을 밀어낸 다음에 늘 먹던 음식만 찾습니다. 안드레아의 부모님은 곧 방학을 맞이하여 해외여행을 계획하고 있는데, 벌써 걱정이 이만저만이 아닙니다. 새로운 장소에 가서 낯선 음식을 보면 분명 안 먹을 테니까요. 그나마 안드레아가 즐겨 먹는 깡통에 든 파스타 수십 개를 마트에 가서 살 예정이라고 합니다.

예시 3 찰리(6세)는 먹는 것이 극도로 제한적입니다. 음식을 믹서에 갈아 퓌레와 같은 상태로 만들어줘야만 먹습니다. 이것도 조금 뻑뻑하거나 너무 묽으면 안 먹습니다. 그런데 신기하게도 감자 칩은 먹지요. 딸기 요구르트도 먹는데, 꼭 같은 브랜드 것만 먹습니다.

메들린, 안드레아, 찰리는 모두 편식이 있는 아이들로, 그 양상과 원인이 각각 다릅니다. 메들린처럼 자기가 좋아하는 음식만 먹는 아이도 있고, 안드레아처럼 시각적·후각적으로 예민해서 음식을 거부하는 아이도 있습니다. 가끔은 찰리처럼 아주 제한적인 한 종류 음식만 먹는 아이도 있고요. 그런데 이런 아이들을 그저 편식이 심한 아이로만 대하면 안 됩니다. 이면에 편식하는 진짜 이유가 숨어 있을지도 모르니까요.

먼저 메들린은 겉으로는 그저 단순한 편식처럼 보이지만, 편식이 좀처럼 나아지지 않아 전문가를 찾아갔더니, 진짜 원인은 아이의 구강 근육 발달 지연으로 인한 저작 활동 문제였습니다. 음식을 잘 씹지 못하다 보니 넘기지 못했던 것이지요. 그래서 메들린의 부모는 전문 언어 치료사와 협력하여 씹고 삼키는 활동 치료를 통해 메들린에게 구강 근육 자극 및 강화 훈련을 받게 했습니다. 그 결과, 메들린의 편식은 많이 좋아졌습니다.

안드레아는 감각, 특히 후각이 많이 예민한 경우였습니다. 안드레아의 부모는 편식에 관한 전문 서적과 인터넷 정보 검색을 통해 감각이 예민하여 편식이 심한 아이는 억지로 먹이면 상황이 더 나빠질 수 있다는 내용을 확인하고는, 일단 식사 시간을 즐거운 분위기로 만들기 위해 애썼습니다. 그래서 아이가 좋아하는 캐릭터 그릇에 '도전 음식'을 매일 준비해줬습니다. 하루는 쳐다보기만 하라고 하고, 또 하루는 냄새만 맡아보라고 하고, 또 하루는 한 입만 먹고 다시 뱉어도 된다고 했지요. 이렇게 조금씩 조금씩 도전하는 안드레아를 응원해주고 지지해줬습니다. 이러한 시간과 노력이 쌓여 어느덧 안드레아는 식사 시간을 즐겁게 맞이하게 되었고, 새로운 음식도 조금씩 도전하게 되었습니다.

찰리는 편식 양상이 앞선 둘보다 제한적이고 복잡해 보였습니다. 구강 근육의 발달 지연이나 강박이 있는 것처럼 느껴졌지요. 그래서 찰리의 부모는 찰리의 건강한 식습관을 위해 전문가를 찾았습니다. 상담 결과, 찰리는 감각 처리에 어려움이 있는 아이였고, 곧바로 작업 치료와 식사 치료를 함께 시작했습니다. 작업 치료사는 찰리의 발달 양상을 고려해 다양한 감각 경험을 서서히 노출하면서 내성을 점차 키워줬습니다. 처음은 아이에게 익숙한 바닐라 향, 딸기 향으로 시작해서 시나몬, 마늘 등 음식에 들어가는 향신료들의 냄새를 재미있는 게임을 통해 맡도록 도와줬습니다. 저작 활동도 같은 방식으로 점차 변화를 줬습니다. 그러자 찰리는 조금씩 음식에 대한 거부감이 줄어들었고, 마침내 다른 브랜드의 딸기 요구르트도 먹게 되었습니다.

메들린이나 찰리처럼 전문가의 도움이 필요한 경우도 있지만, 안드레아처럼 가정에서 가족의 인내와 긍정적인 식사 경험, 도전하는 기회와 작은 성공을 축하해주는 일상을 쌓아 건강한 식습관을 만드는 경우도 있습니다.

그런가 하면 아이가 좋아하는 캐릭터 식기나 수저 세트도 편식 문제 해결에 효과적입니다. 간혹 부모들이 아이가 먹을 양을 미리 정해서 그릇에 듬뿍 담아주기도 하는데, 이렇게 하지 않고 아이에게 선택권을 주면 편식 문제 해결에 도움이 됩니다. 아이로서는 자기에게 주도권이 있다는 인식이 생겨, 자기가 담은 음식을 끝까지 다 먹는 데 동기를 부여하기 때문입니다.

아이의 편식을 개선하는 데 도움을 주는 아이디어 식기들.

자조 능력 발달 고민 ②
배변 훈련을 어떻게 해야 할지 모르겠어요

육아하면서 많은 부모들이 반가우면서도 어렵기만 한 때가 바로 아이가 배변 훈련을 하는 시기인 것 같습니다. 배변 훈련만 잘 끝나면 외출할 때 기저귀 없이 한껏 가벼워진 가방을 메고 나갈 수도 있고, 아이가 스스로 몸을 돌보는 기점에 도달한 듯한 느낌을 받기도 하니까요. 물론 아이의 경험에 따라 배변 훈련은 쉽게 끝나기도, 어렵게 진행되기도 합니다.

배변 훈련 과정에서 나타나는 아이들의 모습은 매우 다양합니다. 일단 화장실에 가기 싫어서 무조건 참는 아이, 자주 가는 아이, 심지어 가서 놀기만 하고 나오는 아이도 있습니다. 변기를 거부하는 이유도 가지각색입니다. 뚫린 구멍 위로 앉아야 하는 변기 모양에서 오는 불안감, 변기 위에 앉을 때 차갑고 딱딱한 감촉의 불편함, 변기의 물 내려가는 소리로 인한 공포감, 심지어 소변이나 대변이 떨어질 때 나는 소리와 튀는 물에 불쾌감을 느끼기도 하지요. 또는 환경의 변화에서 오는 불편함이나 불안감, 문 밖에서 기다리고 있는 부모나 타인들로 인한 압박감을 느끼기도 합니다. 때로는 과거에 아이가 변기를 사용하며 겪었던 부정적인 경험, 부모에게 혼났던 기억들이 배변 훈련을 더 어렵게 만들기도 합니다. 간혹 어떤 아이는 기저귀를 떼는 일을 자기 몸의 한 부분이 떨어져 나간다고 생각해서 힘들어하기도 합니다.

이처럼 다양한 배변 훈련 문제에 있어 우선으로 점검해야 할 사항은 아이가 신체 발달적으로, 정신적으로 준비가 되었는지 여부입니다. 일반적으로 3~4세쯤이면 배변 훈련이 가능하며, 아이의 배변 훈련 준비 여부를 알 수 있는 사항은 다음과 같습니다.

- 적어도 2시간 동안 기저귀가 젖지 않음
- 낮잠을 자고 일어나도 기저귀가 젖지 않음
- 기저귀가 젖어서 바꿔달라고 의사를 표현함
- 팬티에 관심을 보임
- 화장실을 가야 할 것 같다는 감각을 느끼고 가만히 멈춰 서거나 쭈그려 앉음
- 화장실에 가야 한다고 부모에게 알려주기 시작함
- 바지 입고 벗기를 스스로 하려고 시도하거나 부모가 도와준다고

하면 적극적으로 협조함

- 간단한 지시 사항을 수행함

아이가 배변 훈련을 할 준비가 되었다면, 이제부터 부모는 아이를 중심에 놓고 지원해줘야 합니다. 아이의 의지에 따라 첫 단추를 잘 끼울 수도 있고, 아닐 수도 있으니까요. 비록 앞서 나온 내용에 거의 해당한다고 해도, 아이가 저항한다면 잠시 중단했다가 다시 시도하는 것이 좋습니다. 일상이 변화하면 아이는 스트레스를 받을 수 있고, 배변 훈련은 잘되다가 후퇴하기도 하니까요. 이러한 저항은 자연스러운 것이니 아이를 질책하지 말고 용기를 다시 북돋워주면 됩니다. "괜찮아. 잘 안 되면 며칠 더 기다렸다가 해도 돼. 마음의 준비가 되면 알려줘. 다음에 도전해보자"라고 침착하게 긍정적인 분위기로 대처하면, 아이는 안정감을 느끼고 다시 시도하려는 의지를 갖게 됩니다. 아이가 실수했을 때도 마찬가지입니다. 부모가 나를 응원해주고 기다려준다고 느끼면 다음 시도는 분명 성공적일 것입니다.

배변 훈련에서 아이들이 두려워하는 여러 요소 중 변기 물 내려가는 소리가 압도적으로 많습니다. 이때는 아이가 소리에 대한 민감성을 감당할 정도로 서서히 맞춰나가는 것이 극복의 열쇠입니다. 먼저 큰 소리에 압도가 된다면, 변기 물을 내림과 동시에 큰 소리로 노래를 부른다거나, 기차를 좋아하는 아이라면 기차 소리를 입으로 낸다거나 하는 식입니다. 자신이 내는 소리로 물 내려가는 소리를 덮는 것이지요. 저희 큰애는 좋아하는 노래를 고래고래 부르며 변기 물을 내리곤 했습니다. 막내의 경우는 시중에 나와 있는 배변 훈련 소리책을 사용했는데, 효과 만점이었습니다. 변기 자체가 무서운 아이들에게는 먼저 변기와 친해지는 활동을 제공해주면 좋은데, 변기에 앉았을 때 아이가 좋아하는 책을 읽어주거나, 변기를 활용해 간단한 게임을 할 수도 있습니다. 변기 안에 목표물을 두고 맞추는 것으로, 시중에서 찾아볼 수 있습니다. 또 과학 활동을 하는 것처럼 변기가 어떻게 작동되는지, 왜 물이 내려가는지 개념과 원리를 설명해주면, 아이가 변기에 대해 이해하면서 두려움을 줄일 수 있습니다.

배변 훈련 과정에서 아이들에게 나타나는 모습이 다양하듯, 그 시기 또한 아이마다 다릅니다. 배변 훈련을 하는 데 며칠 안 걸리는 아이부터 몇 개월 걸리는 아이도 있고, 소변은 며칠 만에 가렸는데, 대변은 몇 년씩 걸리기도 합니다. 저희 큰애의 경우 소변은 2.5세경에 며칠 안 되어 가렸지만, 깊은 잠을 자는 성향에 밤 기저귀는 만 6.5세 정도에 뗐습니다. 결국 4년 터울이 나는 막내와 불과 2~3개월 차이로 밤 기저귀를 뗐지요.

아이의 배변 훈련이 잘 안 되면, 부모는 당연히 우리 아이만 늦나 싶어 불안할 수 있습니다. 가장 중요한 것은 아이 스스로 준비되어 의지를 보이는가입니다. 그리고 부모가 아이에게 강압적이지는 않았나, 너무 일찍 시작하지는 않았나, 아이의 발달적·심리적 상태를 고려했나를 점검해보기 바랍니다. 아이가 변비로 어려움을 겪는다면 섬유질이 많은 음식을 제공해주고, 아이의 불안감에서 시작된 어려움이라면 불안을 낮추는 양육 환경을 만들어주세요. 적절한 보상 및 칭찬과 더불어 부모의 긍정적인 지지를 받는다면, 아이는 반드시 배변 훈련에 성공할 것입니다.

자조 능력 발달 고민 ③
반복적인 일상 루틴을 힘들어해요

일상에서 매일 반복적으로 이뤄지는 루틴의 수행을 어려워하는 아이들이 많습니다. 아침에 일어나서 세수와 양치를 하고 옷을 입고 아침밥을 먹고 어린이집이나 유치원에 가는 일, 하원 후 집에 돌아오면 가방을 놓고 손을 씻고 숙제하는 일. 부모로서는 너무나 당연한 일정이고 매일 반복적으로 하는 일이라, 왜 손을 씻을 때 비누칠을 잊는지, 왜 옷을 입을 때 양말을 까먹는지, 왜 숙제를 꺼내지도 않는지, 왜 다 놀고 나서 장난감을 치우지 않는지 이해가 되지 않을 수 있습니다. 하지만 어린아이들은 주변 환경의 자극, 본능적인 궁금증, 지금 당장 무언가를 하고 싶은 욕구 등으로 인해 이렇게 반복적인 루틴조차 잊어버리는 경우가 많습니다. 스스로 해본 경험이 적어서 힘든 경우도 은근히 많고요. 사실 바쁜 일상 속에서 부모가 의식하지 못한 채 아이를 대신해서 해주고 있는 일이 많습니다. 그러면 오히려 시간이 절약되고 손쉽기 때문이지요.

아이 스스로 이러한 루틴을 성공적으로 수행하게 하려면, 먼저 어떤 과제를 해야 하는지 순서대로 이미지와 함께 보여주세요. 앞서 언급했던 시각적 도구가 도움이 됩니다. 많은 과제를 한꺼번에 나열해서 보여주기보다는 처음first과 다음then의 2가지 과제로 시작해서 그다음에 3개로, 또 5개로 늘리는 게 좋습니다.

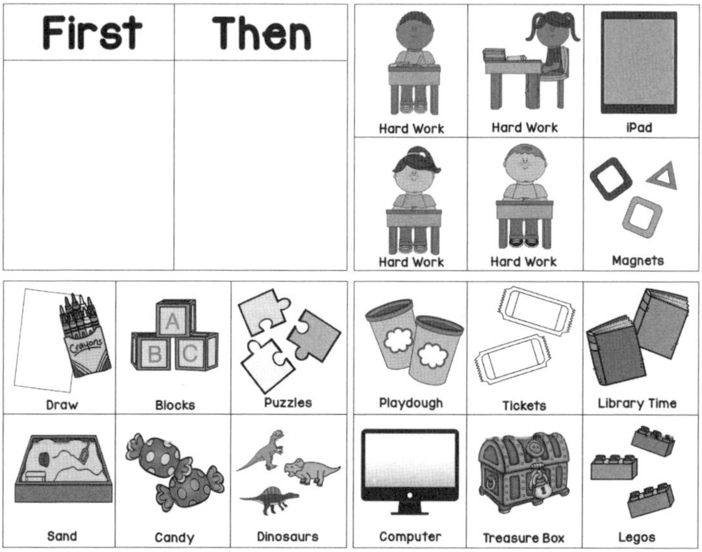

미국 학교와 가정에서 아이의 과제를 처음, 다음으로 설정하여 실천하는 자료.

아이가 루틴을 익혀서 습관이 되면 칭찬과 보상이 큰 동기 부여가 됩니다. 루틴을 다 수행했을 때 외적인 보상을 주면 추가로 루틴을 잡아가는 데 큰 도움이 되고, 이때 아이가 성취감을 느낀다면 내적 보상으로까지 이어집니다.

그런가 하면 루틴 중 하나만 자꾸 빼먹는 아이들이 있습니다. 양치만 하고 세수는 안 하는 식이지요. 그럴 때는 씻는 동안 짧은 노래를 부르게 한다거나, 과제를 작은 단계별로 쪼개어 거울 앞에 붙여주는 것도 순서를 기억하는 데 도움이 됩니다.

아침 루틴과 손 씻는 순서를 보여주는 미국 학교의 시각 자료들.

옷을 스스로 입는 과제에서는 옷의 종류에 따라 혼자 입기 어려운 것들이 있습니다. 옷의 지퍼나 단추 채우기, 신발 좌우 맞게 신기, 나아가 신발 끈 묶기도 어려운 과제이지요. 아이가 익숙해질 때까지 바쁜 주중에는 부모가 조금 더 도와주고, 상대적으로 여유로운 주말에 연습하면 좋습니다.

자조 능력 발달 고민 ④
안전 의식이 부족해 사고로 이어질까 걱정돼요

자조 능력 중 안전 의식은 아이에게 반드시 길러줘야 하는 아주 중요한 요소입니다. 아이들은 호기심이 많고, 이를 해결하고픈 마음이 앞서기 때문에 자칫 위험한 사고로 이어질 가능성이 큽니다. 또 충동성이 강하거나 자기 조절 능력이 낮은 경우 여러 가지 위험한 행동을 할 수 있습니다. 사람들이 많은 복잡한 장소에서 부모의 손을 잡지 않고 호기심을 불러일으키는 대상을 따라간다거나 기다리지 않고 혼자 앞서 뛰쳐나가는 경우, 공놀이를 하면서 공만 보고 움직이다가 찻길로 뛰어드는 경우, 차에서 내릴 때 주위를 살피지 않고 문을 열거나 주차장에서 뛰는 경우, 낯선 사람인데도 친절하게 말을 걸면 선뜻 물건을 건네받거나 따라가는 경우 등이 있습니다. 안전 관련 규칙은 이해하기 쉽도록 아이의 눈높이에 맞춰 알려주고, 아이에게 안전 의식이 자리매김할 수 있도록 반복적으로 주의를 시켜야 합니다.

먼저 규칙은 간단하고 명료하게 시각적인 자료와 함께 알려주세요. 안전 관련 규칙은 사진과 함께 간단한 문장으로 표현하는 것이 일반적이고 효과적입니다. 또 반복적인 구조의 문장에 멜로디를 넣어 노래로 부르게 하면 아이가 기억하는 데 도움이 됩니다. "Buckle your seatbelt your seatbelt your seatbelt. Buckle your seatbelt for your safety…"는 안전벨트 착용의 중요성을 강조한, 미국 학교에서 자주 사용하는 노래로, 기존 노래를 개사해서 부르는 것이지요.

안전 관련 규칙은 교통 규칙, 물놀이 규칙, 화재 규칙 등 목적별로 따로 구분해서 알려주는 것이 좋습니다. 물놀이 규칙은 수영장에 가기 전에 다시 한번 보여주면서 상기시키고, 교통 규칙은 교통 신호와 사인에 대한 이해를 돕기 위해 카드나 보드게임, 실제 사진을 활용해 특정 신호와 사인이 어떤 의미인지 알려줍니다. 교통 규칙 보드를 보면서 아이가 스스로 질문하고 대답할 수 있도록 점검해보는 것도 좋습니다.

아이에게 규칙을 알려주고 주의를 시켜도 지켜지지 않는다면, 아이가 자주 범하는 그 특정 행동을 소셜 스토리 형식으로 담아서 위험한 행동을 했을 때 일어날 수 있는 상황, 대신할 수 있는 구체적인 행동을 정확히 보여주세요. 무엇보다 중요한 것은 길을 건너면서, 주차장에서, 수영장에서, 실제 상황에서 규칙을 한 번 더 떠올리면서 실습하는 것입니다.

자조 능력 발달 고민 ⑤
규칙을 잘 지키지 못해요

규칙이란 사람들이 사회 구성원으로서 안전한 생활을 하기 위해 정한 지침입니다. 아이는 태어나면 가정이라는 작은 사회에서 시작해, 이후 더 큰 사회로 나아가면서 다양한 분야에서 각각의 규칙을 준수하며 살아가게 됩니다. 작게는 게임이나 스포츠 규칙부터 교육 기관 내에서 지켜야 하는 규칙, 더 나아가 교통, 물놀이, 화재 관련 안전 규칙까지 있지요. 규칙은 아이가 살아가면서 자신의 행동을 조절하고, 타인들과 교류하며 일어날 수 있는 갈등을 미리 예방하도록 도와줍니다. 아이가 안전하고 건강하게 사회의 한 구성원으로 성장해나가는 데 중요한 수단이라고 할 수 있지요.

그런데 아이 중에는 규칙을 잘 지키는 아이도 있지만, 유독 규칙을 따르는 것이 어려운 아이도 있습니다. 아이가 규칙을 따르는 것이 어려운 이유는 다양하겠지만, 대부분 규칙을 순간적으로 잊고, 이성보다 감성에 이끌려 어기는 경우가 많습니다. 어디까지 허용되는지 그 범주를 시험해보기 위함이기도 하고, 규칙이 불공평하다고 생각해서 지키지 않을 수도 있습니다. 때로는 그저 부모의 관심을 받기 위해서일 수도 있고, 규칙이 왜 중요한지, 안 지키면 어떤 일이 벌어지는지 파악하지 못해서일 수도 있으며, 규칙 자체를 명확히 이해하지 못해서일 수도 있습니다.

아이에게 규칙을 제대로 이해하고 준수하는 힘을 키워주기 위해서는 먼저 가정에서 우리 가족의 규칙을 세워보는 것에서부터 시작할 필요가 있습니다. 이때 아이의 발달 연령에 맞춰 간단하면서 명료한 언어를 사용하고, 부정문보다는 긍정문으로 작성하는 것이 좋습니다. '소파에서는 뛰지 않기'보다는 '소파에서는 가만히 앉아 있기'라고 작성하는 식이지요. 그리고 규칙을 정했다면 지키지 않았을 때 어떤 일이 일어나는지 알려주세요. '자기 전에 양치하기'를 지키지 않았다면 이가 썩을 수 있고, 다음 날 과자를 먹을 수 없다는 식입니다. 이때 과자를 먹을 수 없는 것이 벌이 아니라 자기 행동에 책임을 지는 개념임을 가르쳐주세요. 부모도 운전할 때 제한 속도를 지키지 않으면 벌금을 내는 것처럼, 사회에서는 자기 행동에 대한 책임을 져야 한다는 사실을 아이에게 가르쳐주는 것은 아이의 책임 의식과 조절 능력을 길러주는 데도 큰 도움이 됩니다.

규칙을 잘 지키는 문제는 결국 부모가 모범을 보이는 것이 중요합니다. 아이가 전자기기를 하루에 30분만 사용하는 규칙을 정하고 싶다면, 부모도 30분만 사용하는 모습을 보여줘야 합니다. 아이한테는 30분만 사용하라고 하고 부모는 30분 이상 사용한다면 아이는 분명 불공평하다고 느낄 테니까요. 아이가 규칙을 지키지 않는 이유 중 하나는 상황이 불공평하다고 여길 때입니다.

저희 막내는 자주 불공평하다며 불만을 호소합니다. 언니는 핸드폰이 있는데, 자기는 없으니까요. 이럴 때는 아이에게 '공평'과 '공정'이 서로 다른 개념임을 알려주면 좋습니다. 먼저 언니는 중학생이라 엄마 없이 혼자 다녀야 하는 상황이 있어 핸드폰이 필요하고, 아직 어린 너는 항상 엄마가 데려다주고 데려와서 핸드폰이 필요 없다고 몇 번을 설명하지만 아이는 잘 이해하지 못합니다. 아이는 똑같이 있어야만 공평하다고 생각하니까요. 하지만 언젠가 나무에서 사과를 딸 때, 큰아이는 작은 사다리면 충분했지만, 막내는 큰 사다리가 필요했습니다. 이때 만약 키가 다른 두 아이에게 똑같이 작은 사다리를 줬다면 이는 곧 '불공정한 공평'이었겠지요. 이렇게 막내에게 공평과 공정의 개념을 설명하니, 이내 받아들였습니다.

이처럼 가정 내에서 규칙을 정할 때는 절대적인 기준을 고수하기보다는 가족 구성원 간의 공감과 이해를 바탕으로 해야 합니다. 그럴 때 아이가 공평하고 공정하다고 느껴 규칙을 더 잘 지키고, 동시에 타인에 대해 공감하고 배려하는 마음도 키울 수 있을 테니까요. 규칙이란 본디 사람이 원활한 생활을 하기 위해 정한 것이므로 그 기본이 타인에 대한 존중에서 시작된다는 점을 꼭 설명해주세요.

발달 영역 ⑥ 아이의 행동 발달

행동 발달이 중요한 이유

행동 발달이란 아이가 자신의 행동을 인지하고 행동의 변화를 이해해 조절해나가는 과정으로, 다양한 행동 패턴 및 기술을 익히고 발달시키는 것을 말합니다. 일반적으로 행동 발달을 주요 발달 영역에 포함하지 않는 이유는 인지, 언어, 사회 정서, 신체 발달 등과 같은 주요 발달 영역에 의해 행동 발달이 형성되어 중복적인 측면이 많고 포괄적인 개념이기 때문입니다. 예를 들면, 아이는 인지 발달 지연으로 인해 적절한 행동의 기준을 이해하지 못해서, 언어 발달 지연으로 인해 자신의 감정을 말로 표현하기 어려워서, 사회 정서 발달 지연으로 인해 자신의 감정을 조절하지 못해서, 신체 발달 지연으로 인해 대근육 조절 능력이 미숙해서 과격한 행동을 하기도 합니다. 그리고 각각의 이론마다 행동 발달을 바라보는 시각이 다르기 때문입니다. 장 피아제는 행동 발달을 인지적 관점에서 다루지만, 레프 비고츠키나 미국의 심리학자 에미 베르너Emmy Werner는 사회적 관점으로 바라봅니다.

이처럼 행동 발달은 발달의 다양한 측면을 포함하는 특성 때문에 실질적으로 측정하기가 쉽지 않습니다. 하지만 부모가 아이를 키우며 가장 고민이 많은 부분이 아이의 행동이기에, 이 책에서는 별도의 발달 영역으로 분리하여 다뤄보고자 합니다.

문제 행동인지 아닌지 구별하는 방법

아이가 성장하며 부적절한 행동을 보이는 것은 당연합니다. 특정한 사회 문화적 환경에서 적절한 행동이 다른 곳에서는 부적절한 행동일 수 있고, 가정마다 중요하게 여기는 가치와 심지어 부모마다 사고방식과 기준이 달라 특정 행동을 문제 행동이라고 볼 수도 있고, 아닐 수도 있습니다. 예를 들면, 눈을 똑바로 보고 대화하는 것이 예의인 문화도 있지만, 어린 사람이 어른의 눈을 똑바로 보면서 대화하는 것이 예의가 아닌 문화도 있습니다. 또 인사할 때 서로 안아주거나 볼을 비비는 행동이 허용되는 문화가 있는 반면에, 신체 접촉을 하지 않는 것을 적절한 행동으로 여기는 문화도 있습니다.

하지만 이러한 사회 문화적 측면의 해석이 아닌, 일반적인 기준으로 봤을 때도 아이가 부적절한 행동을 한다면, 이는 아이가 인지, 사회 정서 및 신체 발달을 계속하는 과정이고, 사회적 경험이 적기 때문에 발현되는 행동일 것입니다. 예를 들면, 2세 아이가 원하는 장난감을 보고 가로채는 행동, 뜻대로 안 되어 물건을 던지는 행동 등은 문제 행동이라기보다는 발달상 흔히 나타나는 행동이자, 성장하면서 배워가는 부분입니다. 장 피아제의 발달 이론에 따르면, 태어나서 2세까지는 '센서리모터 기간sensorimotor stage'으로 아이는 몸을 움직여 감각적 경험을 통해 세상을 탐구하고 이해합니다. 따라서 사물을 잡고 흔들거나 던지는 행동이 환경과 상호 작용하는 방식인 셈이지요. 그렇다면 아이의 특정 행동이 문제 행동인지 아닌지는 어떻게 구별할 수 있을까요?

아이의 특정 행동이 문제 행동인지 아닌지는 명확한 기준을 세워놓고 바라보면 구별하기가 수월합니다. 첫 번째는 특정 행동이 아이 자신이나 타인을 해하는 경우입니다. 아이가 뜻대로 안 된다고 바닥이나 벽에 머리를 부딪치면서 자해하는 경우, 또는 친구를 물거나 때려서 다치게 하는 경우가 이에 속합니다. 두 번째는 특정 행동이 일상생활에 크게 영향을 미치는 경우입니다.

엄마에 대한 집착이 너무 심해서 어린이집이나 유치원에 등원을 하지 못하는 경우가 이에 속합니다. 세 번째는 아이의 특정 행동이 사람들과 상호 작용하는 데 걸림돌이 되는 경우입니다. 감정에 크게 좌우되어 과격한 행동을 하여 친구랑 같이 놀지 못하는 경우나 말을 잘하지 못하여 소통할 수 없는 경우가 이에 속합니다. 마지막은 이러한 특정 행동이 3~6개월 이상 지속되어 아이와 부모의 관계에 악영향을 미칠 뿐만 아니라 부모의 일상에도 타격을 입히는 경우입니다. 이해를 돕기 위해 다음의 4가지 내용을 바탕으로 아이의 특정 행동이 문제 행동인지 아닌지를 판단하는 기준을 설명하고 관련 예시를 들어보겠습니다.

1. 특정 행동의 빈도수

- 아이가 친구와 갈등을 겪었을 때 한두 번 정도 실수로 때렸다면 문제가 되지 않을 수 있지만, 사소한 갈등에도 매번 친구를 때린다면 문제 행동입니다.

2. 특정 행동의 지속성

- 감정이 격해져서 2~3분 정도 울거나, 달랬을 때 울음이 줄어든다면 문제가 되지 않지만, 15분 이상 격한 감정이 조절되지 않으면 문제 행동입니다.

3. 특정 행동의 강도

- 자기 얼굴을 손으로 세게 친다거나 벽에 머리를 부딪치며 신체에 해를 입힌다면 문제 행동입니다.

4. 특정 행동의 연령 적합성

- 초등학생이 되었는데도 친구의 장난감을 허락 없이 빼앗아서 놀거나 그냥 가져오면 문제 행동입니다.

아이의 문제 행동을 들여다보는 ABC 차트

아이가 특정 행동을 하는 이유를 종잡을 수 없을 때는 데이터를 수집하면 도움이 됩니다. 언제 어디서 어떤 상황이 그러한 행동으로 이어졌는지를 보다 세분화해서 들여다보는 것입니다. 미국 학교에서는 아이의 행동을 세밀히 관찰하고 이해하기 위해 'ABC 차트'를 이용하기도 합니다. 아이가 특정 문제 행동을 보일 때마다 기록하는 것이지요. 이렇게 특정 문제 행동을 기록하면서 데이터를 쌓으면, 문제 행동의 패턴을 이해해 문제 행동을 수정하는 데 도움이 됩니다. 데이터를 활용해 이어서 설명할 A(전제) 또는 C(결과)를 바꾸거나, 또는 둘 다 바꿔가며 아이의 행동을 수정해나갈 수 있기 때문이지요.

ABC 차트에서 A[Antecedent]는 '선행 사건'입니다. 문제 행동이 나타나기 바로 직전에 아이에게 일어난 일 또는 상황을 말하지요. 행동이 발생한 장소 및 함께 있었던 사람, 하고 있었던 놀이 등 아이를 둘러싼 정황 및 배경을 기록하는 것입니다. 이때 행동이 일어난 시간, 지난밤 숙면 여부, 감기약 등 약의 복용 여부 등을 꼼꼼하게 기록하면 좋습니다. 가정에 일어난 비교적 큰 변화(동생의 탄생, 이사 등)도 아이의 행동에 영향을 미치므로 마찬가지로 반드시 기록합니다. B[Behavior]는 아이가 했던 '말이나 행동'입니다. 역시 아이가 어떤 말을 했고, 어떤 행동을 했는지 가능한 한 자세하게 적는 것이 좋습니다. C[Consequences]는 아이가 했던 말이나 행동에 따른 '결과'입니다. 아이의 특정 행동 이후로 어떤 일이

아이의 문제 행동을 기록한 ABC 차트

날짜 시간	A (문제 행동 전 상황)	B (아이의 문제 행동)	C (문제 행동 후 상황)	최종 결과
6/15 pm5:30	할머니가 장난감을 치우라고 함	아이가 자동차를 던짐	할머니가 다시 주우라고 함	아이가 할머니 말씀을 무시함
6/15 pm8:30	엄마가 유치원 숙제를 하라고 함	아이가 어려워서 하기 싫다고 징징거림	아빠가 그만 징징거리라고 소리를 지름	아이가 크게 소리를 지르면서 울
6/16 pm4:00	누나와 함께 레고를 가지고 놂	아이가 누나의 레고를 빼앗음	누나가 아이를 밀침	아이가 바닥에 누워서 울

일어났는지에 대한 내용을 기록하는 것이지요.

이어지는 내용은 제가 20년 넘게 교육 현장에 몸담으며 가장 흔하게 마주했던 부모들의 행동 발달 관련 고민과 이를 해결할 수 있는 아이 발달의 다양성에 기반을 둔 솔루션입니다.

아이의 행동 발달 고민과 다양성 기반의 솔루션

행동 발달 고민 ①
잠시도 가만히 있지 못하고 산만해요

"아이가 5분 이상 앉아 있지 못하고 자리에서 이탈해요."
"잠시도 가만히 있지 못하고 사방팔방 뛰어다녀요."
"상대방 말은 듣지 않고 자기 이야기만 계속해요."
"기다리는 것을 너무 힘들어해요."
"활동 하나를 끝내지 못하고, 계속 새로운 것을 시작해요."
"책상에 앉아 글씨를 쓰라고 하면 대강 휙 긋고 일어나요."

매년 저를 찾아오는 부모님들이 아이의 행동과 관련해서 꺼내는 단골 질문입니다. 그러고는 이렇게 물어봅니다. "그래서… 우리 아이는 ADHD인가요?" 결론부터 이야기하자면, "아니오."입니다. 물론 앞서 언급한 질문의 내용이 ADHD 아동이 보이는 성향은 맞습니다. 하지만 리스트 중 몇 개가 해당한다고 해서 성급하게 ADHD라고 단정을 지으면 안 됩니다. 아이의 발달 과정에서 나타나는 자연스러운 행동일 수도 있기 때문입니다. ADHD는 진단에 앞서 아이의 발달적 나이와 맥락도 반드시 고려해야 합니다. 아이의 발달 나이보다 높은 수준을 부모가 기대했던 것은 아닌지, 아이에게 흥미나 동기 부여가 없었기에 지루해서 나타난 행동은 아닌지, 혹은 어려워서 피하고 싶거나 집중할 수 없는 환경은 아니었는지 점검해봐야 합니다. 아이의 발달 나이는 물론이고 부모의 양육 방식, 생활 환경 등 많은 맥락이 아이의 행동에 영향을 미칩니다. 그럼 어떻게 알 수 있을까요?

먼저 ADHD에 대한 조금 더 깊은 이해가 도움이 될 수 있습니다. ADHDAttention Deficit Hyperactivity Disorder는 말 그대로 주의력 결핍과 과잉 행동을 조절하기 어려운 신경계 질병인데, 아동기에 발현되어 심한 경우 성인이 되어서까지 증상이 이어지기도 합니다. 집중이 잘 안 되고, 결과를 고려하지 않고 행동이 먼저 앞서며, 에너지가 과하게 넘칩니다.

ADHD의 주요 증상을 3가지로 분류할 수 있는데, 먼저 주의력attention 결핍 측면으로는 타인의 이야기를 잘 듣지 않고 자기 말만 하며, 지시 사항을 잘 따르지 않고, 일상적인 루틴을 따라가기 어려워합니다. 잡음이나 에어컨 바람 등 외부의 작은 자극에도 쉽게 영향을 받고, 물건을 자주 잃어버리기 일쑤지요. 어린이집이나 유치원에서도 활동할 때 산만하게 여기저기를 돌아다닙니다. 집에서 놀 때도 하나의 게임이나 놀이를 끝내지 않고 자꾸만 새로운 것을 꺼내서 벌여놓고요. 다음으로 과잉 행동 hyperactivity 측면으로는 매사에 걷기보다는 뛰어다니고, 손과 발등을 계속 꼼지락거리며, 잠시도 가만히 있지 않습니다. 단체 생활에서 줄을 서서 기다릴 때, 몸을 계속 움직여 친구들과 부딪치거나 밀착하는 등 줄을 흐트러뜨려 친구들의 원성을 사기도 합니다. 마지막으로 충동성impulsivity 측면으로는 주로 자기 제어를 잘하지 못해 순간적 욕구에 따라 갑작스럽게 행동합니다. 감정 조절이 어려워 쉽게 화를 내거나 과격하고 공격적인 행동을 보이기도 하고, 규칙 지키기를 힘들어합니다. 타인의 감정을 공감하지 못해 대인 관계에도 지장이 있습니다.

만약 아이가 이러한 증상 중 다수에 해당한다면, 전문가와 상의해서 조기에 치료받기를 권합니다. 이어지는 내용은 앞서 설명한 증상이 있는 아이에게 도움이 되는 방법입니다.

대화가 힘든 아이는 눈 맞춤을 연습합니다

대화가 힘든 아이와는 공이나 장난감을 주고받으며 눈 맞춤을 연습합니다. 손에 공이 있으면 말하는 차례, 없으면 듣는 차례입니다. 공이 말하는 차례를 시각적으로 보여줘 순서 인식에 도움이 됩니다. 스티커를 눈과 눈 사이에 붙인 다음, 스티커를 바라보고 대화하는 방법도 있습니다. 이 방법은 아이에게 색다른 재미를 선사해 훨씬 효과적으로 눈 맞춤을 이끌어낼 수 있습니다.

규칙이 어려운 아이는 규칙을 함께 만듭니다

규칙이 어려운 아이를 위해서는 함께 규칙을 만들어 눈에 보이도록 벽에 붙이고, 소셜 스토리를 통해 사회적 기술을 향상시켜주세요(177~178쪽 참고). 규칙은 '~하지 말기'보다는 '~하세요'처럼 긍정적으로 쓰는 것이 좋습니다. 가정의 가치관이나 아이의 성향에 따라 필요한 규칙이 달라질 수 있으니, 각자 집에서 필요한 사항을 적어보세요. 다음은 규칙으로 쓸 수 있는 내용의 예시입니다.

- 식사는 식탁에 앉아서 해요.
- 소파에서는 앉아요.
- 바른 말을 사용해요.
- 손과 발을 바르게 사용해요.
- 공놀이는 바깥에서 해요.
- 실내에서는 적당한 크기의 목소리로 말해요.
- 놀이를 마치면 장난감을 제자리에 정리해요.

충동적인 아이는 몸의 움직임을 조절하는 게임을 합니다

충동적인 아이에게는 '무궁화꽃이 피었습니다', '사이먼이 말해요', '왼손 올려, 오른손 내려', '음악에 맞춰 춤추다가 얼음' 등 몸을 움직이다가 지시 사항을 따르는 게임이 도움이 됩니다. '사이먼이 말해요'는, 술래가 "사이먼이 말해요. 두 손 쭉 뻗어!"라고 지시하면 아이들은 두 손을 쭉 뻗고, 술래가 "사이먼이 말해요"라는 말을 하지 않고 곧바로 "손으로 바닥을 짚어!"라고 지시하면 아이들은 그 지시 사항을 수행하지 않는 게임입니다.

감정 조절이 힘든 아이는 감정에 이름 붙이기를 합니다

아이가 새 학기에 "유치원에 안 갈래"라고 말할 때, 엄마가 "새로운 곳에 가니 불안하고 두려운 마음이 드는구나. 왜 그런지 엄마한테 이야기해볼래?"라고 하면서 아이의 감정에 이름을 붙이는 일은 아이가 자신의 감정이 존중받음을 경험하게 하고, 불안하고 두려운 감정에 대해 말할 수 있게 합니다. 그러면서 동시에 아이는 자신이 이해받고 지원을 받는다고 느껴 위로와 안정감을 얻지요. 이때 엄마의 감정도 아이에게 표현하면서 아이가 타인의 감정까지 인식할 수 있도록 도와주면 더욱 효과적입니다. 감정 조절은 앞서 사회 정서 발달에서 이야기했던 STOP 요법을 활용해 연습하면 효과적입니다(189~192쪽 참고). STOP 요법 중 자신에게 도움이 되는 마음 챙김 활동을 수행하는 것이지요.

긍정적 행동을 칭찬해 아이의 자존감을 키워줍니다

활동성이 크고, 산만하며, 충동적인 아이들은 지적을 자주 받아 자존감이 낮은 경우가 많습니다. 긍정적인 행동에 대한 칭찬은 동기를 부여할 뿐만 아니라 자존감 또한 키워줄 수 있지요. "끝까지 완성하기 힘들었을 텐데 벌써 반이나 했네. 조금 있다가 나머지 반을 끝내볼까? 열심히 하는 모습이 너무 대견하다.", "바깥이 공사 중이라 시끄러웠는데도 집중해서 책을 읽었네?", "엄마 아빠가 대화하는 데 기다려줘서 고마워.", "네가 도전하는 모습을 보니 옆에서 손뼉을 쳐주고 싶어." 이렇게 아이가 노력이나 도전하는 모습에 긍정적인 피드백을 구체적으로 해주면 아이는 자존감과 자신감을 함께 키울 수 있습니다.

아이의 행동에 영향을 끼치는 양육 환경을 돌아봅니다

아이의 행동에 영향을 끼치는 양육 환경의 요소로는 다음과 같은 것이 있습니다. 잘 살펴보고 현재 우리 아이는 어떤 환경에 둘러싸여 있는지 꼼꼼하게 점검해보기를 바랍니다.

- 충분한 휴식을 취하거나 잠을 잘 자고 있는지?
- 규칙적인 운동 및 생활 습관을 형성하고 있는지?
- 인스턴트나 당도가 높거나 자극적인 음식을 자주 먹는지?
- 집 안이 정리 정돈이 잘되어 있는지?
- 소음에 지속적으로 노출되어 있는지?
- 강압적인 양육 태도나 불규칙한 양육 환경은 아닌지?
- 아이가 안정감을 느끼는 공간이 있는지?
- 가족끼리 사랑의 언어로 소통하는 화목한 가정 환경인지?

행동 발달 고민 ②
친구를 자꾸 손으로 만져요

예시 1 유치원 아침 놀이 시간, 반 친구들이 교실 앞에 타원형으로 둘러앉습니다. 에이미(6세)는 제일 친한 친구 베티 왼쪽 옆에 앉습니다. 에이미 오른쪽 옆에는 카이가 앉습니다. 에이미는 선생님에게 카이 옆에 앉기 싫다고 불평합니다. 카이가 자기를 자꾸 만지기 때문입니다. 사실 카이는 아침 놀이 시간마다 옆에 앉은 친구의 허벅지를 계속해서 만집니다. 그래서 한 부모가 카이의 이런 행동에 대해 항의한 적도 있습니다. 아이가 어려서부터 성에 눈을 뜬 것이 아니냐는 말까지 합니다.

예시 2 피터(7세)는 티셔츠의 앞쪽 목 부분을 종종 입에 넣고 씹습니다. 어떤 날은 너무 심하게 씹어서 티셔츠 앞쪽이 흠뻑 젖기도 합니다. 옷이 젖으면 춥고, 위생상 좋지도 않기에 선생님은 매번 주의를 시킵니다. 하지만 딱 그때만 일시적으로 하지 않을 뿐, 곧 다시 입에 티셔츠를 물고 잘근잘근 씹습니다. 알파벳을 따라 쓰는 시간이 되었습니다. 피터는 이번엔 연필 뒤쪽을 입에 물고 씹기 시작합니다. 이 또한 건강에 좋지 않은 행동이라 선생님은 입에서 얼른 연필을 빼라고 지시합니다.

유난히 옆 친구를 지속해서 만지거나, 너무 가까이 가서 말하거나, 친구 몸 위로 자신의 몸을 올리는 아이들이 있습니다. 보통 지켜야 하는 적정선이 있음에도 불구하고 아이는 그 기준을 정확히 알지 못해서 침범하는 경우가 많은데, 어린이집이나 유치원에 가서도 이러한 행동을 계속하면 문제가 되겠지요. 이처럼 아이가 계속 누군가를 만지는 이유로는 여러 가지가 있는데, 사회적 상호 작용을 위한 시도나 불안을 표출하는 방법 외에 안정감을 얻기 위한 행동, 감각 추구 또는 회피하는 행동일 수 있습니다. 간혹 단순한 습관이거나 사회적 규칙과 관습에 대한 이해가 부족해서인 경우도 있습니다. 이럴 때는 아이의 행동을 지적하기보다는 먼저 편견 없이 차분하게 대화를 시도하는 것이 좋습니다. 왜 친구를 만지는지에 대해 편안한 상태에서 질문하면 의외로 쉽게 답을 찾을 수 있기 때문입니다.

선생님: 카이는 옆에 앉은 친구의 다리를 자꾸 만지는데, 왜 그러는 거야?

카이: 좋아서요.

선생님: 뭐가 좋은데?

카이: 친구 바지요.

선생님: 친구 바지?

카이: 바지를 만지면 좋아요.

카이는 바지 천의 질감이 좋아서 친구의 허벅지를 만졌던 것입니다. 만약 아이가 어려서 이런 식의 대화를 나누기 어렵다면, 아이의 행동을 관찰하고 원인을 유추해보세요. 아직 사회적 경계를 알지 못하기에 일어나는, 그저 사회적 상호 작용을 위한 단순한 시도인 경우가 많습니다. 그러면 누구든지 개인 공간을 존중해줘야 한다는 사실을 가르쳐주면 됩니다. 아이가 두 팔을 벌리고 한 바퀴 돌았을 때 생기는 공간이 개인 공간이고, 그 공간을 침범하면 어떤 친구는 불편해할 수 있다고 알려주는 것이지요.

또 어린아이들은 사회적 기술이 미숙해 사람들에게 어떻게 다가가는지, 어떻게 교류를 시작하고 이어가야 하는지 모르는 경우가 많습니다. 사회적 규칙이나 행동 등을 시각 자료를 활용해서 반복적으로 알려주고, 친구들과 놀 때 어떤 말이나 행동을 해야 하는지, 갈등이 생겼을 때는 어떻게 대처해야 하는지에 대한 구체적인 지침을 다룬 동화책, 인형극 등을 접하게 하면 아이가 적절한 말과 행동을 익히는 데 도움이 됩니다.

아이가 자꾸 누군가를 만지는 행동의 또 다른 원인은 감각 추구일 수도 있습니다. 어떤 아이는 다른 아이들에 비해 감각적인 자극을 원하고 필요로 합니다. 만져서 느끼는 감각으로 안정감과 만족감을 얻기 때문이지요. 그래서 계속 옆 친구를 만지거나 위에 올라타기도 하는 것입니다. 이러한 행동을 보이는 아이들에게는 친구를 대신할 방법을 알려주면 됩니다. 자신의 두 손을 깍지 끼게 하거나 피젯 토이fidget toy(손으로 만지작거리는 작은 장난감)를 손에 쥐여주면 감각 추구를 해소할 수 있습니다(티셔츠의 목 부분을 입에 물고 씹는 아이는 구강적 감각 추구를 해소해야 하는데, 이는 감각 목걸이로 해결할 수 있습니다).

아이의 불균형한 신체 발달도 또 다른 이유가 될 수 있습니다. 걷고 뛰는 것은 물론 공놀이까지 잘하면 아이의 신체 발달에 부족함이 없다고 생각할 수 있지만, 신체 지각 능력이 더디다면 자기 몸이 어디에 있는지를 인식하지 못합니다. 그래서 친구와 자꾸 부딪치거나 친구의 공간을 침범하게 됩니다. 이런 경우에는 자신의 신체가 어디에 있는지 인식하게 하는 어린이 요가, 여러 가지 감각 놀이, 다양한 재료를 다루는 공예 활동, 장애물 넘기, 터널 통과하기, 정글짐 등의 놀이를 함께하면 도움이 됩니다.

행동 발달 고민 ③
강박과 집착이 너무 심해요

아이가 놀면서 자동차를 한 줄로 세우거나, 자기 전에 특정 장난감을 자기만의 방식으로 배치하거나, 문을 여닫기를 반복하거나, 손을 여러 번 씻는다거나 등 특정 행동을 반복적으로 하는 모습을 보면 강박증이 의심되기도 합니다. 어린아이에게 간혹 나타나는 반복적인 행동은 발달적으로 봤을 때는 자연스러운 행동이지만, 그 행동이 일상생활을 방해할 정도라면 소아 강박증을 의심해볼 수 있습니다.

소아 강박증이란 특정 이미지나 생각이 머릿속에서 떠나지 않아 계속 불안과 걱정을 느끼다가, 그 생각과 감정에서 벗어나기 위해 특정 행동을 반복하는 것을 말합니다. 예를 들면, 나쁜 일이 일어날 것에 대해 극도로 걱정하거나 틀릴 것 내지는 실수에 대한 불안이 매우 크고, 항상 완벽해야 한다고 생각합니다. 소아 강박증의 증세로 보이는 행동을 몇 가지 나열해본다면 다음과 같습니다.

- 순서, 정확함, 매칭에 집착합니다.
- 장난감, 가구 등 주위에 보이는 사물의 수를 계속 셉니다.
- 자기만의 의식이 있습니다.
- 필요 이상으로 씻습니다.
- 안부나 일정에 관련된 말을 반복해서 합니다.
- 무언가를 계속 본인만의 규칙대로 재나열합니다.
- 무언가를 반복해서 확인합니다.

소아 강박증은 왜 생기는 걸까요? 보통 소아 강박증은 10세 전후로 나타나는데, 이르면 5~7세, 아주 드물게는 3~4세에 나타나기도 합니다. 부모는 아이의 반복적인 행동이나 특정한 고집 때문에 소아 강박증을 의심하기도 하지만, 2~3세 아이의 반복 행동은 모방하면서 배우는 자연스러운 과정이니, 일상생활에 지장이 있는 정도가 아니라면 걱정하지 않아도 됩니다.

소아 강박증은 아이가 감당하지 못할 만큼의 큰 사건을 겪으면 일시적으로 그 증세가 나타날 수도 있습니다. 예를 들면, 가족의 죽음이나 가정 폭력, 혹은 엄격한 훈육이 불러일으키는 심리적 불안감과 공포감이 강박증으로 이어질 수 있습니다. 이외에도 부모가 강박증이나 결벽증이 있다면 아이도 그 영향을 받을 수 있으며, 뇌의 세로토닌 체계에 이상이 생겼을 때 발현하기도 합니다. 또 아이 중 5% 정도는 연쇄구균 감염PANDAS이나 신경 정신 증후군PANS에 의해서 강박증이 발현되기도 합니다.

콜린: 엄마, 나 손 또 씻어야 해요. 양말을 만졌어요.

엄마: 양말을 만져서 손이 걱정되는구나? 우리 같이 가서 씻자. 비누를 조금만 써서 씻으면 괜찮을 거야.

콜린: 엄마, 저기 옷장 문이 조금 열렸어요. 어서 닫아야 해요.

엄마: 문이 열려 있어서 불편해?

콜린: 무서워요. 잠들면 괴물이 튀어나올 것 같아요.

엄마: 다른 생각을 해보면 어떨까?

콜린: 다른 생각을 하려고 해도 자꾸 무서운 생각이 나요.

엄마: 엄마도 어렸을 때 그랬어. 우리의 머릿속은 신비로워서 눈에 보이지 않는 것도 만들어내서 무서운 생각이 들기도 해. 그런데 그건 그냥 생각일 뿐이고 진짜는 아니라는 거야. 엄마가 옆에 있으니 안심해도 돼. 엄마는 항상 네가 편안함을 느낄 수 있도록 옆에서 응원하고 도와줄 거니까. 콜린은 어떤 생각을 하면 웃음이 나와?

콜린: 아빠가 춤추는 모습이 제일 웃겨요.

엄마: 그럼 우리 같이 아빠가 춤추는 모습을 상상하면서 자볼까? 콜린이 아빠가 춤추는 모습을 생각해냈다니 대단한걸? 다음번엔 어떤 새로운 생각을 찾아낼지 기대돼.

아이에게 강박 행동이 나타났을 때 지적만 하는 것은 도움이 되지 않습니다. 콜린의 엄마처럼 아이의 감정을 알아주고 안심시켜주세요. 그러고 나서 아이에게 강박 행동을 자제하려는 노력이 조금이라도 보인다면 칭찬해주세요.

아이의 강박은 부모의 성향이 원인이 되기도 합니다. 그러므로 부모의 양육 방식을 되돌아보는 시간을 가져봅니다. 필요 이상의 청결이나 정리 습관을 자신도 모르게 아이에게 강요하고 있지는 않은지, 엄한 훈육 스타일을 고수하고 있지는 않은지 돌아보기를 추천합니다.

강박 행동 일지를 써보는 것도 좋습니다. 아이의 강박 행동이 발현되는 시점을 알면, 그 행동이 나오기 전에 환경이나 주의를 바꿔서 도움을 줄 수 있기 때문입니다. 예를 들어 정리되지 않은 놀이방의 장난감 수를 확연히 줄이는 방법, 장난감으로 줄을 세우기 시작하려는 아이의 주의를 간식으로 돌리는 방법 등으로 주의 전환을 유도해볼 수 있습니다.

아이의 강박 행동이 한 달 넘게 지속된다면 행동 치료사와 협력하여 아이의 행동을 교정해야 합니다. 주로 노출 반응 차단 방법ERP, Exposure and Response Prevention을 사용하는데, 아이가 불안해하는 요소의 노출을 조절해 특정 행동을 하지 않아도 괜찮다는 것을 알려줘 불안감을 줄이는 방법입니다.

마지막으로 세로토닌을 증가시키는 약물 치료를 필요에 따라 병행하기도 합니다. 이때 어린아이들은 성장 중이기에 세로토닌 관련 약물에 더 민감한 반응을 나타낼 수도 있습니다. 약물 복용 초기에는 잠들기 어려워하거나 수면의 질이 떨어질 수도 있고, 식욕이 감소하거나 증가할 수도 있지요. 일시적인 두통이나 무기력함이 발현되기도 합니다. 이러한 부작용은 초반에 나타났다가 사라지는 일시적 증상이며, 대부분 경미하지만 아이마다 다르게 나타날 수도 있으니, 전문가와의 꾸준한 의사소통으로 조절해나가야 합니다.

행동 발달 고민 ④

단순 습관인지, 틱인지 궁금해요

유치원 연말 행사, 아이들이 무대에 올라갔습니다. 노래가 시작되자 각자 뽐내며 춤을 추고 노래를 부릅니다. 그런데 제나(5세)는 몸을 비비 꼬기 시작합니다. 입은 뻥긋도 안 하고 한곳만 응시하더니 눈을 깜빡이기 시작합니다. 긴장한 탓에 눈을 깜빡거렸다고 생각한 부모는 그나마 울지 않아서 다행이라 여기며 잘했다고 칭찬해줍니다. 그런데 제나의 눈 깜빡이는 행동은 집에 와서도 계속됩니다. 텔레비전을 볼 때, 밥을 먹을 때 등 점점 심해지는 듯합니다. 왜 눈을 깜빡거리냐고 물어도 제나는 대답하지 않습니다.

때마침 할머니와 할아버지가 제나 집을 방문하셨습니다. 방학 동안에 함께 지내러 오신 것이지요. 눈을 깜빡거리는 제나를 보며, 나쁜 습관이 들었다면서 하지 말라고 하십니다. 식구들은 제나가 눈을 깜빡거릴 때마다 왜 그러니, 하지 말아라, 심지어 눈을 가리며 하지 말라고 합니다. 시간이 흘러 할머니와 할아버지가 댁으로 떠나셨습니다. 그때부터 제나의 눈 깜빡거림이 서서히 줄어들더니, 3개월쯤 지났을 때 아예 사라졌습니다.

아이의 반복적인 행동을 보면 안 좋은 습관이라고 생각해서 그만하라고 다그치는 경우가 많습니다. 눈을 깜빡거린다거나, 코를 찡긋거린다거나, 어깨를 들썩거리면 틱을 의심해 걱정부터 하는 부모도 많습니다. 그렇다면 아이의 행동이 단순 습관인지, 틱인지 어떻게 구별할 수 있을까요? 생각보다 간단합니다. 이유가 있는 행동이라면 습관이고, 이유가 없는 행동이라면 틱입니다. 예를 들어, 아이가 퍼즐을 맞출 때 집중하면서 눈을 깜빡거리면 습관이고, 밥 먹을 때나 텔레비전을 볼 때나 말할 때 등 수시로 눈을 깜빡거리면 틱 증상일 수 있습니다. 또 아이가 말할 때 단어를 떠올리면서 "음… 음…" 하는 것은 습관이고, 이유 없이 계속해서 특정 소리를 낸다면 틱 증상입니다.

틱이란 자신의 의지와는 상관없이 특정 행동을 하거나 소리, 단어, 문장을 반복적으로 내뱉는 신경병입니다. 틱에는 운동 틱과 음성 틱이 있는데, 운동 틱은 근육의 움직임으로, 주로 얼굴 쪽에서 시작해 어깨, 팔 등으로 이어지고, 음성 틱은 "음… 음…" 소리를 내거나 헛기침하는 단순한 소리부터 시작해, 특정 단어('아니, 싫어'와 같은 부정어, '뭐, 왜'와 같은 의문사, '그래서, 그런데'와 같은 접속사 등)를 반복해서 말하거나 욕설을 내뱉기도 합니다. 운동 틱에서 시작해 음성 틱으로 이어지기도 하고 복합적으로 발현되기도 합니다.

아이에게 틱 증상이 나타나면 지레 겁먹고 바로 전문가를 찾아가야 할지 고민부터 하는 부모가 많은데, 틱은 아이들에게 생각보다 흔하게 발현됩니다. 보통 10~20%의 아이들에게 일시적으로 틱 증상이 나타났다가 사라지는데, 보통 7~10세 정도이며, 더 어린아이들에게는 어린이집이나 유치원을 다니기 시작하는 시기에 생겼다가 없어지는 경우가 많습니다. 새로운 일상에 따른 스트레스, 걱정, 불안감 등으로 인해 발현되는 것이지요. 그리고 이러한 심리적인 요인 외에도 가족 중에 틱이 있다면 아이에게도 발현될 확률이 높아집니다. 또 주변의 친구가 틱이면 모방성으로 나오기도 하며, 화학 독성 물질에 의한 환경적 요인이 틱을 유발하기도 합니다. 신경학적으로는 도파민 수치가 높거나 낮은 것, 신경 전달 물질의 불균형이 틱의 원인이 되기도 합니다.

아이가 눈을 깜빡이거나 코를 찡긋거리면 단순 습관인 줄 알고 내버려두지만, 조금 더 큰 움직임을 보이면 나쁜 습관이라고 지적하며 엄한 훈육을 하기도 합니다. 아이는 자기가 조절할 수 없는 행동으로 인해 혼이 나면 자존감이 낮아지고 스트레스를 받습니다. 이는 증상이 더 악화되는 결과로 이어지지요. 아이가 특정 소리나 행동을 반복한다면 면밀하게 관찰해서 앞서 이야기했던 기준으로 습관인지 틱인지를 먼저 구별하고, 이에 맞는 대처를 하여 증상이 악화되는 것을 방지해야 합니다. 이어지는 내용은 틱 증상이 있는 아이를 도와주는 방법입니다.

가족 간의 협력

가족 구성원이 모두 한 팀이 되어야 합니다. 틱에 관한 이해가 우선이고, 아이에게 틱 증상이 나타나면 모두 한뜻이 되어 다그치지 말고 무관심으로 통일해야 합니다. 가족 구성원 중 한 명이 뜻을 달리하여 틱 증상에 대해 지적하면 다른 식구들의 노력이 물거품이 되므로 주의해야 합니다.

기관이나 주변 지인들과의 협력

선생님이나 주변 지인들에게도 아이의 틱을 알리고 협조를 부탁해야 합니다. 선생님이 아이의 틱을 미리 인지하고 있지 않으면, 간혹 틱 증상을 다른 목적의 행동으로 오해할 수 있기 때문입니다. 틱 증상을 미리 알린다면 선생님이 학기 초에 사전 교육을 함으로써 특수한 상황을 겪는 친구들에 대한 반 아이들의 이해도를 높일 수도 있습니다. 이는 아이의 자존감, 친구들과의 상호 작용, 사회성 발달에 도움이 됩니다.

전자기기 사용 자제

장면 전환이 빠르고 자극적인 영상은 틱 증상을 악화시킬 수도 있습니다. 아이가 전자기기를 적당한 시간 동안 규칙적으로 사용하도록 적절한 제한을 두는 것이 좋습니다.

안정감과 자신감

틱은 심리적 요인이 크기 때문에 아이가 편안한 마음을 갖는 것이 중요합니다. 틱 증상이 나타나면 자존감에도 영향을 받기 때문에 아이가 좋아하는 놀이, 잘하는 활동을 할 기회를 충분히 주고, 칭찬과 사랑의 표현을 자주 해야 합니다. 피곤함도 영향을 미치므로 충분한 휴식과 수면도 도움이 됩니다. 규칙적인 운동과 적당한 바깥 놀이도 잊지 말기를 바랍니다.

약물 치료

앞서 제시한 방법만으로도 아이의 틱 증상은 좋아질 수 있지만, 일상생활에 영향을 끼치는, 즉 아이 자신과 주변 사람을 해칠 정도의 증상이 나타난다면 몸의 움직임을 조절하는 약을 처방받는 것이 좋습니다. ADHD와 마찬가지로 약물 치료를 한다고 하면, 저 또한 부모로서 걱정이 됩니다. 이왕이면 하고 싶지 않은 마음이 훨씬 크겠지요. 그러므로 전문가와 충분한 상의 후 이점과 주의점을 모두 고려한 뒤에 결정할 필요가 있습니다. 과거 학교에서 만났던 한 아이는 분명히 약물 치료로 큰 효과를 봤습니다. 하지만 약물 치료는 부작용이 있기에 지속적으로 관찰해가며 치료를 진행하는 것이 중요합니다.

행동 치료

행동 치료에는 특정한 틱 증상을 대신할 새로운 행동을 가르치는 습관-반전 요법과 근육을 이완하는 이완 요법이 있습니다. 영어로는 CBIT[Comprehensive Behavioral Intervention for Tics]라고 하지요.

습관-반전 요법은 특정한 틱 증상을 줄이기 위해 아이의 특정 행동 패턴을 익힌 후, 특정 행동이 나올 시에 이를 억제하거나 대신할 수 있는 적절한 행동을 습득하도록 지도하는 것입니다. 예를 들면, 아이가 눈을 깜빡거리거나 목으로 킁킁 소리를 내고 싶은 욕구가 들면 그 대신 심호흡을 한다든가, 두 손을 잡는다든가, 손을 무릎 위에 올리고 가볍게 비비는 등의 동작을 하는 것입니다.

이완 요법은 특정 감각의 변화에 대한 인식을 도와 이를 조절하고 완화하는 방법을 알려주는 것입니다. "몸을 움직여야 할 것 같은 느낌이 들어?", "몸의 어떤 부분이 조여오는 느낌이 들거나 불편함을 느끼는 게 있어?"와 같은 질문은 아이 스스로 신체 감

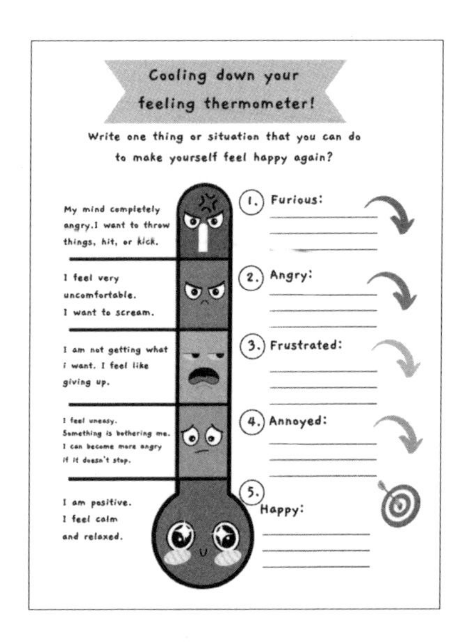

특정 상황에 따라 스스로 감정이 어떤지 살펴볼 수 있는 감정의 온도계.

각의 변화를 인식하는 데 도움이 됩니다. 여기에 재미를 더한다면, 아이의 몸 외곽선을 따라 그리고, 신체의 각 부분에 이름을 붙인 다음, 어디에서 느낌이 시작되는지 색칠해볼 수 있습니다. 또는 '감정의 온도계'를 사용해 변화하는 감정이나 몸의 에너지를 인식함으로써 조절을 유도할 수 있습니다.

틱 치료에서는 행동 외에 심리적 측면도 중요합니다. 스트레스 등 심리적인 이유로 발현되는 경우가 많기 때문이지요. 스트레스 완화에 중점을 둔 심리 치료, 음악 치료, 미술 치료 또한 아이들에게는 큰 도움이 됩니다.

행동 발달 고민 ⑤
위험한 행동을 서슴없이 해요

아이 중에는 위험한 행동을 서슴없이 한다거나, 과격한 행동을 한다거나, 사람들에게 피해를 주는 등 적절하지 않은 행동을 하는 경우도 참 많습니다. 이러한 행동의 주요 원인은 자기 조절 능력 및 사회적 능력과 관련이 있습니다. 아이의 행동을 조절하는 데는 앞서 소개했던 감정에 대한 이해가 선행되어야 하며, 그 다음에 마음 챙김 활동 등이 행동 조절에도 유용하게 사용될 수 있습니다.

아이에게 행동 조절을 가르치려고 하면 막상 어떻게 시작해야 할지 막연할 것입니다. 행동 조절에만 초점을 맞추다 보면 행동을 부정적으로만 인식하게 될 수도 있고요. 그럴 때는 본질적인 접근, 즉 행동이 무엇인지에 대해 이야기해보면 좋습니다.

"행동이 뭐라고 생각해? 우리가 하는 모든 것이 행동이야. 웃는 것, 우는 것, 걷는 것, 뛰는 것, 먹는 것, 자는 것 모두 우리가 하는 행동이지. 근데 행동이 어떻게 나오는 걸까? 행동은 내 생각이나 감정에 따라 나와. 기분이 좋으면 웃고, 유치원에 늦겠다는 생각이 들면 뛰겠지. 화가 나면 친구를 밀 수도 있어. 이렇게 내 생각이나 감정에 따라 행동이 나오는 거지.
그런데 내가 하는 행동이 다른 사람을 기쁘게 할 수도 있고, 때로는 힘들게 할 수도 있어. 만약 내가 장난감을 같이 가지고 논다면 친구는 신날 것이고, 나만 가지고 놀겠다고 하면 친구는 기분이 나빠질 거야. 만약에 내가 화가 난다고 친구를 때리면 친구도 화가 날 것이고, 나랑 더 이상 놀고 싶지 않을 거야. 이렇게 행동에는 결과가 따라와.
그래서 행동에는 바람직한 행동과 바람직하지 않은 행동이 있어. 바람직한 행동을 초록색 행동이라고 하고, 바람직하지 않은 행동을 빨간색 행동이라고 해보자. 초록색 신호등처럼 바람직한 행동을 선택하면 결과가 좋겠지만, 바람직하지 않은 행동을 선택하면 좋지 않은 결과가 따라오겠지. 우리 같이 어떤 행동이 초록색이고, 빨간색인지 알아볼까?"

이러한 이야기는 자기 행동에 대한 아이의 인식과 이해를 높일 수 있고, 그 행동이 타인에게 어떤 영향을 주는지에 대한 이해 역시 향상시킬 수 있습니다. 아이에게 올바른 행동이 무엇이라고 주입하기보다는 스스로 행동을 구별하고 선택하게 한다면 아이는 자기 주도 경험을 쌓을 수 있어 더 책임감 있고 바람직한 행동을 하기 위해 노력할 것입니다.

3장

하버드 육아 로드맵 CHILD 실천하기

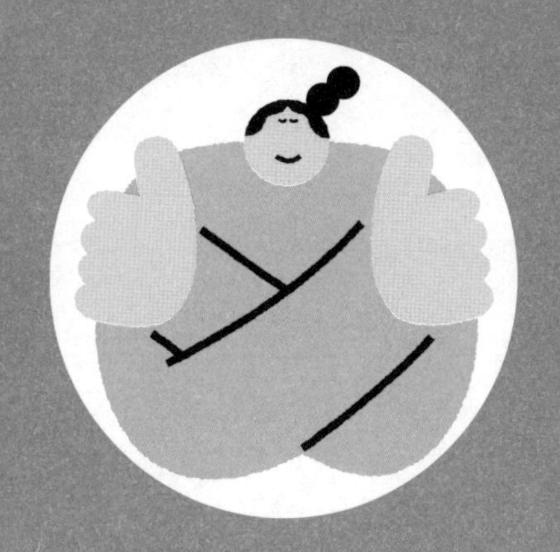

하버드 동그라미

육아 실전

부모는 아이가 어떤 모습으로 성장하기를 바랄까요? 격변하는 세상에서 성공하려면 전통적인 교육 체제에서 중시했던 암기력, 독해력, 수리력, 언어 능력 등을 넘어서는 다양한 역량이 필요하다는 사실은 이미 모두가 아는 내용일 것입니다. 국제노동기구, 맥킨지글로벌연구소와 같은 세계적인 연구 기관과 하버드 비즈니스 리뷰, 코넬대 연구소와 같은 저명한 대학 기관에서는 하나같이 입을 모아 미래 핵심 역량으로 다음과 같이 6C를 제시합니다.

- **비판적 사고**Critical thinking

- 소통 능력Communication
- 협동 능력Collaboration
- 창의력Creativity
- 인성 교육Character education
- 시민성Citizenship

미국의 저명한 발달 심리학자인 로베르타 골린코프Roberta Golinkoff와 캐시 허시-파섹Kathy Hirsh-Pasek이 공저한 《최고의 교육》에서는 협력Collaboration, 의사소통Communication, 콘텐츠Content, 비판적 사고Critical thinking, 창의적 혁신Creative innovation, 자신감Confidence을 6C로 꼽기도 합니다. 이렇듯 나라나 기관, 연구자마다 약간의 차이점은 있지만, 공통적으로는 사회 정서 능력과 창의적인 문제 해결 능력, 그리고 서로 다른 배경의 사람들과 협업하여 새로운 것을 창출할 수 있는 글로벌 역량이 요구된다고 입을 모읍니다. 따라서 아이를 키우는 부모 역시 이러한 역량을 기존의 지식 중심의 교육 시스템이 제대로 길러줄 수 있는가에 대해 고민할 필요가 있습니다.

현재 한국의 교육 시스템 또한 미래 핵심 역량의 중요성에 맞춰 새로운 시도와 함께 변화해가고 있습니다. 아이의 창의력이나 협동 능력을 키우기 위해 프로젝트 기반의 학습 프로그램을 도입하고, 체험 학습의 기회를 늘리며, 코딩을 비롯한 다양한 온라인 및 디지털 콘텐츠의 활용을 지원하고 있습니다. 또 마음 챙김과 같은 사회 정서 교육에도 주의를 기울이고 있지요.

하지만 오랫동안 한국 사회를 지배해온 학벌주의 바탕의 뜨거운 교육열은 쉽게 사그라들지 않은 채 여전히 아이들을 한곳으로 몰아가는 것이 현실입니다. 아직도 수많은 아이들이 의대, 치대, 한의대, 약대와 같은 전공으로 몰리며, 심지어 초등학교 때부터 부모 손에 이끌려 이과 계열로의 진학을 위한 학원에 다니기도 합니다. 또 이른바 '스펙'을 만들기 위해 초등학교 때부터 평가에 얽매입니다. 이제 정보와 지식의 암기는 인공 지능이 인간보다 훨씬 유능합니다. 그런데 아직도 전통적인 교육 시스템 안에서는 아이의 능력을 증명하는 성적표나 자격증을 위한 교육이 시행되고 있습니다. 우리 사회가 아이들을 시험만 잘 보는 아이로 키우는 것은 아닌지 경각심을 가져야 할 때입니다.

기존의 세상이 암기 중심의 시험을 통해 아이들의 지식 능력, 즉 하드 스킬hard skill을 평가했다면, 이제는 소프트 스킬soft skill을 평가하는 시대입니다. 소프트 스킬에는 미래 핵심 역량인 6C는 물론이고, 회복탄력성, 자존감, 자기 조절력, 리더십 등이 포함됩니다.

소프트 스킬의 중요성은 1980년대부터 강조되기 시작했고, 이후 소프트 스킬과 그 교육 방식에 대한 연구가 많이 진행되었습니다. 미국 학교에서는 이미 상당 부분 실행하고 있지요. 하버드대만 해도 학생을 선발할 때 총체적인 관점에서 살핍니다. 학교생활뿐만 아니라 어떤 외부 활동을 했는지, 어떤 사회 활동에

하드 스킬과 소프트 스킬

	하드 스킬	소프트 스킬
정의	특정 지식이나 기술	개인의 태도 및 행동과 관련된 여러 가지 역량
습득 방법	교육을 통해 학습	사회적 경험으로 습득
평가 방법	시험 및 자격증으로 평가	하드 스킬에 비해 평가하기 애매 인터뷰 형식으로 평가 가능
종류	특정 분야에 관련된 지식(외국어, 프로그래밍, 데이터 분석, 법규 등)	사회적 상호 작용에 관련된 능력(소통 능력, 협동 능력, 창의력, 리더십, 비판적 사고력, 시민성 등)

참여했는지, 어떤 사회적 봉사나 기여를 했는지, 특기는 무엇인지, 리더십은 어떠한지, 남들이 안 하는 새로운 시도를 해본 경험이 있는지 등 다양한 관점에서 바라봅니다. 이러한 입학 선정 기준은 학교 수업에까지 고스란히 이어지지요.

제 경험을 짧게 나눠보자면, 하버드대에 입학하면 단과대별로 전공별로 하루 종일 오리엔테이션에 참석합니다. 이때 다양한 배경의 친구들과 만나 이야기하면서 많이 놀라고 신기했던 기억이 납니다. 졸업하고 모국인 네팔로 돌아가 학교 교육 시스템을 개혁하겠다는 친구, 발달적으로 도움이 필요한 아이들의 돌봄 교사만 10년을 넘게 하다가 온 친구, 아프리카 봉사 단체에서 10년 넘게 집과 학교를 짓다가 온 친구, 전 세계를 돌아다니며 소외 계층 아이들을 가르치다가 온 친구, 스님 친구, 신부님 친구 등… 이처럼 다양한 배경의 친구들과 수업을 들을 때 많은 수업이 토론 형식으로 진행되었는데, 그때마다 저는 친구들과 함께 서로의 의견을 존중하고 절충하면서 프로젝트를 완성했습니다.

저의 교육관은 하버드대 재학 시절 교수님과 친구들에게서 받은 영향, 컬럼비아대 대학원 박사 과정에서 진행했던 다양한 연구들, 여러 편의 논문을 쓰면서 얻은 인사이트, 뉴욕대 재학 시절 부촌과 빈민가라는 양극의 환경에서 교사 생활을 했던 경험, 맨해튼과 실리콘 밸리의 학교에서 20년 이상 교사와 디렉터로 일했던 경험, 그리고 두 딸을 키우는 14년 차 엄마로서의 경험까지 모두 약 30년간의 이론과 경험이 쌓여 만들어졌습니다. 이를 바탕으로 3장에서는 아이를 잘 키우기 위해 꼭 알아야 할 5개의 키워드를 다뤄보고자 합니다. 5개의 키워드는 하버드에서 아이가 성장하는 데 가장 중요하다고 생각하는 지점인 CHILD, 즉 '아이는 아이답게 커야 한다'와 맞닿아 있습니다.

- Character 인성
- Habit 습관
- Imagination 상상력
- Learning 배움
- Diversity 다양성

Character
인성

하버드대 메인 캠퍼스인 하버드 야드는 담으로 둘러싸여 게이트를 통과해야만 안으로 들어갈 수 있습니다. 여러 게이트 중 캠퍼스 남쪽 라몬트 도서관 바로 옆 덱스터 게이트의 돌에는 다음과 같은 문구가 적혀 있습니다.

Enter to grow in wisdom.

Depart to serve better thy country and thy kind.

캠퍼스로 들어올 때 보이는 문구는 "Enter to grow in wisdom"이고, 캠퍼스에서 나갈 때 보이는 문구는 "Depart to serve better thy country and thy kind"입니다. 하버드에 들어와서는 지혜를 배우고, 나가서는 세상과 인류에 기여하라는 뜻이지요. 배움으로써 개인의 발전을 넘어 세상에 보탬이 되도록 하라는 교육 철학입니다. 사실 이러한 교육 철학은 입학생을 선발할 때 바탕이 됩니다. 하버드는 공부만 잘하는 학생은 선발하지 않습니다. 성적과 함께 인성을 보지요. 리더십이 있고, 배려하고 봉사하며, 기여 정신이 있는 학생, 더 나은 세상이 되도록 이바지하겠다는 마인드를 장착한 학생을 선택합니다. 그렇다면 좋은 인성은 어떻게 키울 수 있을까요?

흔히 타인을 존중하고 배려하는 사람, 솔직하고 긍정적이며 선한 영향력을 행사하는 사람을 인성이 좋다고 표현합니다. 때때로 인성은 보통 사람의 본성, 즉 타고난 성질이므로 변하지 않는다고 여겨지기도 합니다. 하지만 인성이란 다양한 능력과 역량의 집합체이므로, 능력과 역량을 키움으로써 좋은 쪽으로 바꿀 수 있습니다. 다시 말해 인성은 배울 수 있고, 훈련할 수 있고, 가르칠 수 있는 것입니다.

인성 교육의 의미와 중요성

인성 교육이란 무엇일까요? 일반적으로 인성이라고 하면, 사람의 됨됨이나 도덕적 가치 등을 떠올립니다. 인성의 사전적 정의는 '각 개인이 가지는 사고와 태도 및 행동 특성'입니다. 즉, 개인이 사회 속에 존재한다고 할 때, 개인이 가지는 사고와 태도 및 행동은 타인을 향할 것이므로, 결국 인성 교육이란 한 개인이 타인에 대한 존중과 배려를 바탕으로 사회에 보탬이 되는 행동을 하도록 바른 가치관을 세워주는 교육이라고 할 수 있습니다. 아이의 눈높이에서 작은 의미로는, 나의 감정과 행동을 다스리며 타인을 공감하고, 나의 결정과 행동이 타인에게 미치는 영향력을 알아서, 상황에 맞춰 올바르게 행동하는 역량을 키우는 교육이라고 할 수 있습니다. 사회나 문화에 따라 인성 교육을 바라보는 시선이 약간 차이가 나기는 하지만, 좋은 생각과 올바른 태도를 지니게 한다는 맥락에서는 서로 통할 것입니다.

치열한 경쟁 사회를 살아가야 하는 아이들에게 인성 교육은 가장 우선시되어야 할 사항입니다. 제아무리 성적이 우수하고, 좋은 직장을 갖고, 돈이나 권력이 많아도 인성이 부족해 한순간 무너지는 사례를 우리는 지금까지 수없이 봐왔습니다. 주가 조작, 권력 남용, 사기, 소셜 미디어 내 악플 테러 및 괴롭힘까지 다양하게 존재합니다. 여기서 중요한 사실은 한 개인의 인성 문제가 개인의 문제로 끝나지 않고, 타인에게 피해를 주며, 더 큰 사회적 문제로 확대된다는 것입니다.

자신이 속한 세상을 탐색하며 타인과의 교류를 통해 처음으로 세상을 배우는 유아기는 아이가 자신만의 가치관을 형성해나가기 시작하는 중요한 시기입니다. 옳고 그름을 판단하기에는 아직 어리므로 부모와 주변 사람들, 그리고 주위 환경을 통해 가치관을 만들어가는 시기입니다. 인성이란 하루아침에 나오는 결과물이 아닙니다. 오랫동안 올바른 방향을 잡아주는 환경 속에서 서서히 갖춰나가는 것이지요.

인생에서 필요한 것은 유치원 때 다 배운다는 말이 있습니다. 인성 교육도 마찬가지입니다. 아이는 다양한 매개체를 통해 사회적 가치와 옳고 그름을 배웁니다. 동화 속 캐릭터를 통해 나와 다른 관점에 대해 배우고, 타인과 갈등이 생겼을 때 어떻게 해결하는지, 어떤 행동이 적절한지를 명확한 규칙 또는 모델링을 통해 훈련하면서 습득합니다. 그런데 학습이 시작되는 시기부터는 가정 및 학교에서 교과 과정을 보다 중심에 두기에 인성 교육이 등한시되는 경향이 있습니다. 특히나 평가가 우선인 사회 시스템 안에서 아이들은 나만의 이익, 나만의 성공을 바라보며 과정이 어떻게 되든 결과만 중요시하는 풍조에 익숙해져서 옳고 그름의 판단과 올바른 행동을 구축하는 일을 외면하는 중입니다. 일상의 흔한 예로는 시험 점수를 잘 받기 위해 벌어지는 대리 시험과 커닝 등이 있지요. 이처럼 경쟁이 치열하고 정의롭지 못한 사건들이 난무하는 교육 환경 속에서 이로운 사람이 되는 법을 가르치는 인성 교육이야말로 부모가 아이에게 반드시 물려줘야 하는 유산입니다. 바른 가치관, 타인에 대한 공감과 이해, 포용성, 배려와 기여를 낳는 인성 교육은 어떻게 시작할 수 있을까요?

바른 선택이 바른 인성을 만든다

인성 교육에는 옳고 그름에 대한 인식을 바탕으로, 사회의 한 구성원으로서 살아가는 데 필요한 기본 규칙을 준수하는 것, 또 나의 행동이 타인에게 피해가 되지 않게끔 매너를 갖추는 것이 포함됩니다. 유아기는 타인의 상황을 이해하고 포용하는 역량을 키워나가는 중요한 시기입니다. 또 경험을 통해 자기 조절력도 기를 수 있지요. 아직 자기중심적 사고를 하는 시기라 이런 역량을 키워주는 것이 분명 부모로서는 쉽지 않습니다. 아이는 자기 욕구를 우선시하고, 자기만 생각하는 행동을 하기에 고집을 부리고, 순서를 기다리지 못하며, 양보가 힘듭니다. 타인의 감정을 이해하지 못하니 이에 적절하게 대처하지도 못하고요. 반복해서 이야기해줘도 계속 제자리인 듯합니다. 당연히 어려운 일입니다. 눈에 보이지 않는 것을 습득해야 하니까요. 그렇다면 어린아이들의 인성 교육은 어떻게 해야 할까요?

구체적인 사물을 통해 눈으로 볼 수 있게 제시하는 것이 좋습니다. 아무리 계속해서 말해도 아이들에게 말은 보이지 않습니다. 어느 순간 들리기는 해도 한 귀로 들어가 다른 귀로 흘러나올 뿐입니다. 아직 어린아이들이라 무엇이든 눈으로 보고 손으로 만지는 등 구체적인 활동이나 감각적 자극을 통해야만 잘 습득합니다. 행동하기 전에 진중하게 사고하는 아이들은 드물지요. 충동적인 행동이야말로 어린아이들의 특성이고요. 아이들의 이러한 발달적 특성을 고려하여 미국에서는 초록 선택green choice과 빨간 선택red choice이라는 상징적인 2가지 색상을 이용한 교육법으로 행동의 옳고 그름을 가르칩니다.

인생은 선택의 연속입니다. 살면서 계속 각기 다른 선택이 이어지지요. 아이에게 바른 선택을 하기란 쉽지 않은 일입니다. 선택 이후에 따라오는 결과를 받아들이는 일도 절대 쉽지 않습니다. 따라서 아이가 숫자나 문자를 배울 때 구체적인 사물을 통해 배우듯, 선택하는 행위도 시각적으로 도움을 주면 언제나 바른 선택을 하도록 이끌어줄 수 있습니다.

먼저 초록색과 빨간색은 전 인류가 사용하는데, 공통의 뜻을 지니고 있습니다. 신호등에서 빨간색은 멈추고, 초록색은 가라는

미국 학교에서 사용하는 초록 선택과 빨간 선택 관련 교육 자료.

뜻이지요. 이러한 상징을 선택에서도 사용하는 것입니다. 옳은 선택은 초록색, 즉 적절한 선택이고, 그른 선택은 빨간색, 즉 적절하지 못한 선택입니다. 초록색과 빨간색을 이용해 직관적으로 보여주면 아이는 더 나은 선택, 더 현명하고 바른 선택을 하기가 수월해집니다.

엄마: 신호등에 빨간불이 켜지면 무슨 뜻일까?

아이: 가지 말고 멈추라는 뜻이에요.

엄마: 그래. 빨간색은 멈춤을 뜻하지. 초록색은 어떤 뜻일 것 같아?

이렇게 빨간색과 초록색의 의미를 먼저 이야기해봅니다. 그러고 나서 아이의 여러 가지 행동을 그림 또는 사진과 함께 카드에 적어봅니다. 예를 들면, 기다리기, 쓰레기통에 휴지 버리기, 나눠 쓰기, 소리 지르기, 물건 넌지기, 때리기 등 바람직한 행동과 그렇지 않은 행동을 카드에 적어 아이와 대화하며 분류하는 것입니다. 그다음에 미리 준비해놓은 초록색 종이에는 바람직한 행동을 두고, 빨간색 종이에는 바람직하지 못한 행동을 두는 것이지요. 이러한 활동은 아이에게 바람직한 행동이 무엇인지 생각할 기회를 줍니다.

아이에게 초록색 행동과 빨간색 행동을 했을 때 각각 기분이 어떤지를 물어보면 아이가 느끼는 감정에 대해 깊은 대화를 할 수 있고, 더 나아가 각각의 선택에 따른 친구들의 반응을 묻는다면 자신의 선택과 행동에 따라 변하는 타인의 감정까지 연관 지어 생각할 수 있습니다.

엄마: 친구한테 왜 소리를 질렀어?

아이: 내 크레파스를 부러뜨려서요.

엄마: 아, 그래서 화가 나서 소리를 질렀구나.

아이: 네.

엄마: 소리 지르기는 초록 선택일까, 빨간 선택일까?

아이: 빨간 선택이요.

엄마: 소리 지르니까 친구가 뭐래?

아이: 친구도 소리를 질렀어요. 왜 소리 지르냐고. 그러고 나서 다른 데로 갔어요.

엄마: 넌 소리를 질렀을 때 기분이 어땠어?

아이: 나빴어요. 같이 블록 가지고 놀려고 했는데, 못 놀았어요.

엄마: 그럼, 그때 빨간 선택 말고 초록 선택에는 무엇이 있었을까?

아이: 소리 지르지 않고, 말로 하는 거요.

엄마: 어떻게 말하면 좋았을 거 같아?

아이: 크레파스를 조심해서 쓰라고요.

엄마: 그래. 크레파스가 부러져서 내가 속상하니, 다음번에는 꼭 조심해달라고 말했다면 좋았을 것 같아. 만약 네가 초록 선택을 했다면 친구는 어떤 감정이 들었을까?

아이: 미안한 감정이요. 그리고 사과했을 것 같아요.

엄마: 그래. 네 감정이나 생각을 말로 전했다면 친구도 충분히 이해했을 거야.

아이: 그럼 나랑 블록 놀이도 같이했을 것 같아요.

인생은 선택의 연속입니다. 충동적으로 선택하기 전에 먼저 사고하는 습관을 길러주는 것이 중요합니다. 바른 선택을 반복적으로 쌓아나가는 것은 곧 습관의 형성을 의미하고, 그 습관이 인성을 형성시킵니다. 그렇기에 인성 교육은 올바른 습관을 길러주는 것과도 일맥상통합니다.

Habit
습관

습관은 어떤 행동을 반복적으로 함으로써 따로 생각할 필요 없이 자동으로 행하는 것을 말합니다. 긍정적이고 바람직한 습관을 형성하는 것이야말로 아이가 살아가는 데 가장 큰 자산이 되겠지요. 좋은 습관을 형성해본 아이는 또 다른 좋은 습관을 만들어야 할 때 동기 부여가 부족해도, 이 습관이 언젠가 자신에게 도움이 된다고 생각하며 자기 자신을 다스리고 긍정적인 방향으로 이끕니다.

제 딸은 장난감을 계속 꺼내서 놀기만 하고 치우지를 못했습니다. 놀다 보면 또 다른 장난감이 필요해서 꺼내고, 또 꺼내고를 반복하다 보니, 나중에는 치워야 할 것들이 산더미처럼 쌓였지요. 그래서 아이에게 2~3개 정도 꺼내서 놀다가, 다른 새로운 놀이가 보이면, 일단 놀던 것을 치우고 새로운 것을 시작하게 했습니다. 물론 처음에는 잊어버려서 더 많은 장난감을 꺼내기도 했고, 치우는 것 자체를 힘들어했습니다. 그때부터 아무리 많은 양의 장난감이 어질러져 있어도 혼자 치우게 했고, 1~2개를 가지고 놀다가도 치우게 했습니다. 아이는 미루지 않고 곧바로 치우면 나중에 정리하기가 더 쉽다는 점을 터득했고, 또 정리된 방에서는 필요한 장난감을 더 빨리 찾을 수 있다는 사실도 깨달았습니다. 나아가 정리 정돈하는 모습과 깨끗한 방에 대한 칭찬을 듣게 되자, 아이는 책임감과 뿌듯함을 느꼈습니다.

이러한 습관은 집안일로 확장되었습니다. 빨래 개기, 화초에 물 주기, 식사 전에 식탁 차리기, 식사 후에 그릇 정리하기 등은 물론 요즘은 설거지까지 합니다. 이렇게 자기 방을 정리 정돈하는 습관이 아이에게는 가족 구성원으로서 책임감을 느끼게 했고, 집안일에도 스스로 참여하는 습관으로 이어졌으며, 독립심과 협동심까지 키워줬습니다.

육아의 기본 목적은 아이의 독립입니다. 혼자서도 잘 살아가는 힘을 길러주는 것이지요. 아이는 초등학교 저학년까지는 부모가 시키는 대로 좋든 싫든 따라오기는 합니다. 하지만 사춘기에 접어들면서부터는 잘 따라오던 아이도 어긋나는 경우가 있습니다. 그렇기에 건강하고 좋은 습관의 형성이 중요합니다. 아이는 스스로 습관을 만들어가는 과정에서 자신의 긍정적인 행동에 대해 자각하고, 그 습관으로 인해 발생하는 좋은 결과를 경험하기 때문입니다.

아이를 성장시키는 건강한 생활 습관

어린아이들에게 건강한 생활 습관은 식사, 수면, 청결, 정리와 관련된 행동이 기본입니다. 이 말은 곧 부모 또한 같이 노력해야 한다는 뜻입니다. 아이의 건강한 식습관 형성을 위해서는 부모가 먼저 식습관을 점검해야 하며, 수면, 청결, 정리 역시 부모가 아이의 일과에서 꾸준히 챙겨줘야 루틴으로 자리 잡아 습관으로까지 이어집니다.

아이의 식습관

좋은 식습관은 일정한 시간에 식탁에 앉아서 자리를 뜨지 않고 식사하는 것에서부터 시작합니다. 그리고 수저나 포크를 사용해서 혼자 먹는 것입니다. 부모가 먹여주는 일은 이유식 초반에 아이의 눈과 손 협응력이 아직 발달하지 않았을 때만 해주고, 아이가 수저를 들고 입 근처로 가져가기 시작한다면 스스로 먹도록 내버려둬야 합니다. 물론 처음에는 반은 흘리고 반만 입안으로

넣겠지요. 하지만 스스로 해보는 과정을 경험함으로써 아이는 자신감을 얻고, 자신의 욕구가 존중받는다고 느끼며, 자율성을 향상시킵니다. 이처럼 혼자 먹는 경험은 해냈다는 성취감을 느끼게 해서 자존감 발달로 이어집니다. 그러니 아이가 스스로 해보는 경험을 막아서는 안 됩니다.

당근이나 사과처럼 아삭한 것, 떡이나 국수처럼 쫄깃한 것, 요구르트나 찐 채소처럼 부드러운 것, 케이크처럼 촉촉한 것 등 아이가 음식의 다양한 질감과 맛을 경험해보는 일 역시 좋은 식습관 형성에 도움이 됩니다. 어린 시절부터 다양한 맛을 경험해봐야 커서도 새로운 음식에 대한 거부감이 크지 않습니다. 아이에 따라서는 새로운 음식에 대한 반응이 유난히 큰 아이도 있습니다. 새로운 것에 거부감이 드는 것은 자연스러운 본능입니다. 그러니 아이가 특정 음식에 익숙해질 때까지 반복해서 밥상에 놓아주세요. 먼저 눈으로 보는 것부터 시작해서 만지는 것, 냄새를 맡는 것, 입안에 넣었다가 빼는 것, 씹었다가 뱉는 것도 다 먹기 전의 과정입니다. 괜찮습니다. 여러 번 그 음식을 노출해 친숙하게 만드는 것이 핵심입니다. 그러면서 아이는 점점 그 음식을 수용할 수 있게 됩니다.

그런가 하면 아이에 따라서는 감각적으로 예민해서, 특정 음식의 냄새 때문에, 모양 때문에, 혹은 감촉 때문에 거부하기도 합니다. 또는 구강 근육의 발달이 미숙해서 음식을 삼키지 못하기도 합니다. 우리 아이가 어느 상황에 해당하는지 알아보는 것이 중요합니다. 만약 아이가 시각적으로 예민하다면 보는 즉시 그릇을 밀어낼 테고, 냄새에 예민하다면 일단 음식이라면 무엇이든지 먹기 전에 냄새부터 맡으려는 경향이 있을 것입니다. 질감에 예민하다면 오래 씹어서 먹어야 하는 고기류나 물컹거리는 식감의 버섯, 푸딩, 치즈 케이크 등을 거부하겠지요. 그리고 구강 근육이 약한 아이는 음식을 오래 씹어야 해서 먹는 속도가 느리거나 삼키는 과정에서 어려움을 겪습니다. 열심히 씹다가 음식이 입 밖으로 튀어나오기도 하고, 충분히 씹지 못하고 넘기다가 음식이 기도에 걸리기도 합니다. 그러니 아이가 음식을 거부한다면 좋은 식습관 형성을 위해서라도 아이를 잘 관찰해 정확한 원인을 찾을 필요가 있습니다.

아이의 수면 습관

부모의 일정에 따르느라, 아이가 잠을 자지 않겠다고 버텨서 등 다양한 이유로 수면 시간이 불규칙하면 아이는 다음 날 영향을 많이 받습니다. 루틴이 규칙적이어야 아이도 심리적 안정감을 느끼고, 활동하는 데 자신의 온전한 힘을 쓸 수 있지요. 자는 시간이 늦어지면 아이를 아침에 깨워 등원을 준비시키면서 말 그대로 전쟁이 시작됩니다. 밤에 잠드는 시간, 아침에 일어나는 시간, 낮잠 자는 시간은 되도록 지키는 것이 아이의 생체 리듬 유지에 도움이 됩니다. 그런데 선천적으로 다른 아이들에 비해 잠이 없어서 낮잠을 일찍 졸업하는 아이도 있습니다. 낮잠을 자서 밤에 자는 시간이 늦어진다면, 낮잠을 줄이거나 건너뛰는 것도 방법입니다. 밖에 나가서 충분한 신체 활동을 하여 에너지를 소모하는 것도 좋습니다.

아이의 수면 습관을 루틴으로 만들 때 조금 더 재미있고, 아이 스스로 하게끔 도와주는 방법으로는 리추얼ritual이 있습니다. 리추얼은 반복적으로 이뤄지는 특별한 행위 또는 의식을 뜻합니다. 자기 전의 리추얼로 동화책 읽기를 반복적으로 하면, 아이는 동화책을 읽은 다음은 자는 시간이라고 더 쉽게 인식하게 됩니다. 그리고 자기 전에는 과격한 운동이나 몸 놀이를 하지 않고, 텔레비전은 끄고, 조도는 낮춰서 잠자는 분위기를 조성해주는 것이 좋습니다. 간혹 어떤 집에서는 늦게 퇴근한 아빠가 아이와 놀아준다면서 자기 전에 격렬하게 몸 놀이를 하는 경우가 있습니다. 아이의 몸을 흥분 상태로 만들어놓고 나서 곧바로 평온하게 자라고 하면 아이는 쉽게 잠들기 어렵습니다. 그러니 반드시 주의하기를 바랍니다.

아이의 청결 습관

하루에 3번 양치하기, 외출하고 집에 돌아오면 손 씻기, 식사 중 음식물을 흘리면 깨끗이 닦기, 땀 흘리면 샤워하기 등 청결을 유지하는 일은 어릴 적부터 습관화해야 하는 아주 기본 중의 기본입니다. 아이는 여러 가지 이유로 잘 씻지 않으려고 합니다. 귀찮아서, 잊어버려서, 빨리 그다음 행동을 하기 위해서, 혹은 감각적으로 예민해서 양치나 샤워에 불편함을 호소하고, 때로는 공포심까지 느끼기도 합니다.

청결을 유지해야 하는 이유를 동화책이나 영상을 이용해 알려주고, 아이가 그 중요성을 깨달아 스스로 해야 하는 것임을 인지하도록 습관을 만들어줘야 합니다. 아이는 세균이나 바이러스가 주제인 동화책을 통해 세균이 어떻게 퍼지는지 과정을 알게 되어 위생 습관을 형성하고, 기침이나 재채기할 때 팔등으로 입을 가리는 등의 바람직한 매너를 배울 수 있습니다. 그리고 유튜브나 온라인 플랫폼에서 위생과 관련된 만화나 동영상을 찾아 보여주면 아이가 더 쉽고 재미있게 청결 습관을 배울 수 있습니다. 아이가 좋아하는 캐릭터 칫솔이나 비누를 준비하거나 루틴 차트를 이용하는 것도 효과적인 방법입니다. 노래를 부르며 손을 씻는 것, 모래시계를 이용해 아이가 양치질을 충분히 하도록 이끌어주는 것도 청결 습관 형성에 도움이 됩니다.

아이의 정리 습관

어른 중에도 바로바로 정리하는 스타일이 있고, 한꺼번에 몰아서 정리하는 스타일도 있으며, 그냥 포기하고 늘어놓은 채 사는 스타일도 있습니다. 어릴 때부터 바로바로 정리하는 습관을 들이면, 정리나 청소뿐만 아니라, 다른 일을 할 때도 조직적이고 효율적으로 일 처리를 할 수 있습니다.

부모는 아이에게 스스로 물건을 정리하고 시간을 계획하는 경험을 선사할 필요가 있습니다. 그중 물건을 정리하는 습관을 길러주는 것은 아이의 발달 나이를 고려해서 시작해야 합니다. 부모가 계속 대신 치워주면 아이는 스스로 정리하는 경험을 하지 못해 정리 습관을 들이기가 어렵습니다. 부모는 아이의 연령에 맞춰 스스로 정리하는 방법을 알려줘야 합니다. 그래야 아이의 정리 습관이 튼튼하게 형성될 수 있습니다.

연령별 아이의 정리 습관

연령	정리 습관
1~2세	장난감은 주워서 큰 바구니에 담기, 쓰레기는 주워서 쓰레기통에 버리기
2~3세	놀이 후 장난감과 책을 제자리에 놓기, 입었던 옷 빨래통에 넣기
3~4세	스스로 장난감과 책을 제자리에 놓기, 양말 짝 찾기, 식사 준비 돕기
4~5세	세탁과 건조를 마친 양말이나 속옷을 개서 서랍에 넣기, 반려동물 밥 주기
5~6세	흘린 것 걸레로 닦기, 종류별로 장난감 정리하기, 사인펜이나 풀 등 뚜껑 있는 물건 뚜껑 닫기

나쁜 습관을 좋은 습관으로 바꾸는 마법의 하버드 3R

부모는 아이가 좋은 습관을 갖기를 바라지만, 습관은 언제 시작되었는지도 모르게 형성되기도 합니다. 나를 발전시키는 좋은 습관만 가지면 정말 좋겠지만, 나쁜 습관도 생기기 마련입니다. 그렇다면 나쁜 습관은 어떻게 해결할 수 있을까요? 하버드 의대 전문가들은 '3R Reminder, Routine, Reward'을 이해하면 나쁜 습관도 좋은 습관으로 바꿀 수 있다고 이야기합니다.

3R은 '시작을 위한 알림', '반복적으로 행해지는 루틴', '동기를 부여해 유지시키는 보상'입니다. 이 개념은 미국의 심리학자 버러스 프레더릭 스키너 Burrhus Frederic Skinner의 연구를 기반으로 한 것입니다. 스키너는 동물 행동에 관한 연구에서 스키너 박스(쥐가 레버를 누르면 음식이 나오도록 설계된 상자) 실험을 통해 조작적 조건 반응이 특정 행동을 형성한다는 사실을 밝혀냈지요. 그리고 이처럼 행동을 학습하고 변화시키는 방법을 인간에게도 적용할 수 있다고 주장했습니다. 3R은 교육과 치료 분야에서 다양하게 적용되고 있으며, 습관을 형성하고 유지하는 데 효과적인 방법으로 인정받고 있습니다.

- Reminder: 특정 행동을 하게 된 계기
- Routine: 습관이 된 특정 행동

• Reward: 특정 행동으로 얻는 이익

고치고 싶은 나쁜 습관이 있다면 제일 쉬운 해결 방법은 그냥 안 하면 되는 것입니다. 그런데 그렇게 멈추고 싶다는 생각 하나만으로 멈출 수 없는 것이 습관입니다. 그래서 3R을 활용해 습관을 제대로 분석하면 해결의 실마리를 찾을 수 있습니다. 고치고 싶은 습관이 있다면, 특정 행동을 시작하게 하는 요소를 알아보고Reminder, 어떤 행동으로 인해 습관이 되었는지 그 특정 행동을 인식하는 것입니다Routine.

예를 들면, 아이에게 계속 과자를 먹는 습관이 있습니다. 문제는 과자가 아니라 아이가 과자를 먹는 행동에 있겠지요. 이때 그 행동을 분석해보는 것입니다. 특정 행동을 시작하게 하는 요소는 모두 5가지로 '장소, 시간, 감정 상태, 주변 사람, 바로 이어지는 행동이나 상황'입니다. 아이는 부엌에서(장소), 저녁을 먹은 후에(시간), 심심할 때(감정 상태), 아빠가 주전부리할 때(주변 사람), 그리고 좋아하는 만화가 시작할 때(바로 이어지는 상황) 과자를 먹었습니다. 이러한 분석이 나쁜 습관을 다른 좋은 습관으로 대체할 수 있도록 돕습니다. 저녁을 먹은 후에 계속 과자를 찾는다면 저녁 식사의 양을 늘려볼 수 있고, 아빠가 주전부리하는 것이 영향을 미친다면 아빠의 주전부리 시간을 바꿔볼 수도 있습니다. 심심함을 느낄 때 먹는다면 심심할 때 대신할 활동을 찾아볼 수도 있겠지요. 이렇게 Reminder와 Routine을 꼼꼼히 분석한 후에 그 습관적인 행동으로부터 당사자가 얻는 이익 또는 즐거움에 대해 알아봅니다Reward. 과자를 먹어 당 때문에 기분이 좋아진다면, 기분을 좋아지게 하는 다른 활동 또는 건강한 다른 음식을 찾아보는 것입니다.

나쁜 습관을 좋은 습관으로 바꾸는 것은 절대 한두 번의 시도로 이뤄지지 않습니다. 원래 있던 습관도 장시간에 걸쳐 특정 행동이 습관으로 굳어진 것이니까요. 시간을 갖고, 여러 가지 요소들을 시험하면서 기존의 습관을 조금씩 바꿔가다 보면, 어느덧 새로운 좋은 습관이 자리를 잡을 것입니다.

좋은 습관을 만드는 힘, 부지런함

습관 형성에는 특정 행동을 반복적으로 수행할 수 있는 역량이 필요합니다. 그래서 아이들에게 부지런함이 어떤 의미인지, 어떻게 하면 부지런해질 수 있는지 이해시키는 것이 습관 형성에 도움이 됩니다. 부지런함이란 어떤 일이나 과제를 꾸준히 노력하여 효율성 있게 수행하는 것입니다. 이때 부지런함은 자기만족이라는 내적 보상을 선사하지요. 하지만 처음부터 아이들에게 내적 보상으로써의 부지런함을 설명하기란 어렵습니다. 어린아이들은 눈에 보이지 않는 내적 보상보다는 구체적인 외적 보상에 더 먼저 반응하니까요. 또 부지런하기 위해서는 집중력, 자기 조절력, 인내력이 밑받침되어야 하는데, 이러한 역량이 아직 미숙하기도 하고요.

그렇다면 아이들에게 부지런함을 어떻게 설명하면 좋을까요? 간혹 아이들은 부지런함을 그냥 어떤 일을 그저 끝내는 것으로만 여길 때가 많습니다. 공부나 숙제를 많이 하면 부지런하다고 생각하기도 하지요. 부지런함을 설명할 때 다음과 같이 3가지 내용을 포함하면 아이들은 훨씬 쉽게 이해할 것입니다. 첫째, 부지런함이란 자기가 할 수 있는 최선의 노력을 하는 것임을 알려주세요. 그러고 나서 연필로 대충 휘갈겨 쓴 글씨와 또박또박 정성 들여 쓴 글씨를 보여주세요. 청소할 때 걸레로 먼지를 대강 닦았을 때와 꼼꼼히 닦았을 때를 보여주세요. 어떤 것이 부지런한 것인지 눈으로 쉽게 확인할 수 있습니다. 어떤 일에 내가 어떤 자세로 임하는지, 또 내가 얼마나 노력하는지에 따라 결과가 달라지나는 사실을 시각적으로 보고 느끼게끔 하는 것입니다. 둘째, 부지런함이란 작은 것에서 시작된다는 사실을 알려주세요. 많은 것을 한꺼번에 하는 것이 아니라, 조금씩 꾸준히 하는 것이라고 말이지요. 예를 들면, 주중에는 동화책을 전혀 안 읽다가 주말에 몰아서 5권을 읽는 것은 부지런함이 아님을, 매일 해야 할 일을 미루지 않고 그날 끝내는 것이 부지런함임을 알려주는 것입니다. 셋째, 부지런함은 얻기 쉽지 않다고 솔직하게 알려주세요. 그냥 얻을 수 있는 게 아니라 더 큰 노력이 필요한 가치라고 알려주면 아이가 부지런함의 중요성을 깨닫는 데 도움이 될 것입니다.

부지런함에 대해 알았다면 이제는 본격적으로 부지런함을 키울 차례입니다. 부지런함은 규칙이나 약속과 밀접하게 연관되어 있습니다. 규칙이나 약속을 따르기 위해서는 자기 생각과 행동을 조절해야 하는데, 이 과정에서 아이는 자기 조절력을 키울 수 있고, 또 자기 조절력은 부지런함을 강화시키는 선순환으로 이어집니다. 이어지는 내용은 부지런함을 키우는 방법입니다.

나이에 맞는 규칙과 약속을 정하고 지킵니다

부지런함을 키우려면 먼저 사회에는 규칙과 약속이 존재한다는 사실을 알고, 그것을 지키는 것이 왜 중요한지를 이해해야 합니다. 규칙과 약속에는 책임이 뒤따른다는 사실도 알아야겠지요. 어린아이에게 약속은 일상과 맞닿아 있습니다.

"엄마, 다음에는 꼭 밥 다 먹을게요."
"내일까지 방 치울게요."
"텔레비전 먼저 보고 숙제할게요."

일상에서 수많은 약속이 만들어지고, 또 깨지기도 합니다. 아이는 텔레비전을 먼저 보고 숙제를 하려고 했지만, 시간이 늦어서 잠드는 바람에 숙제를 하지 못한 채 다음 날 학교에 갑니다.

결국 아이는 친구들이 놀이터에 나가서 노는 자유 시간 동안 혼자 교실에 남아 숙제를 끝내야 했지요. 아이들은 이처럼 크고 작은 경험을 통해 약속을 지키지 않았을 때 일어나는 일을 감당해야 한다는 사실을 배웁니다.

아이가 커가면서 약속은 그 종류와 깊이가 더욱 다양해집니다. 학교 소풍날 자신이 늦잠을 자는 바람에 친구들까지 늦게 출발하게 된다거나, 그룹 프로젝트에서 자신이 맡은 역할을 제대로 하지 않아서 그룹원 전체가 감점당하는 일 등은 내가 약속을 지키지 않아서 타인에게 피해를 주는 경우입니다. 교통 규칙을 지키지 않으면 사고로 이어질 수 있고, 법을 어기면 범죄로 이어져 사회적 문제가 되기도 합니다. 규칙과 약속의 중요성을 알려주는 일은 점점 더 큰 사회로 나아가야 하는 아이들에게 매우 중요한 가치를 심어주는 일입니다. 규칙과 약속을 잘 지킨다는 것은 결국 사회에서 어떤 사람의 진실함, 성실성, 책임감을 평가하는 가장 중요한 척도 중 하나일 테니까요.

규칙과 약속을 잘 지키는 아이로 키우기 위해서는 첫째, 부모가 일관성을 유지해야 합니다. 만약 아이와 어떤 규칙을 정하거나 약속을 했다면 끝까지 일관되어야 합니다. 일관성이 없다면 아이는 규칙이나 약속이 기분에 따라 바뀔 수 있다고 여길 테니까요. 둘째, 아이가 약속을 지키면 당연시하지 말고 반드시 칭찬해주세요. 아이가 약속을 지키기 위해 자신의 욕구나 충동을 조절하려고 노력하고 있다면 옆에서 격려해주고 칭찬해줘야 합니다. 이는 아이에게 더 열심히 하려는 동기를 불어넣어줄 것입니다. 셋째, 좋은 본보기를 보여주세요. 아이는 부모의 모습을 보고 배웁니다. 부모가 규칙을 잘 지키고, 아이는 물론 다른 사람과 한 약속을 어떻게든 지키는 모습을 보여주는 것만으로도 아이는 규칙과 약속을 잘 지키는 일의 중요성을 인식하게 되고, 그것이 타인에게 신뢰를 얻는 행위라는 것을 경험하게 됩니다. 넷째, 발달 나이를 고려해 아이가 지킬 수 있는 것부터 약속하세요. 애초에 어려운 약속을 했다가 지키지 못하면 아이는 자신의 모습에 실망하고, 죄책감을 느끼면서, 결국 자존감까지 낮아질 수 있습니다. 예를 들어, 아직 자기감정을 온전히 조절하지 못하는 3세 아이에게 '울지 않기'와 같은 약속은 적절하지 않습니다. 또 '30분 동안 앉아서 한글 쓰기'도 적절하지 않겠지요. '길을 건널 때 어른과 손 잡고 건너기'라든가 '밥 먹기 전에 손 씻기'와 같은 약속이 해당 발달 나이에 적합합니다.

목표를 정하고 계획을 세웁니다

자기가 해야 하는 일에 대한 목표를 스스로 정하고, 이를 달성하기 위해 세부 계획을 세워보는 경험은 아이에게 아주 중요합니다. 보통 아이가 어릴 때는 부모가 계획하고 아이는 따라가는 경우가 많습니다. 이때 아이도 참여하여 계획을 세우는 것을 추천합니다. 아이가 주도하고, 아이의 의견을 반영해 계획을 세우면 아이는 자연스럽게 책임감을 느낍니다. 반면에 부모 주도로 계획을 세운다면 아이는 계획이 잘 진행되지 않았을 때 부모에게 쉽게 책임을 전가할 수 있습니다.

처음으로 목표를 정하고 계획을 세울 때는 아이의 발달 나이를 고려해 아이가 이룰 수 있을 만큼의 목표와 계획부터 시작하는 것이 좋습니다. 미취학 아동은 집중력과 주의력이 부족하고, 소근육 및 눈과 손의 협응력도 아직 발달 중이기에 오랜 시간 동안 바르게 앉아서 활동하기가 어렵습니다. 3~4세는 5~10분 정도의 짧고 간단한 활동, 즉 색칠하기나 적은 조각 수의 퍼즐 맞추기 등이 적합하고, 5~6세는 10~20분 정도 앉아서 그림을 그리거나 만들기를 하거나 이야기를 듣는 활동이 적합합니다. 따라서 목표를 정하고 계획을 세울 때는 아이의 의견을 확인하는 것이 중요합니다. "무엇을 해보고 싶어?", "새로 배워보고 싶은 게 있어?", "얼마나 할 수 있을 것 같아?" 등을 물어보면서 아이가 주도적으로 달성할 수 있는 목표를 세우게 한다면 아이도 목표 달성을 위한 강한 의지를 부지런함으로 표출할 것입니다.

사진이나 그림으로 시간 개념을 터득합니다

아이에게 시간을 계획하는 일은 어려운 개념입니다. 시간은 눈에 보이지 않으므로 구체화해서 보여주면 도움이 됩니다. 먼저 1~2세 어린아이들에게는 'first(처음)'와 'then(다음)'을 사용해 2가지 정도의 순서를 정하게 하면 좋습니다. 예를 들면, 일어나서 처음에 양치를 하고 다음에 밥을 먹는 식이지요. 이때 말로만 하기보다는 그림을 함께 보여주면 더 효과적입니다(216쪽 참고). 3~4세 아이들은 시간이 흐른다는 의미는 알지만 30분이나 1시간이 어느 정도인지 아직 인지하지는 못합니다. 그래서 하루 일과를 사진이나 그림을 이용해 눈에 잘 보이는 곳에 순서대로 붙여놓으면 아이가 시간을 이해하는 데 도움이 됩니다. 이 시기 아이들은 좋아하는 활동을 하다가 다른 활동으로의 전환이 어렵습니다. 어른들도 한참 빠져서 드라마를 보다가 갑자기 다른 일을 하기가 어려운데, 아이들은 얼마나 더 어려울까요? 그래서 미리 마음의 준비를 시켜주면 좋습니다. 이때 타이머가 큰 도움이 됩니다. 집에서는 시각 타이머를, 외출 시에는 핸드폰 타이머나

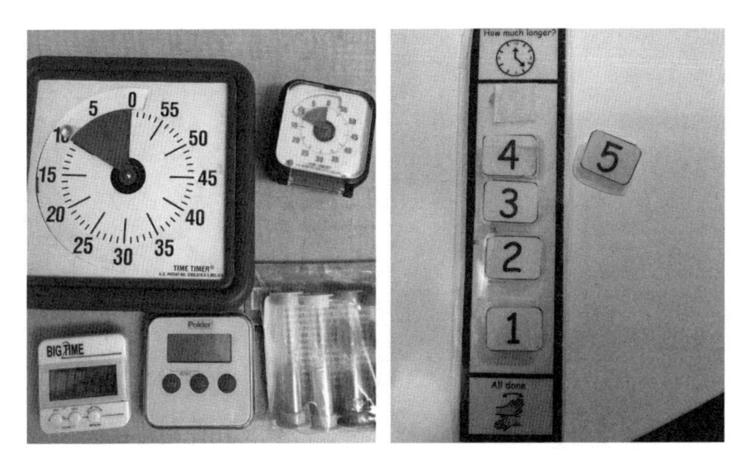

▌ 아이의 시간 개념 터득에 유용한 다양한 타이머(왼쪽)와 엄마표 핸디 타이머(오른쪽).

엄마표 핸디 타이머를 사용합니다. 5~6세 아이들은 이제 5분과 30분의 차이 정도는 감이 생기고, 자신의 일과나 루틴을 기억해 이행할 수 있습니다. 그래도 요일별로 바뀌는 루틴은 헷갈릴 수 있으니, 일과는 사진이나 그림을 이용해 여전히 벽에 붙여놓고 활용합니다.

오늘 해야 할 일은 반드시 실행합니다

사람이라면 누구나 하고 싶은 일만 하고 싶고, 해야 하는 일 대신에 조금 더 쉽고 재미있는 일을 먼저 하고 싶기 마련이지요. 아이에게도 마찬가지로 어떤 일이 조금 어렵게 느껴져서 하기 싫거나, 아니면 그냥 피곤해서 미루고 싶은 순간이 하루에도 몇 번씩 찾아옵니다. 아직 소근육 발달이 더디다면 이름을 쓰는 일이 힘들 것이고, 관심 없는 책이라면 엄마가 읽어줘도 이야기를 듣기 싫을 수 있겠지요. 또는 너무 졸려서 양치를 건너뛰고 싶을 수도 있습니다. 물론 아이가 너무 피곤해하면 당연히 휴식을 취해야 합니다. 그래도 아이가 꼭 해야 하는 일 1~2개 정도는 정해서, 이것만큼은 반드시 해야 하는 일로 알려주는 것이 좋습니다. 이때 체크 리스트를 활용하면 아이가 오늘 할 일을 실행하는 데 도움이 됩니다. 아이가 미루지 않고 실행에 옮겼을 때 스스로 체크하며 뿌듯함과 성취감, 그리고 부지런함을 맛보게 해주기를 바랍니다.

부모가 말이나 행동으로 아이에게 동기를 부여합니다

어린아이들은 해야 할 일을 끝내기가 즐겁지 않거나, 바로 이익이 된다고 느끼지 못하면 끝을 맺기 위해 끈기 있게 노력하지 않습니다. 어떤 일이든 재미나 동기가 있으면 열정이 솟아 훨씬 쉽게 일을 처리할 수 있지요. 그렇기에 부모는 아이의 열정을 끌어올릴 만한 분위기를 조성해주면 좋습니다.

"우아, 우리 딸 진짜 열심히 노력하는구나. 정말 멋져!"
"우리 아들이 끝까지 해내는 걸 보니 정말 자랑스럽다."

부모의 긍정적인 말 한마디는 아이에게 커다란 동기를 부여합니다. 또 가끔은 유치한 자세도 도움이 됩니다.

"띠용~ 엄마 눈알이 빠져나왔어. 정말 너 혼자 이만큼 한 거야? 대박!"
"오늘은 어떤 슈퍼 파워를 쓴 거야? 대단하다. 이걸 스스로 혼자 다 하다니!"

그런가 하면 조금은 엉뚱한 행동으로 열정을 끌어올릴 수도 있습니다. 예를 들어, 청소해야 할 때 음악과 함께 춤을 추면서 하거나 시간을 재며 게임처럼 할 수도 있겠지요. 청소를 마친 후에 깨끗해진 방을 보며 좋은 점에 관해 대화를 나누다 보면 아이는 뿌듯함을 느끼고 이는 내적 동기로 이어질 것입니다.

스스로 질문하고 평가하는 시간을 가집니다

부모는 아이에게 스스로 점검해보는 기회를 제공해야 합니다. 과제를 마쳤을 때, 활동을 끝냈을 때 어땠는지 아이에게 물어보는 것입니다. "다 끝내보니 어때? 새로 배운 거 있어? 어려웠던 게 있었어?" 그러고 나서 자기가 한 일을 스스로 평가할 수 있는 질문을 합니다. "네가 무엇을 잘했다고 생각해? 아쉬운 부분이 있어?" 여기서 조금 더 나아가 다음번에는 어떻게 다르게 할 수 있는지를 물어보는 것도 좋겠지요. 마지막으로 자신감을 다지고 다시 도전하는 자세를 지지하는 말로 아이를 지원해줄 수 있습니다. "네가 노력해서 끝까지 해내고 보니 스스로 대견하지 않아? 뿌듯한 마음도 들지? 다음번에도 잘할 수 있을 거야."

과제나 활동을 마치고 스스로 질문하거나 자기가 한 일을 평가하는 기회를 통해 아이의 비판적 사고를 이끌어낼 수 있습니다. 이는 부지런한 습관뿐만 아니라, 나중에 아이가 커서 공부를 할 때도 일을 할 때도 중요한 능력입니다. 내가 지금 무엇을 알고 있는지를 아는 메타인지를 키워주는 셈이기 때문입니다.

Imagination
상상력

"Wisdom begins in wonder.(지혜는 궁금함에서 시작된다.)"

- 소크라테스Socrates

흔히 아이들은 상상력이 풍부하다고 이야기합니다. 그런데 대부분의 사람들은 성장하면서 점점 상상력이 퇴화한다고 느낍니다. 왜 그런 걸까요? 상상력은 본래 인간이라면 누구에게나 있는 능력인데, 성장 환경에 따라 어떤 아이는 마음껏 상상의 세계에 빠지기도 하지만, 또 다른 아이는 상상력을 펼칠 시간조차 빼앗기기도 합니다. 도대체 상상력이란 무엇일까요?

보통 상상력은 창의력과 함께 이야기하곤 합니다. 비슷해 보이지만 둘 사이에는 미묘한 차이가 있습니다. 상상력의 사전적 의미는 '정신적 영역 안에서 이미지나 생각, 개념 등을 떠올리며 새로운 형태로 재구성하는 것'입니다. 아이가 커가면서 상상력은 다양한 인지 능력으로 발현되고 진화해갑니다. 아이는 상상 속에서 새로운 생각을 떠올려 문제 해결 능력을 키우기도 하고, 기존 개념을 새롭게 연결해 혁신적인 생각을 창출해내기도 합니다. 이것이 곧 창의력입니다. 즉, 창의력이란 상상력을 기반으로 구체화되고 실현되는 것이라고 할 수 있습니다. 상상력이 아이의 머릿속에 존재하는 것이라면, 창의력은 그것을 밖으로 꺼내 실제로 구현하여 사람들에게 공감이나 울림을 주는 힘입니다.

예시 1 상상력이 풍부한 조이(4세)에게는 자신의 상상 속에만 존재하는 반려동물 버터가 있습니다. 버터는 상황에 따라 몸을 집보다 크게 만들 수도 있고, 개미만큼 작게 만들 수도 있습니다. 조이에 따르면 조이의 부모님은 반려동물 버터의 존재를 알지 못합니다. 부모님은 털 알레르기가 있어서 반려동물을 못 기르는데, 버터는 털이 없고 부모님이 조이 방에 들어오려고 하면 개미처럼 작아져서 눈치를 챌 수 없다는 것입니다. 방에 조이만 있을 때 버터가 나타나서 둘이 재미있게 노는데, 심심할 때는 버터가 조이를 태우고 하늘 높이 날기도 합니다. 버터는 현실에서 찾아볼 수 없는 신비한 캐릭터이고, 조이는 상상 놀이를 할 때마다 마치 버터가 옆에 있는 것처럼 행동합니다.

예시 2 막시마스(5세)는 블록으로 이것저것 만들기를 좋아합니다. 친구들과 함께 유치원 블록 테이블에 앉아서 자동차 경주장도 만들고 주차장도 만들지요. 하루는 의자가 넘어져 있는 모습을 보더니, 선생님에게 블록 테이블도 넘어뜨리면 안 되냐고 물어봅니다. 선생님이 왜 테이블을 넘어뜨리고 싶냐고 물어보자, 막시마스는 블록을 옆으로 쌓아보고 싶다고 대답합니다. 항상 바닥부터 블록을 쌓아 올렸는데, 테이블을 옆으로 눕히면 공중에 뜬 주차장을 만들 수 있다는 것입니다. 선생님은 막시마스의 요청대로 블록 테이블을 눕혀줬고, 막시마스는 벽부터 시작해서 마치 공중에 뜬 것처럼 보이는 계단식 주차장 만들기에 성공합니다.

상상력이 풍부한 조이는 자기 머릿속에 있는 상상의 반려동물 버터에 대해 실제로 존재하는 것처럼 자세히 이야기합니다. 막시마스는 항상 하던 블록 놀이에서 새로운 시도를 함으로써 기발한 주차장을 만들어내지요. 아이들은 자유롭게 상상하고 표현하며 문제를 해결하는 과정에서 창의적인 아이디어를 도출하고 탐험을 통해 잠재력을 발휘합니다. 이처럼 상상력은 창의력이 발현되는 중요한 시작점입니다. 그리고 타인의 입장이 되어 자신이 겪어보지 못한 일에 대해 상상하는 것은 공감 능력의 발달로 이어집니다. 호기심이나 엉뚱한 생각에서 시작된 상상력은 예술, 문학, 과학 영역에서 큰 힘을 발휘할 수 있습니다. 그렇다면 아이의 상상력은 어떻게 키워줄 수 있을까요?

텅 빈 자유 시간의 중요성

요즘 아이들은 너무 바쁩니다. 사실 아무것도 없는 텅 빈 자유 시간이 있어야 아이들은 마음껏 상상하고 탐색하며 새로운 아이디어를 떠올릴 수 있습니다. 사람은 하고 싶을 때 하고 싶은 일을 해야 즐거움을 느끼고, 이것이 더욱 생산적인 결과를 가져옵니다. 미국 실리콘 밸리의 구글이나 메타, 이외의 수많은 스타트업과 테크 기업들이 휴게실과 산책로 등에 많은 투자를 하는 이유입니다.

매사 바빴던 아이가 갑작스럽게 자유 시간을 맞아 "너무 심심해요. 뭘 해야 할지 모르겠어요"라고 이야기한다면, 다양한 만들기 재료, 재활용품, 장난감, 책 등을 준비해주면 좋습니다. 그러고 나서 준비한 물건들을 안전하게 사용할 수 있도록 지원만 해준다면 아이는 충분히 그 안에서 많은 시도를 할 것입니다. 이때 혹시 아이가 시도하는 놀이가 부모가 선호하지 않는 활동이더라도 위험하지만 않다면 자유 시간만큼은 그 놀이를 허락해줘야 합니다. 그래야 아이가 즐겁게 상상력을 발휘할 수 있습니다. 만약 아이가 계속 뭘 해야 할지 모르겠다고 한다면 선택지를 주면 됩니다. "동네 산책로에 가볼래, 아니면 재활용품으로 뭔가를 만들어 볼래?"라고 말이지요. 여기서 주의할 점이 하나 있습니다. 휴대폰이나 태블릿 등 전자기기를 가지고 노는 시간은 반드시 자유 시간과 분리하는 것입니다.

창작 활동에서 나오는 힘

아이의 상상력을 키워주기 위해 그리기나 만들기처럼 지금까지 세상에 없던 것을 새롭게 창작해보는 활동, 또는 기존에 있던 것을 새롭게 바꿔보는 활동 등 아이가 오감을 사용해 다양한 창작의 세계에 빠질 기회를 주도록 합니다. 단순히 드로잉 스킬을 향상시키자는 것이 아닙니다. 연필이나 색연필을 가지고 빈 종이 위에 자유롭게 표현하는 것이지요. 또는 물감을 붓이 아닌 손으로 칠한다거나, 때로는 스펀지, 페인트 붓, 구슬 등 여러 가지 도구를 이용해 칠할 수도 있습니다. "Think outside the box(틀에서 벗어나 생각하라)"라는 영어 표현처럼 고정된 생각의 틀에서 벗어나 새로운 접근을 장려하는 것이지요. 미술관이나 박물관 방문, 뮤지컬이나 연극 관람 등 다양한 예술적 경험 또한 아이의 상상력과 창의적 사고를 키우는 통로가 됩니다. 글쓰기나 음악 활동도 아이가 좋아하는 창작 활동입니다. 상상 속의 이야기를 글로 쓰기도 하고, 기존 노래의 가사를 바꿔 부르기도 하면서 아이는 자기만의 상상력을 키워나갑니다.

저희 집에는 '크리에이티브 박스creative box'라고 불리는 큰 상자가 있는데, 다양한 재료를 가득 넣어두고 아이들이 원할 때 꺼내서 창작 활동을 합니다. 기본적인 만들기 재료도 있지만, 특히

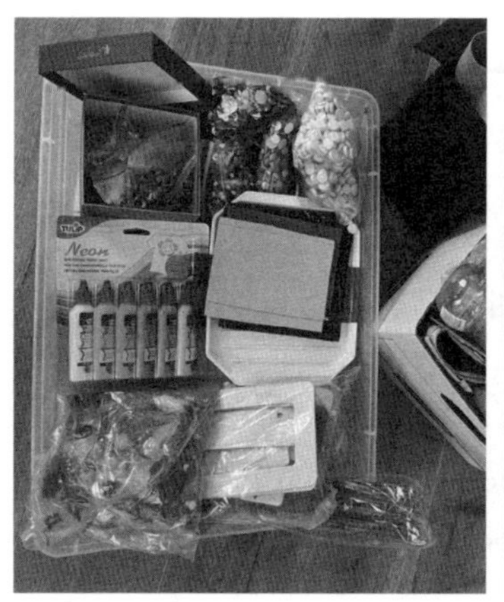

항상 집 안에 준비해두고 사용하는 크리에이티브 박스(왼쪽)와 아이들이 이 박스를 활용해 직접 만든 진저브레드 맨 하우스(오른쪽).

재활용품을 많이 넣어둡니다. 휴지심, 빈 병, 병뚜껑, 달걀판, 포장지, 포장용 에어캡 등이 있지요. 얼핏 쓰레기통처럼 보일 수도 있으나 겉모습만 그럴 뿐, 실상은 아이들의 상상력을 키워주는 소중한 물건입니다. 실제로 아이들은 몇 달간 모은 달걀판을 활용해 어른이 4명 정도 들어갈 만큼의 커다란 진저브레드 맨 하우스를 만들어 미술 대회에 참가해 상도 받았답니다.

간접 체험을 통해 생각의 확장을 돕는 책 읽기

책은 아이에게 간접적 체험을 제공합니다. 책에 묘사된 상황을 상상해서 머릿속에 그려볼 수도 있고, 다양한 장르의 책을 접하면서 생각을 확장할 수도 있습니다. 책을 덮고 그 뒤에 일어날 일을 상상할 수도 있지요. 주인공이 어디를 가서 무엇을 어떻게 할 것인지, 왜 그런 행동을 할 것인지 등 책 뒤의 이야기를 마음껏 전개할 수 있습니다. 또는 주인공이 아닌 다른 캐릭터의 관점에서 펼쳐지는 세계를 창조해 새로운 줄거리로 이어나가볼 수도 있고요. 예를 들어, 《아기 돼지 삼형제》를 늑대의 관점에서 풀어놓은 동화책은 아이에게 다른 입장에서 생각할 기회를 제공해주고, 다른 시선으로 캐릭터들의 감정에 공감하는 기회를 열어주기도 합니다. 그리고 책을 읽은 후에 아이가 자기만의 이야기를 만들 때, 그 과정에서 부모와 아이가 번갈아 이야기를 이어나가는 것도 상상력을 키우는 좋은 방법입니다.

엄마: 깊은 산속 마을에 루영이라는 아이가 살았어요.

아이: 루영이는 동물을 좋아했어요.

아빠: 그중에서도 사슴이를 제일 좋아했지요.

엄마: 사슴이가 루영이를 태우고 호숫가로 자주 놀러 갔거든요.

아이: 다람쥐랑 새도 호숫가로 같이 가서 놀았어요.

아빠: 하루는 호숫가에서 다 같이 물놀이를 하는데 갑자기 악어가 나타났어요.

엄마: 모두 너무 놀라서 온 힘을 다해 수영을 했어요.

아이: 그런데 다람쥐가 수영을 못해서 루영이가 다람쥐를 등에 태워줬어요.

새로운 생각이 탄생하는 그룹 활동

아이들은 그룹으로 진행되는 다양한 활동을 통해 각자 서로 다른 배경이나 경험에서 나오는 생각을 나누고, 그 과정에서 발생하는 갈등을 조정하면서 상상력을 키우고 창의적인 해결책을 찾아나갑니다. 하나의 아이디어에 또 다른 하나의 아이디어가 더해지면서 더 정교해지기도 하고, 서로 다른 아이디어가 만나 완전히 새로운 아이디어로 탄생하기도 합니다. 다양한 아이들이 모여 브레인스토밍을 하면서 피드백을 주고받을 경우, 훨씬 발전된 결과를 이끌어낼 수 있습니다.

아담, 버나드, 브렌다, 그리고 노아(모두 7세)가 모여서 연극에 필요한 무대를 만들기로 했습니다. 큰 판지, 페인트, 빈 병, 빈 상자, 천 조각 등 다양한 만들기 재료를 모았습니다. 4명이 모여 앉아 먼저 어떤 무대를 만들지 이야기를 나눕니다. 아담이 연극이 일어나는 장소가 집 안과 놀이터니까 큰 판지의 앞뒤에 집 안과 놀이터를 그리면 어떻겠냐고 제안합니다. 아이들은 이에 찬성하고 그림에 소질이 있는 버나드가 밑그림을 그리기로 합니다. 브렌다는 빈 상자를 이용해서 놀이터에 있는 빙글빙글 돌아가는 놀이기구를 만들어 보겠다고 합니다. 노아는 상자를 어떻게 빙글빙글 돌아가도록 만들 것인지 물어봅니다. 아담이 집에 있는 스쿠터 보드를 가지고 와서 붙이는 것이 좋겠다고 말합니다. 아담과 브렌다 둘이서 돌아가는 놀이기구를 만들기로 하고, 노아는 버나드가 스케치를 끝내면 같이 색칠하기로 합니다. 노아는 색칠을 하다가 나무를 칠하려고 할 때 초록색 색연필이 없다는 사실을 발견합니다. 버나드가 초록색 대신 노란색으로 칠해서 은행나무라고 하면 어떻겠냐고 의견을 냅니다. 이때 브렌다가 초록색 천을 발견하여, 색칠하는 대신 천을 잘라서 붙이면 어떻겠냐고 다른 의견을 제시합니다. 아이들은 은행나무도 좋지만 천을 잘라 붙이는 방법이 입체감이 들어 더 좋을 것 같다고 의견을 모읍니다. 이렇게 4명의 아이들은 각자 의견을 내고 서로의 의견을 존중하면서 문제를 해결해나갑니다. 무대 벽이 잘 세워지지 않자 집게로 고정해 보고 글루 건도 사용해가며 결국 무대 벽을 단단히 세우는데 성공합니다.

이러한 그룹 활동 외에도 방 탈출처럼 팀으로 협력해서 추리하는 게임은 재미도 있고, 문제 해결력을 키우는 데도 제격입니다. 꼭 그룹 활동이 아니더라도 문제 해결을 요구하는 보물찾기나 탐정 게임, 그리고 체스와 같은 전략적 게임은 해결책을 모색하는 과정에서 여러 가지 방법을 탐색하며 다양한 시각으로 대처하는 경험을 쌓을 수 있게 합니다.

지금까지 안 하던 것을 해보는 새로운 도전

지금까지 안 하던 것을 해보는 새로운 도전은 용기가 필요합니다. 물론 새롭기에 편하지 않습니다. 하지만 항상 안정적이고 편한 것만 추구한다면 발전을 기대할 수 없습니다. 사람은 새로운 것에 도전하고 실패하며 그 경험 안에서 배우고 성장할 수 있으니까요. 실패를 긍정적으로 해석하는 태도를 연습하는 것도 중요합니다. 아이들은 도전하는 과정에서 이렇게도 해보고, 저렇게도 해보면서 상상력을 키우고 새로운 방안을 창출해내지요.

슬라임을 너무 좋아하는 초영이(7세)는 나만의 특별한 슬라임을 만들고 싶었습니다. 마트에서 파는 슬라임은 색상이 몇 가지밖에 없는데, 초영이는 진한 색보다는 파스텔색 계열의 슬라임을 갖고 싶었습니다. 그래서 유튜브를 찾아보며 어떻게 슬라임을 만드는지 기본적인 방법을 배워서 따라 했습니다. 첫 번째 결과물은 생각보다 질감이 딱딱해서 만족스럽지 않았습니다. 두 번째는 조금 더 부드럽게 만들어보고 싶어서 화장실에 있던 로션을 섞어봤습니다. 그랬더니 이전보다는 부드러운 슬라임이 나와서 기뻤고, 생각지도 못했던 좋은 향기가 나서 더 좋았습니다. 세 번째는 다양한 향이 나는 슬라임을 만들기 위해 엄마가 쓰는 트리트먼트와 아빠가 쓰는 향수를 섞어봤습니다. 그리고 조금 다른 느낌의 슬라임을 위해서 반짝이 가루도 뿌려보고 조그마한 비즈도 넣어봤지요. 결과물은 대만족이었습니다. 결국 초영이는 다양한 향과 감촉이 더해진 나만의 특별한 슬라임을 갖게 되었습니다.

이렇게 새로운 것을 만들어보는 도전 외에도 평소에 가보지 못했던 장소로 여행을 가는 것, 새로운 음식을 맛보는 것, 다양한 문화권의 사람들과 교류하거나 그들의 축제에 참여해보는 것, 예술 전시회나 공연 및 박물관을 체험해보는 것 또한 아이의 상상력을 풍부하게 만들어줍니다. 그리고 무엇보다 정형화된 환경을 벗어나 야외로 나가면, 계속해서 변화하는 자연을 만나게 됩니다. 자연과의 교류는 다양한 감각적 경험을 제공하고 호기심을 자극하기에 상상력은 물론 창의력까지 키울 수 있습니다. 자연 안에서 다양한 동식물을 관찰하고 자연 현상을 느끼며 새로운 아이디어 및 영감을 얻을 수 있기 때문이지요.

열린 대화를 해야 하는 이유

아이와 나누는 열린 대화는 아이의 말을 열심히 들어주는 것에서 출발합니다. 아이가 도움이 필요한 질문을 할 때는 곧바로 대답해주지 말고, 아이 스스로 답을 찾을 수 있도록 유도하면 상상력을 키우는 데 효과적입니다.

유니스: 엄마, 친구한테 줄 선물을 만들고 싶은데 도와주세요.

엄마: 뭘 만들고 싶은데?

유니스: 모르겠어요. 뭘 만들까요?

엄마: 글쎄, 네 친구가 뭘 좋아하는지 엄마는 잘 모르겠는데. 너는 아니?

유니스: 모르겠어요. 안 물어봤어요.

엄마: 친구랑 유치원에서 주로 뭐 하고 같이 놀아?

유니스: 인형 놀이도 하고, 그림도 그리고, 모래도 가지고 놀아요.

엄마: 어떤 그림을 그렸어?

유니스: 동물을 그렸어요. 아, 맞다. 친구가 토끼를 좋아해요. 토끼를 그려줄까요?

엄마: 좋은 생각이다. 토끼를 그려주면 좋아하겠네.

때로는 아이가 논리에 맞지 않는 말이나 엉뚱한 말을 할 때도 있습니다. 이럴 때는 아이의 말을 무시하거나 비웃지 말고 공감하고 호응해주면서 다른 질문으로 대화를 이끌면 됩니다.

캔: 엄마, 이렇게 치킨 날개를 많이 먹다 보면 내 등에도 날개가 생기지 않을까요?

엄마: 우아, 그럼 하늘을 날 수도 있을까?

캔: 그럼요. 날개가 자라면 하늘 높이 날 수 있으니까 길이 막혀도 언제든지 빨리 도착할 수 있을 거예요.

엄마: 하늘을 날면 무섭지 않겠어?

캔: 재밌을 거 같아요. 날다 보면 새들도 만나고, 구름에도 뛰어들 수 있을 것 같아요.

엄마: 구름에 뛰어들면 어떨 것 같아?

캔: 포근하고 잠이 올 거 같아요.

엄마: 구름 안에서 잠들면 어떡하지?

캔: 구름이 우리 집까지 안전하게 데려다줄 거예요.

캔의 엄마는 아이가 마음껏 상상의 나래를 펼치고 자기 생각을 자유롭게 표현하도록 호응해주고 있습니다. 이때 상상력은 더욱 창의적인 생각에 이르게 됩니다. 아이는 누군가가 자신과 눈을 맞추고 진심으로 대화할 때 충분히 존중받는다고 느끼며, 계속해서 풍부한 상상력을 바탕으로 창의적 사고를 이어나갈 수 있습니다. 그러니 아이의 독창적인 생각을 칭찬하면서 창의적 사고의 가치를 강화하는 데 힘을 써주세요.

다음은 아이의 창의적 사고를 강화시키기에 좋은 몇 가지 말의 예시입니다. 특히 아이가 새로운 도전을 해야 하는 상황에서 자주 주저하는 모습을 보인다면, 실패를 두려워하거나 자기 생각을 당당히 표현하는 일을 어려워한다면, 아이와 함께 구호처럼 외쳐보기를 바랍니다.

〈아이의 창의적 사고를 강화시키는 말〉

- 내일 다시 해보면 돼.
- 모든 것은 처음이 어려워.
- 실수하면서 배우는 거야.
- 작은 노력도 다 쌓여.
- 끝END이라고 생각될 때 풀어서 그 의미를 생각해봐. Effort Never Dies. 노력은 결코 죽지 않아.
- 실패FAIL의 의미도 다시 생각해보자. First Attempt In Learning. 배움의 첫 시도일 뿐이야.
- 내 생각은 소중해.
- 사람마다 각자의 생각이 있어.

아이의 발달에 절대적으로 필요한 자원, 놀이

놀이야말로 아이의 상상력과 창의력은 물론 모든 영역의 발달을 위해 절대적으로 필요한 자원입니다. 소꿉놀이, 시작과 끝이 없거나 정해진 방법대로 진행하지 않는 오픈형 놀이, 형태가 수시로 변하는 모래나 가루를 이용한 놀이, 물놀이 등은 아이들이 상상력을 발휘할 수 있는 최고의 놀이입니다. 그런데 비싼 장난감이 필요하다거나 키즈 카페를 가야만 아이가 재미있게 논다고 생각하는 부모들이 점점 늘어나는 듯해 이러한 현실이 너무나 안타깝습니다. 그중에서도 가장 안타까운 것은 학원에 다니느라 놀지 못하는 아이들입니다. 그래서 상상력을 키우는 마지막 방법인 놀이에 대해 조금 더 자세히 다뤄보고자 합니다.

아이에게는 놀 권리가 있다

아이에게 놀이가 중요하다는 사실은 부모라면 다 알 것입니다. 하지만 어떤 아이들은 당연히 보호받아야 할 놀 권리를 마음 편히 누리지 못하는 듯합니다. 아이가 주말에 온종일 하고 싶은 놀이를 하면서 시간을 보내면 "오늘 너무 놀기만 하는 거 아니니?"라는 말을 듣고, 오리고 자르고 붙이면서 미술 놀이를 하거나 신나게 노래하고 춤을 추며 놀다 보면 "왜 집 안을 어지럽히면서 노는 거야?", "정신없으니까 조용히 좀 해라"라는 잔소리를 듣습니다. 때로는 자기만의 방식으로 장난감을 가지고 노는데, 그 방법이 아니라며 질책을 받기도 합니다. 아이들의 엄연한 권리인 놀이마저도 아이들 마음대로 이뤄지지 않는 것입니다.

놀이란 무엇일까요? 놀이란 즐거움을 얻기 위해 자발적으로 행하는 활동입니다. 아이들은 항상 놀고 싶어 하고, 노는 게 제일 좋다고 합니다. 놀면 즐겁기 때문이지요. 왜 노는 것이 즐거울까요? 자발적이고 주도적인 활동이기에 그렇습니다. 그런데 바쁘고 할 일이 많다 보니 놀이가 시간을 낭비한다고 생각하는 부모들이 점점 늘어나는 것 같습니다. 또 놀이를 해봤자 당장 아웃풋이 없다 보니 놀이가 생산적이지 않다고 생각하는 부모들도 많은 것 같습니다. 하지만 놀이는 아이의 전체적인 발달에 절대적으로 필요하고 매우 중요한 활동입니다.

블록 놀이를 하는 아이를 예로 들어보겠습니다. 먼저 아이는 바닥에 있는 블록을 주워서 탑을 쌓는 활동을 하는 과정에서 손의 미세 근육을 사용합니다. 바닥에 앉았다 일어나기, 허리를 굽혔다가 펴기 등을 하며 몸의 전체적인 근력을 키우고 균형감을 연마합니다. 블록을 양손으로 옮기면서 양손 협응력, 눈과 손 협응력을 키웁니다. 탑을 쌓다가 무너지면 더 견고한 탑을 쌓기 위해 창의적인 방법을 모색해 문제를 해결해나갑니다. 친구들과 함께 블록 놀이를 하는 경우, 자기 생각을 표현하고, 친구들의 이야기를 듣고, 함께 대화를 나누면서 언어 발달이 이뤄집니다. 간혹 친구와 갈등이 생기면 서로 절충하기도 합니다. 자기 조절력 및 협동심을 키우는 것이지요. 여러 어려움을 해결하면서 탑을 원하는 만큼 높이 쌓으면 성취감과 자신감이 자라납니다. 이처럼 아이에게 놀이란 총체적 배움의 경험이지요.

아이는 놀이를 통해 자기 몸을 움직이면서 자연스럽게 통제하고, 또 조절하면서 자신이 속한 세상을 탐색합니다. 하고자 하는 것을 이루기도 하고, 때로는 실패하며 자신의 가능성과 한계를 인지하지요. 어려움에 부딪히면 여러 시도를 하면서 끈기, 문제 해결력, 창의력을 키우고, 또래나 여러 집단의 다양한 사람들과 교류하면서 그들과 어울리며 사는 법을 터득합니다. 자기 의사를 언어로 표현하고, 상대방의 생각을 들어가며, 간혹 생기는 의견의 차이를 조율하고 문제를 해결하면서 사회를 배웁니다.

이어지는 내용은 놀이를 더 깊이 이해하고 실천하기 위해 놀이에 대한 오해와 질문 10가지를 정리한 것입니다.

놀이에 대한 오해와 질문 10가지

① 아이와 놀아줄 필요가 없다 vs 아이와 많이 놀아줘야 한다

요즘 들어 "아이는 혼자 놀아야 한다", "부모가 꼭 같이 놀아줄 필요는 없다"라는 이야기들이 각종 매체에서 자주 들려옵니다. 아이와 많이 놀아주지 못하는 부모의 죄책감을 덜어주는 이야기라서 더욱 그런 것은 아닌지 모르겠습니다. 물론 일견 맞는 말입니다. 하지만 오해의 소지도 있습니다.

아이가 놀자고 해서 부모가 항상 같이 놀아줄 필요는 없습니다. 같이 놀아주는 시간도 필요하고, 혼자서 노는 시간도 필요합니다. 많은 전문가들과 미국 보건국에서는 미취학 아동의 경우 자유 놀이 시간이 하루에 적어도 1시간 이상, 부모의 보호 아래 노는 시간이 적어도 30분 이상은 필요하다고 입을 모아 이야기합니다. 아이의 에너지 레벨과 주의력 및 집중력을 고려해 적당한 시간을 제시함으로써 아이의 발달에 중요한 역할을 하는 놀이 시간을 확보하고 건강한 성장 지침을 지원하는 것입니다.

'놀아준다'라는 표현을 '아이와 놀아준다'가 아니라, '아이와 함께 (부모인) 나도 논다'라고 생각한다면 아이와 더욱더 즐거운 시간을 쌓아갈 수 있을 것입니다. 물론 아이와 함께하다 보면 진이 빠지고 지치기도 하겠지요. 하지만 아이는 부모가 자신과 시간을 보낼 때 의무감으로 보내는지, 정말로 즐겁게 보내는지를 느낍니다. 그리고 이러한 시간이 쌓여 부모와 아이의 관계 양상이 만들어집니다. 결국, 놀이는 부모와 아이의 관계를 더 친밀하게 연결해주는 중요한 자원인 셈입니다.

② 놀이 시간을 반드시 루틴에 넣어서 챙겨야 한다

놀이 시간을 반드시 루틴에 넣어서 챙겨야 한다는 말에 동의하지 않는 것은 아닙니다. 그런데 놀이는 시작과 끝이 정해져 있지 않습니다. 또 시간을 정해야만 할 수 있는 것도 아닙니다. 일상에서 아이와 몸을 부딪치면서 교류하는 것도 놀이의 한 부분이므로 자투리 시간 10분도 아이에게는 좋은 놀이 시간이 될 수 있습니다. 루틴에 놀이 시간을 넣어서 챙겨주는 것도 물론 좋지만, 너무 그것에 얽매이기보다는 수시로 아이와 함께 끝말잇기, 스무고개, 카드 게임 등을 하거나 아이 혼자 좋아하는 놀이를 할 수 있도록 지원해주세요. 블록으로 성을 쌓다가 잘 시간이 되어서 멈춰야 한다면, 치우지 말고 구석에 잘 뒀다가 그다음 날 다시 이어서 놀 수 있도록 해주면 좋습니다.

③ 긴 시간을 놀아줘야 아이에게 좋다

긴 시간을 아이와 함께하면 무조건 좋을까요? 무엇보다 이런 논리라면 워킹맘의 아이들은 모두 상대적으로 부족하게 크는 셈이 될 테지요. 전업주부든 워킹맘이든 아이와 함께하는 시간의 길이보다는 그 시간을 어떻게 활용하느냐가 더 중요할 것입니다. 2시간 이상을 아이와 함께 보내면서 한눈파는 것보다는 30분을 온전히 아이에게 집중하는 것이 훨씬 좋다는 의미입니다. 더 오래 논다고 해서 아이가 충족하는 것은 아닙니다. 아이는 자신이 주도해서 시작한 놀이를 부모가 함께해줄 때 충족감을 느낍니다. 따라서 놀이를 시작할 때는 아이가 선호하는 놀이를 할 수 있도록 의견을 먼저 물어보면 좋습니다. 그리고 아이와 상호 작용할 때는 눈 맞춤은 물론, 몸도 아이를 향해서 틀고 아이의 말과 행동에 집중해주세요. 아이가 어떤 날은 부모의 적극적인 개입을 원하고, 또 다른 날은 그러한 개입을 원치 않을 수도 있습니다. 그러니 평소에 아이를 잘 관찰해 적절히 지원해줘야 합니다.

④ 놀이에 분명한 목적이 있어야 한다

놀이가 아이의 발달에 좋다는 것은 모두가 아는 사실입니다. 그런데 어떤 놀이가 어디에 좋다, 또는 특정 나이에 꼭 해줘야 하는 놀이가 있다는 식으로, 놀이에 분명한 목적이 있어야 유익하다는 주장이 적지 않은 듯합니다. 하지만 정말 좋은 놀이란 아이가 자발적으로 시작해서 진정으로 즐기는 놀이입니다. 겉으로는 그냥 시간을 버리는 것처럼 보여도 아이가 즐거운 시간을 보내면서 스트레스에서 벗어난다면 좋은 놀이입니다. 아이는 주도적으로 놀이를 이끌어감으로써 자기 효능감을 느끼고, 궁금증을 해소하기 위해 여러 가지 시도를 하면서 창의적 사고를 펼치기도 합니다. 간혹 아이에게 놀라고 했는데 놀지는 않고 친구들이 노는 모습을 지켜만 보는 경우가 있습니다. 부모는 그런 모습을 보며 아이가 친구들과 잘 어울리지 못한다고 생각해 안타까워합니다. 그런데 아무것도 안 하는 것처럼 보일 수도 있지만, 아이는 관찰을 통해 놀이를 배우는 중입니다.

⑤ 놀이가 공부 시간을 빼앗아 아이의 발달을 저해한다

놀이야말로 아이의 총체적 발달에 절대로 빠져서는 안 되는, 가장 기본이자 핵심 활동입니다. 놀이가 아이의 발달에 미치는 영향에 대해서는 앞서 언급한 바 있지만, 다시 정리해보면 놀이는 주요 발달 영역이 상호 보완하는 데 큰 역할을 합니다.

놀이는 아이의 인지, 언어, 사회 정서, 신체 등 다양한 측면의 발달 요소를 자극합니다. 놀이터에서 모래 놀이를 하면 삽이나 양동이의 수를 세면서 수 감각을 익힐 수 있고, 크고 작은 용기에 모래를 옮겨 담으면서 측정의 개념을 배울 수 있습니다. 친구와 의논하면서 어휘를 확장할 수 있고, 양동이를 나르면서 근력과 균형감을 키울 수 있습니다. 여기에 역할 놀이까지 더해지면 사회적 언어까지 발달시킬 수 있습니다. 때로는 모래를 꾹꾹 밟으면서 부정적인 정서를 해소함으로써 정서적 건강을 회복하기도 합니다. 친구와 대화하며 자기가 하고 싶은 놀이를 주장하거나 양보하기도 하고, 놀이 과정에서 어떤 불공평함을 느껴 이를 해결하려고 노력할 수도 있습니다. 이처럼 아이는 놀이를 하면서 자기가 하고 싶은 것, 할 수 있는 것을 실험하면서 앞으로 나아갑니다. 그리고 자기 주도적으로 놀아본 아이는 공부도 자기 주도적으로 충분히 잘할 수 있습니다.

⑥ 놀이를 하면 위험 요소에 노출되기 쉽다

아이가 놀 때 위험하다는 이유로 부모가 아이의 놀이를 제지하거나 감시하는 경우가 많습니다. 사실 이러한 제지 또는 감시는 아이가 호기심과 도전 욕구를 충분히 분출하지 못하게 막기도 합니다. 그래서 호기심이 저하되거나 자기 효능감을 느낄 기회를 잃기도 하지요. 물론 안전은 중요한 문제입니다. 하지만 위험한 상황과 조심할 행동을 스스로 인지했을 때, 비로소 아이는 자신의 한계를 알 수 있고 안전을 위해 노력하게 됩니다. 이는 중요한 스킬입니다. 예를 들어, 아이가 나무에 올라간다고 하면 부모는 위험하니 하지 말라고 합니다. 이때 "나무에 올라가지 마"라고 바로 단정 지어서 말하기보다는 "올라갈 때 발밑을 잘 봐. 나무가 젖어서 미끄러질 수도 있으니까" 하며 아이가 현실을 직시할 수 있도록 도와주는 것이 더 현명한 방법입니다.

한국의 놀이터는 보통 바닥이 푹신하고 평평한 경우가 많습니다. 그리고 대부분 정형화된 디자인으로 비슷비슷한 모습입니다. 이렇게 찍어 만드는 식의 놀이터는 아이의 호기심을 크게 유발하지 못합니다. 아이의 잠재력을 키우는 놀이터는 매번 변화하는 자연이 주는 놀이터, 또는 아이들이 직접 만들어가는 놀이터입니다. 자연이 주는 놀이터는 크게 보면 산이나 바다를 뜻하고, 작게 보면 일상에서 쉽게 마주할 수 있는 야트막한 동네 야산, 마을 앞 커다란 나무, 아파트 단지 내에 흐르는 개천이나 작은 연못 등이 되겠지요.

미국 전역에는 아이와 그 가족들이 함께 만들어가는 놀이터가 있습니다. '어드벤처 플레이그라운드adventure playground'라고 불리는 곳입니다. 이곳은 온갖 폐품, 재활용품, 목재, 톱, 못, 망치, 페인트 등 여러 재료와 장비를 갖춰, 아이들이 직접 톱으로 나무를 자르고 망치로 못을 두들기며 놀이터를 만들어갑니다(이때 부

어드벤처 플레이그라운드(왼쪽)와 장애가 있는 아이와 없는 아이가 함께 어울려서 놀 수 있는 놀이터(오른쪽).

모나 교사가 정확하게 안전 지침을 알려줍니다). 그래서 놀이터의 모습이 매일 달라지지요.

그런가 하면 미국에는 장애가 있는 아이와 없는 아이가 함께 어울려서 놀 수 있는 놀이터도 있습니다. 사실 보통의 놀이터는 휠체어가 필요한 친구, 앞이 보이지 않는 친구, 감각적으로 예민한 친구까지 고려하지 못합니다. 하지만 다양한 아이들을 수용할 수 있는 이러한 놀이터는 아이들이 사회와 어른들로 인한 선입견이 생기기 전에 다름에 대해 우호적이고 포용하는 어른으로 성장해나가는 데 도움을 줍니다.

⑦ 아이가 잘 놀려면 다양한 장난감이 필요하다

아이는 다양한 장난감이 있어야 잘 놀까요, 아니면 놀 공간이 충분히 보장되어야 잘 놀까요? 사실 아이는 무엇이 있든 어디에서든 잘 놀 수 있습니다. 장난감 판매점에 가보면 셀 수 없이 많은 장난감이 아이와 부모를 현혹합니다. 그런데 집에 장난감이 쌓여 있어도 아이는 놀 것이 없다며 계속해서 새로운 장난감 타령을 합니다. 오죽하면 가장 좋은 장난감은 오늘 산 장난감이라는 말까지 있을까요. 아이는 정말 장난감이 없어서 놀지 못하는 것일까요?

특정 장난감은 사용법이 정해져 있습니다. 그래서 아이는 처음 보는 장난감이면 신기한 마음에 사용법을 살펴보고 조작합니다. 여러 번 조작하고 나면 그 흥미가 이내 사그라들고 말지요. 아이가 상상력을 펼치면서 놀 기회를 제한하기에 사용 유효 기간이 짧은 장난감이라고 할 수 있습니다.

오히려 아이는 생각지도 못했던 것에서 흥미를 느끼고, 더 잘 노는 모습을 보여주기도 합니다. 제 딸이 2세 때의 일입니다. 그때 저는 부엌에서 설거지 중이었는데, 너무 조용해서 돌아보니 아이는 한곳에 앉아 꼼지락거리며 놀고 있었습니다. 자세히 살펴보니 배나 망고를 감싸는 하얗고 올록볼록한 그물망을 두 손으로 찢으며 놀고 있었지요. 어떤 날은 택배 상자에 있던 포장용 에어캡을 손으로 터트리면서, 발로 밟아보면서, 가위로 자르면서, 색칠하면서 놀기도 하고, 또 다른 날은 택배 상자 안에 들어가서 놀기도 했습니다. 장난감이 필요 없다는 뜻이 아닙니다. 다만 시중에서 판매되는 장난감이 아이의 놀이에 필수적이지 않다는 뜻입니다. 그리고 놀이 방식을 제한하지 않는, 열린 놀이를 할 수 있는 장난감이 더 좋다는 뜻입니다. 열린 놀이open-ended play란 정해진 규칙이나 목표가 없어 아이가 주도적으로 자신의 호기심에 따라 상상력을 발휘해서 이끌어나가는 놀이를 말합니다. 모래, 물, 슬라임, 밀가루 등의 감각 놀이 재료, 자석이나 블록 등의 조립형 장난감, 다양한 미술 재료나 공예 도구 등이 아이가 더 재미있게 놀 수 있도록 도와줍니다.

⑧ 어떻게 놀아줘야 할지 모르겠다

저는 미국 학교에서 20년 넘게 교사와 디렉터로 일하며 수많은 부모와 상담을 진행했습니다. 그때마다 받았던 질문이 "아이와 어떻게 놀아줘야 할지 모르겠어요", "아이와 얼마나 놀아줘야 할지 모르겠어요"입니다. 기본적으로 놀이의 주체가 부모라서, 놀이에 대한 특별한 기대가 있어서 나오는 질문입니다. '어떻게 놀아줘야 아이가 즐거울까?', '어떤 놀이가 아이에게 도움이 될까?'라는 생각에서 출발한 질문이기도 합니다. 그런데 여기서 부모가 놓치고 있는 아주 중요한 것이 하나 있습니다. 아이가 놀이를 주도하도록 내버려둬야 한다는 것입니다.

먼저 아이를 면밀하게 관찰해보세요. 아이가 무엇을 보고 웃나요? 무엇을 할 때 즐거워하나요? 그러고 나서 부모 자신이 어렸을 때를 떠올려봅니다. 놀이하는 방법을 따로 배운 적이 있었나요? 아이가 무엇을 좋아하는지 모르겠다면 음악을 틀어주세요.

다양한 놀이 재료를 아이의 손이 닿는 곳에 준비해주세요. 아이와 몸을 맞대고 뒹굴어보세요. 산책하러 동네로 나가보세요. 모든 일상이 놀이가 될 수 있습니다. 이렇게 부모와 함께 다양한 시도를 하며 탐색하고 경험하는 모든 순간이 아이의 기억 속에 엄마 아빠와 즐겁고 행복하게 놀았던 시간으로 남게 됩니다. 어렵게 생각할 필요가 없습니다. 일상의 작은 순간을 아이와 함께 즐겨보세요.

⑨ 아이가 혼자 놀지 않는다

아이가 자꾸 놀아달라고 하고 혼자 놀지 않는 이유로는 여러 가지가 있겠지만, 그중 대표적인 이유는 빡빡한 일정의 계획표대로만 움직이던 아이가 혼자만의 시간이 생겼을 때 무엇을 해야 할지 몰라서입니다. 아이가 잠시라도 혼자서 놀지 않고 지속해서 부모를 찾는다면 양육 방식을 점검해보기를 바랍니다. 권위적인 양육 방식을 고수하고 있는 것은 아닌지, 일정을 너무 많은 일로 채워놓은 것은 아닌지 말입니다. 그리고 일상에서 아이에게 다음과 같은 질문을 해보세요.

"우리 딸은 오늘 저녁에 뭐 먹고 싶어?"
"내일 유치원에 갈 때 입고 싶은 옷 골라볼래?"
"우리 주말에 뭐 할까? 좋은 아이디어 있어?"
"우리 다음 가족 여행은 어디로 가볼까? 궁금한 곳 있어?"

"좀 더 알아보고 싶거나 배우고 싶은 것이 있으면 말해줘."

이렇게 아이에게 의견을 묻는 것만으로도 아이는 존중받는다고 느끼고 자기 의견을 표현하는 법을 배우게 됩니다. 부모가 일상의 작은 것부터 아이의 의견을 물어봐서 반영한다면 아이는 주도적으로 한 걸음씩 앞으로 나아가게 되어 놀이 역시 주도적으로 이끌어갈 수 있습니다.

⑩ 아이에게 마음껏 놀 공간과 시간이 없다

아이가 노는 데 몇 평의 공간이 필요할까요? 아이가 노는 데 어느 정도의 시간이 필요할까요? 물론 아이가 마음껏 몸을 움직여 놀아야 할 때는 분명 넓고, 뛰어도 문제가 되지 않는 공간이 필요합니다. 하지만 공간이 그렇게까지 중요한 것은 아닙니다. 운동장이나 놀이터에서 놀거나 산에 갈 수도 있고, 방과 후 활동으로 수영이나 태권도를 신청할 수도 있습니다. 사실 아이는 가만히 앉아서 블록을 쌓거나 그림을 그리면서 놀 수도 있습니다. 놀이에는 꼭 넓은 공간이 필요하지 않습니다.

아이에게 놀 시간이 없다고요? 어린이집이나 유치원을 다녀와서 일상적인 식사 시간과 샤워 시간, 특별 활동을 배우러 학원에 다녀온 시간을 제외하고도 놀 시간이 없다는 것은 아이의 일상 루틴에 문제가 있다는 뜻입니다. 너무 많은 사교육을 하고 있다는 증거이기도 하지요. 미취학 아이들에게는 적어도 하루 1시간의 자유 놀이 시간이 있어야 합니다. 이 정도의 공백 시간이 없다면 아이의 루틴을 다시 계획해볼 필요가 있습니다. 놀이는 크고 대단하고 거창한 것이 아닙니다. 장난스럽게 웃고 떠들며 이야기하는 것, 바닥에 누워 낙서하는 것, 노래를 부르며 춤을 추는 것이 모두 놀이의 모습입니다.

Learning
배움

책을 읽거나 이야기를 들을 때 흥미를 보이면서 경청하고, 더 깊이 알고 싶어서 질문하는 아이가 있습니다. 모르는 것을 알게 되거나 문제를 풀어 답을 맞히면 기뻐서 함성을 지르고, 새로운 것을 탐험하기를 즐기는 아이도 있지요. 반면에 책 읽기나 이야기에 별 감흥이 없고, 문제 풀이를 지겨워하거나 하고 싶어 하지 않는 아이가 있습니다. 새로운 도전을 주저하고 자기 능력에 대한 확신이 없지요. 전자의 아이는 배움이 기쁨이 되어 학습에 긍정적인 마음과 적극적인 태도로 참여하지만, 후자의 아이는 배움에 부정적인 정서가 자리 잡고 있어 어떻게든 학습을 회피하려고 합니다.

아이는 본능적으로 호기심을 갖고 세상에 태어납니다. 그리고 자신이 속한 세상과 교류하고 다양한 경험을 하면서 많은 것을 배웁니다. 생각하고 감정을 느끼고 신체를 움직이며 새로운 스킬을 하나씩 습득해나갑니다. 걸음마를 했을 때, 첫 단어를 말했을 때, 자기 이름을 썼을 때, 도움 없이 두발자전거 타기에 성공했을 때 등 새로운 것을 하나씩 해내면서 아이는 즐거움, 만족감, 뿌듯함 등을 느끼며 성장하다가, 어느 순간 배움의 기쁨을 잃어버리는 듯합니다. 배움이 어렵다 보니 배우려는 욕망이 사그라들고, 그래서 배움 자체를 싫어하는 아이가 되어버린 것 같아 부모는 안타깝기만 합니다. 어떻게든 바꿔주고 싶은 마음이지요. 한번 싫어진 배움, 어떻게 하면 회복할 수 있을까요?

먼저 왜 아이가 배움을 싫어하게 되었는지부터 살펴봅시다. 아이는 왜 배움에 있어 부정적인 생각이 앞서게 되었을까요? 영유아기의 배움에는 평가가 배제되어 있습니다. 그런데 아이가 성장하면서 배움에는 평가가 뒤따릅니다. 시험 제도 안에서 점수와 등수라는 숫자로 평가되고, 성적에 따라 반이 나뉘며, 그렇게 친구들과 비교되기 시작하면서부터 아이는 더 이상 배움이 즐겁지 않습니다. 특히 한국 사회에는 적어도 몇 세에는 이 정도를 배워야 하고, 어디에 가면 그것을 가장 잘 배울 수 있다는 등 이미 정해진 틀이 난무합니다. 더구나 아이들은 어려서부터 자기 의지가 아닌 부모의 선택 또는 정해진 트랙 안에서 성장하는 경우가 많습니다. 이러한 환경 속에서 자라나는 아이들이 과연 배움의 기뿜을 제대로 느낄 수 있을까요? Joy of Learning, 배움의 기쁨. 제가 좋아하는 말입니다. 이전에 하지 못했던 것을 배워서 할 수 있게 되어 얻는 성취감, 이러한 성취감을 느껴본 아이만이 다시 느끼기 위해 배움에 더 적극적으로 임할 수 있습니다.

배움의 기쁨을 느끼는 것은 학습 성취도를 올려줄 뿐만 아니라 아이의 총체적 발달에 촉매와 같은 역할을 할 것입니다. 그리고 아이가 변화무쌍한 미래를 헤쳐 나가면서 자기 인생을 주도적으로 살아가도록 도울 것입니다. 배움의 기쁨을 진실로 느끼는 아이는,

- 매사에 동기 부여가 잘되어 적극적입니다.
- 배움에 있어 긍정적인 정서가 바탕이기에 도전적입니다.
- 창의적이고 비판적인 사고가 탑재되어 있습니다.
- 호기심과 모험심이 풍부하여 탐험을 즐깁니다.
- 정서적으로 단단하여 회복탄력성이 높습니다.

어떻게 하면 배움의 기쁨을 아이에게 심어줄 수 있을까요? 아이에게 배움의 기쁨을 심어주는 방법을 지금부터 하나씩 조금 더 자세히 알아보겠습니다.

아이의 호기심과 성향을 반영한 배움 환경

아이의 호기심을 장려하면 앞서 이야기했던 상상력과 창의력 향상에 도움이 되며, 아이 스스로 관심사를 찾아 열정을 키울 기회를 주게 됩니다. 먼저 부모가 아이의 질문에 정성껏 대답해주면 아이는 계속해서 호기심을 채우기 위해 움직이면서 배우려는 자세를 장착합니다. 이때 아이가 질문하면 바로 대답하지 말고 스스로 답을 찾아볼 수 있도록 유도해주세요. 부모는 아이와 대화할 때 '누구who, 언제when, 어디where, 무엇what'과 관련된 질문을 많이 합니다. 특히 무엇에 대한 질문이 제일 많지요. 하지만 '어떻게how나 왜why'를 더 많이 물어봐주세요.

엄마: 우아, 멋진 자동차를 만들었네. **어떻게** 만들었어?

아이: 상자 색깔이 마음에 안 들어서 파란색으로 칠하고 바퀴도 그렸어요.

엄마: 진짜 바퀴 같네. **어떻게** 이렇게 동그랗게 그렸어?

아이: 물통 뚜껑을 대고 그렸어요.

엄마: 진짜 좋은 아이디어였네. 그런데 **왜** 이렇게 큰 자동차를 만들었어?

아이: 문 앞에 택배 상자가 있었는데, 그 안에 들어가고 싶다는 생각이 들었어요.

엄마: 아, 상자 안에 들어가려고 자동차로 만든 거구나.

아이: 멋진 자동차를 만들면 더 재밌게 놀 수 있을 것 같아서요.

엄마: 자동차 핸들이 움직이는 게 진짜 신기해. 방법이 뭐야?

아이: 유치원에서 종이 인형을 만들 때 팔다리 움직이라고 선생님이 주신 금색 재료를 빼서 여기에 달았어요.

엄마: **어떻게** 그런 생각을 다 했어? 대단하다! 우리 아들 꼬마 발명가네.

아이가 관심사를 쉽게 찾지 못한다면 오감을 자극하는 다양한 환경에 노출시켜주는 것이 좋습니다. 부모와 함께 집에서 요리하기 위해 여러 가지 음식 재료를 준비해본다거나, 음악을 들으며 여러 가지 악기를 검색해본다거나, 동네에 산책하러 나가 새소리, 물소리, 바람 소리를 듣는다거나, 새로운 것을 보고 만지고 느끼는 다양한 공예 활동을 하다 보면 그 안에서 모르던 것을 알게 되어 쌓이는 뿌듯함을 얻을 수 있지요. 궁금한 것, 관심이 있는 것부터 찾아서 배웠을 때의 첫 경험이 아이에게는 크게 작용합니다. 음악에 관심이 많은 아이라면 첫 어린이 뮤지컬 관람의 경험이 큰 기쁨일 것이고, 비행기를 좋아하는 아이라면 항공 박물관에 갔을 때 더 많은 것을 배우고 싶어 할 것이고, 만들기를 좋아하는 아이라면 도자기 공예 클래스에 데려갔을 때 배움이 즐겁다고 인식할 것입니다.

아이의 선택권을 존중하고 스타일을 고려하는 배움

아이가 아직 어리다는 이유로, 어른이라서 이미 많이 안다는 이유로, 또 다들 그게 좋다고 하니까 부모는 아이 대신 선택을 합니다. 사실 어른도 일방적으로 통보하면서 배우라고 하면 배우기 싫어지는데, 아이라고 다를까요? 아이가 무언가를 배우고 싶게 하려면 선택권을 주고 의견을 물어보는 것이 좋습니다. 아이의 잠재력은 흥미에서 출발해야 더 발휘될 수 있으니까요. 스스로 선택해서 배우는 기회를 준다면 아이는 단단한 자기 효능감까지 갖추게 될 것입니다.

아이의 성향에 따라 어떤 분야는 배우고 싶어 하지만, 또 다른 분야는 배우고 싶어 하지 않을 수 있습니다. 그런데 무엇이든 시도해보는 자세는 필요합니다. 배우기 전에는 싫었는데, 배우고 나서 좋아질 수도 있으니까요. 반대로 예체능 분야는 재미있게 잘 배우다가도 학습으로 이어지면 아이의 흥미가 뚝 떨어지기도 합니다. 학습에는 맞고 틀리고가 존재해서 점수로 평가하기 때문이지요. 그러니 무엇보다 아이에게 틀리는 것을 두려워하지 않아도 된다는 메시지를 강하게 심어줄 필요가 있습니다. 원래 틀리면서 배우고, 틀린 문제를 돌아보면서 다양한 방법으로 해결하려는 과정에서 성장하는 법이니까요. 이때 타인과 비교하며 낙담하기보다는 아이 스스로 자신의 성장에 주목할 수 있도록 격려해주세요. 부모가 결과보다 노력과 과정을 칭찬해준다면, 아이는 노력과 과정에서 뿌듯함을 느끼고 성취감이 자라나 배움의 즐거움을 깨달을 수 있습니다.

배움에 재미를 더하고자 할 때는 실제 경험과 연계하면 보다 효과적입니다. 동물을 학습할 때 동물원이나 수족관 탐방, 역사를 공부할 때 박물관 견학 등 이론으로 배운 내용이 체험 학습으로 이어지면 아이는 배움에서 더 즐거움을 느낍니다. 암기가 필요하다면 익숙한 노래에 학습 내용을 담은 가사를 붙여서 불러볼 수도 있고, 교육용 게임이나 앱을 활용해볼 수도 있습니다. 미국에서 미국의 50개 주를 노래하면서 배우는 것처럼 한국에서도 한국을 빛낸 100명의 위인을 노래를 따라 부르면서 배웁니다. 그리고 학습을 보조하는 다양한 교육용 앱으로 한글 자모음 소리, 영어 알파벳 소리 등을 들으면서 읽기에 도움을 받을 수도 있고, 로직이나 코딩이 가미된 재미있는 교육용 게임을 통해 배움의 즐거움을 높일 수도 있습니다.

그런가 하면 아이마다 고유한 발달 양상이 있듯이 배움의 스타일도 다 다릅니다. 시각적으로 더 잘 배우는 아이가 있는 반면에, 청각적으로 더 잘 배우는 아이도 있습니다. 물론 손으로 만지거나 몸을 움직여서 더 잘 배우는 아이도 있지요. 먼저 시각형 배움 스타일의 아이는 관찰력이 뛰어나고 암기력이 좋아서, 이미지나 그래프로 전달하는 정보 또는 글을 읽어서 얻게 되는 정보의 처리를 잘합니다. 청각형 배움 스타일의 아이는 소리를 듣고 기억하는 일에 탁월하지요. 타인의 말을 신중히 듣고 잘 기억하기 때문에 지시 사항을 정확히 수행합니다. 이런 아이는 정보에 노래를 입혀서 들려주면 가장 효과적이겠지요. 운동 감각형 배움 스타일의 아이는 직접 몸을 움직여서 정보를 습득하는 방법이 제일 좋습니다. 숫자를 배울 때도 숫자 모형을 손가락으로 따라 그리는 식의 방법이 적합합니다. 물론 아이들의 배움 스타일은 이렇게 3가지로만 나뉘지는 않습니다. 다만 어떤 스타일로 배웠을 때 우리 아이가 편하게 느끼고 더 즐거워하는지를 면밀하게 파악해보기를 바랍니다.

아이에게 맞는 배움의 목표 설정

아이가 배움이 즐겁지 않은 이유로는 배우는 내용이 자신의 수준보다 높거나, 끝내야 하는 양이 터무니없이 많거나, 너무 빡빡한 일정으로 하루 종일 배워야 한다거나 하는 경우가 대부분입니다. 또는 배움이 평가로 바로 이어지는 탓에 거기서 오는 부담감이 아이를 짓누르기 때문이기도 하지요. 아이는 기관이나 학원 등에서 친구들과 함께 배우는 상황에 놓이면, 나보다 더 잘하는 친구를 보며 부러운 감정이 생기기도 하고 질투가 나기도 합니다. 때로는 스스로 실망감을 느껴 더 이상 배움이 즐겁지 않다는 생각을 하기도 하지요. 따라서 무엇보다 배움의 목표에 대한 적절한 설정이 필요합니다. 처음부터 목표가 너무 높으면 힘들어서 중도에 포기할 수도 있으므로, 처음에는 적당한 목표로 시작해 이후 조금씩 난이도를 높이면서 성취감과 함께 배움을 이어가는 것이 좋습니다. 작은 성공의 경험이 쌓이고 노력과 성과의 상관관계를 이해해야 배움에 대한 긍정적인 정서가 형성될 수 있기 때문입니다. 목표 설정에는 제가 《회복탄력성의 힘》에서 소개했던 S.M.A.R.T한 방법이 도움이 될 것입니다.

- **S**pecific 자세하고 명확한 목표
- **M**easurable 측정 가능한 목표 (예: 책 많이 읽기보다는 책 5권 읽기)
- **A**chievable 달성 가능한 목표
- **R**elevant 자기 발전과 관련 있는 목표
- **T**ime-bound 달성 기간이 있는 목표

목표를 설정하고 나서 체크 리스트를 사용하면 아이는 자신의 성장을 눈으로 확인하는 재미를 느낄 수 있습니다. 꽃이나 나무가 자라나는 모습처럼 보이도록 종이를 접어서 만드는데, 접은 칸마다 배우는 내용을 하나씩 적는 것이지요. 물과 거름과 햇빛을 주면 꽃이나 나무가 자라나듯이, 각 칸에 적힌 내용을 아이가 하나씩 배우면서 자라나는 모습을 눈으로 확인할 수 있습니다. 각 칸에는 다음과 같은 내용을 적을 수 있습니다.

목표를 향해 나아가는 과정을 재미있게 기록할 수 있는 아이가 직접 만든 체크 리스트.

- 강아지를 그릴 수 있어요.
- 숫자를 쓸 수 있어요.
- 자음 소리를 알아요.
- 쿠키 반죽을 만들 수 있어요.
- 축구를 할 수 있어요.
- 수영을 할 수 있어요.
- 발레를 할 수 있어요.

성장형 마인드셋과 고정형 마인드셋

성장형 마인드셋growth mindset과 고정형 마인드셋fixed mindset이란 말을 들어본 적이 있는지요? 아이가 성장형 마인드셋을 장착하면 배움의 진정한 즐거움 알게 됩니다. '마인드셋'은 미국 스탠퍼드대 심리학과 교수 캐롤 드웩Carol Dweck이 《마인드셋》에서 소개한 개념으로, '삶에 대한 사고방식 및 태도 또는 마음가짐'이라고 해석할 수 있습니다. 이 책에서는 개인의 신념과 태도가 학습 및 성공에 미치는 영향에 대해 2가지 마음가짐, 즉 성장형 마인드셋과 고정형 마인드셋으로 설명합니다.

성장형 마인드셋은 지속적인 노력을 통해 발전할 수 있다고 믿는 태도입니다. 그렇기에 도전을 두려워하지 않고 실패하더라도 그 실패를 기회로 삼아 보다 성장하는 것입니다. 그래서 도전과 타인의 피드백을 자기 성장의 자원으로 여기지요.

고정형 마인드셋은 자신의 능력이나 지능이 고정되어 있다고 믿는 태도입니다. 그렇기에 좋은 결과를 마주하면 원래 자신이 가진 능력 때문에 잘된 것이라 믿고, 어떤 일이든 자신의 능력으로는 불가능하다고 판단되면 시작도 하지 않고 회피하려는 경향이 있습니다. 모든 일을 내가 할 수 있는 일과 할 수 없는 일로 나누고, 타인의 피드백을 수용하지 않아 내가 아는 것이 전부이기에 어려운 일을 마주하면 쉽게 동요하고 포기해버리지요.

그렇다면 과연 우리 아이는 성장형 마인드셋을 갖고 있을까요, 아니면 고정형 마인드셋을 갖고 있을까요?

〈성장형 마인드셋〉

- 나의 발전에 집중해요.
- 어려워도 할 수 있어요.
- 새로운 것에 도전할 수 있어요.
- 최선을 다해요.
- 배움은 나의 슈퍼 파워!
- 어려울 때는 도움을 요청할 수 있어요.

〈고정형 마인드셋〉

- 결과에 집착해요.
- 어려우면 쉽게 포기해요.
- 새로운 것을 회피해요.
- 노력하는 것이 어려워요.
- 어려운 것을 도와달라고 물어보기가 창피해요.

아이의 고유한 성향에 따라, 어떤 내용을 배우는지에 따라, 배움의 난이도나 시간에 따라 아이는 배움에서 즐거움을 느낄 수도 있지만, 때로는 끝이 안 보이는 배움에 지치기도 하고 힘들어서 포기하고 싶어지기도 합니다. 그러다가 결국 아이 안에 배움에 대한 부정적인 인식이 자리 잡게 되면 성장하는 데 더 어려움을 겪을 수밖에 없겠지요. 만약 아이가 고정형 마인드셋을 가지고 있다면 어떻게 도와줄 수 있을까요?

첫 번째, 현명한 칭찬을 하는 것입니다. 저는 《회복탄력성의 힘》에서 칭찬의 기술을 PRAISE^Process, Reward, Ask, Information, Sincere, Encouragement^로 소개했습니다. 1등을 했다고, 상을 받았다고 그 결과를 칭찬하기보다는 1등을 하고 상을 받기 위해서 그동안 애썼던 아이의 노력^Process^을 칭찬하고, 적절한 보상^Reward^으로 노력에 대한 동기를 부여하며, 질문형^Ask^ 칭찬과 정보성^Information^ 칭찬을 함으로써 아이의 사고를 확장시키고, 무엇보다 진실된^Sincere^ 칭찬, 그리고 용기^Encouragement^를 북돋워주는 칭찬을 한다면 아이가 성장형 마인드셋을 장착하는 데 도움이 될 것입니다.

두 번째, 실패와 친해지게 하는 것입니다. 저는 앞서 'FAIL'을 재해석한 바 있습니다. 'First Attempt In Learning', 즉 배움에 있어 실패는 첫 시도일 뿐이라는 뜻으로요. 그리고 'END'도 'Effort Never Dies'라고 재해석했습니다. 노력은 절대 죽지 않는다, 즉 노력은 절대 헛되지 않고 잘 쌓여서 다른 시기에 다른 모습으로 돌아올 수 있다는 뜻이지요. 실패를 성장의 기회이자 긍정적인 경험으로 바꿔주세요. 그럴수록 실패를 두려워하지 않는, 실패를 성장의 거름으로 생각하는 아이로 자라날 것입니다. 노력은 곧바로 보상으로 돌아오지 않더라도 언젠가는 받게 될 지연된 보상이라는 사실을 아이에게 꼭 알려주기를 바랍니다.

세 번째, 무조건적인 암기보다는 이해를 중요시하는 학습법을 사용하는 것입니다. 이러한 학습법은 아이가 성장형 마인드셋을 장착하는 데 큰 도움이 됩니다. 무조건적인 암기는 단기적으로 시험을 잘 볼 수 있도록 도와주겠지만, 장기적으로는 한계에 부딪히기만 할 뿐입니다. 수학의 경우, 수의 규칙과 공식의 원리를 이해하는 아이는 수 체계가 복잡해져도 원리를 알기 때문에 어렵다고 느끼지를 않습니다. 예를 들어, 구구단이나 나눗셈을 공부할 때 무조건 외운 아이와 가르기와 모으기를 하면서 익힌 아이는 실력에서 차이가 날 수밖에 없지요. 도형을 배울 때도 입체 도형을 사방에서 바라보며 경험으로써 원리를 이해한 아이가 나중에 도형의 면적을 구하는 문제도 쉽게 풀 수 있는 법입니다.

Diversity
다양성

사람들은 모두 다릅니다. 형제자매도 다 제각각이고, 심지어 쌍둥이도 서로 다릅니다. 그런데 처음 만나도 동질감, 친숙함, 익숙함을 먼저 찾아내 더 빨리 친해지고 마음을 비교적 쉽게 여는 사람이 있는 반면에, 나와 다르다고 느끼고 그 다름에서 오는 불편함 때문에 가까워지는 데 시간이 걸리거나 아예 외면하는 사람도 있습니다. 한국 사회에서는 사람을 처음 만나면 나이를 따지고, 지역을 따지며, 학교를 따지기도 합니다. 그렇게 알게 된 정보 중 무엇이라도 하나가 겹치면 금세 친해지기도 하지요. 그러나 누군가와 무리가 다르다면 색안경을 끼고 보기도 합니다. 무지함에서 오는 실수를 범하기도 하고요.

글로벌 시대를 살아가는 우리 아이들에게는 특히 다양성과 포용의 의미와 가치를 가르치는 것이 점점 더 중요한 일이 되어 가고 있습니다. 다양한 인종, 문화, 언어, 종교를 가진 사람들이 모여 서로를 존중하고 각기 다른 관점에서 문제를 해결하면서 살아가야 하는 세상이 되었고, 한국에서 태어나고 자랐을지라도 이제는 다양한 배경의 사람들과 소통이 불가피하게 되었으니까요. 아이들은 인터넷과 디지털 기술을 통해 세계 곳곳의 다양한 문화 및 사람들과 연결되어 있고, 이제는 학교에서도 다문화 친구를 어렵지 않게 만날 수 있습니다. 영화, 애니메이션, 음악 등 여러 가지 엔터테인먼트를 비롯하여 각종 스포츠까지 세계화되어 아이들에게 가까이 다가와 있습니다. 이런 시대이기에 부모는 아이에게 더욱더 다양성에 대해 가르쳐줘야 합니다. 그리고 다양성의 진정한 의미를 가르쳐주려면 다름, 형평성, 포용, 그리고 존중의 의미를 다시 한번 짚고 넘어갈 필요가 있습니다.

먼저 다양성과 포용이란 말부터 살펴봅시다. 다양성이라고 하면 주로 나라마다 다른 언어, 관습, 종교 등 문화적 다양성을 떠올립니다. 그러다 보니 한국과 비교해 외국의 아이들이 비교적 어릴 때부터 자연스럽게 다양성에 대해 배우고 일상에서 경험한다고 생각하기도 합니다. 그런데 최근 한국 사회에서도 다양성은 이미 아이의 삶 속에 여러 가지 모습으로 존재하고 있습니다. 다양성의 의미를 정확히 짚어보자면, 각 개인이 가진 고유성, 즉 개개인의 다름을 인식하는 것입니다. 여기서 다름은 문화뿐만 아니라 인종, 성별, 종교, 사회, 경제, 정치 및 다른 개념도 포함하고, 나아가 개개인의 능력이나 생각까지 포함합니다. 포용은 누군가가 이러한 다름 때문에 배제되지 않고 수용되어야 한다는 개념입니다. 단순히 다양한 배경과 개인을 포함한다는 개념을 넘어서서 기회나 자원이 누구에게나 공평하게 지원되고, 누구든 사회로부터 존중과 환영을 받아야 한다는 뜻입니다.

그렇다면 다양성은 언제부터 아이에게 가르쳐주는 것이 좋을까요? 저는 아이가 눈의 초점을 맞추기 시작하면서부터라고 이야기하고 싶습니다. 그만큼 아이는 생각보다 아주 어린 시기부터 다양성을 인지하기 때문이지요. 특히 다양한 피부색, 머리색, 눈동자색 등 시각적 차이를 가장 먼저 인지합니다. 제 딸이 태어난 지 100일도 채 되지 않았을 때의 일입니다. 아이와 함께 건물 안으로 들어갔는데, 저와 제 딸을 배려해 문을 잡아준 흑인 아주머니를 처음 보고서 아이는 주변이 떠나가라 울었습니다. 그러고 나서 얼마 지나지 않아 백인 할머니가 아이에게 인사를 하자 또 한 번 까무러치듯 울었습니다. 그런데 한국 마트에서 만난 동양계 아주머니들에게는 웃음을 지었지요. 아이가 생후 3개월만 되어도 같은 인종의 얼굴을 선호한다는 미국의 심리학자 필리스 카츠Phyllis Katz와 제니퍼 코프킨Jennifer Kofkin의 1997년 연구는 이와 같은 일화를 뒷받침합니다.

이렇게 아이는 시각적 차이를 인지하기 시작해서 성별의 차이를 인지하고, 가족과 친척들 간에서도 다양한 차이를 인지합니다. 어린이집이나 유치원처럼 기관에 가면서부터는 친구들 사이에서의 차이 또한 인지하게 됩니다. 서로 간의 다름을 통해 호기심을 느끼고 친구들과 상호 작용하며 다양성을 이해하기 시작하는 것이지요. 특히 아이는 3~5세에 어떤 경험을 하느냐에 따라 다름에 대한 올바른 가치가 형성될 수 있습니다. 어린아이들은 자신의 경험과 주위 사람들의 반응을 통해 세상을 이해하고 가치를 형성하기 때문에, 아이가 다름에 대한 올바른 가치를 형성할 수 있도록 어른들이 선입견 없는 태도로 서로를 존중하는 모습을 보여줘야 합니다. 올바른 가르침으로 아이에게 좋은 환경을 만들어준다면 아이는 다양성에 대한 보다 폭넓은 이해를 기반으로 세상을 바라볼 수 있게 될 것입니다.

미국에서는 프리스쿨 2세 반부터 다양성을 키리큘럼에 넣고 있습니다. 차이를 긍정적으로 받아들일 수 있도록, 차이는 곧 다름이며, 다름은 곧 개개인이 가진 고유의 특성이라서 특별하다는 사실을 알려주지요. 이후 아이들은 지속적으로 다양성에 대해 배웁니다. 다양성 교육은 'All About Me', 즉 나에 대한 모든 것에서부터 시작됩니다. 아이들은 나의 머리색, 피부색, 눈동자색 등 나를 이루는 겉모습부터 나는 무엇을 좋아하고 잘하는지, 집에서는 어떤 언어를 쓰고 어떤 음식을 먹는지 등 나에 대한 정보까지를 정리함으로써 자기 자신을 더 깊이 이해해 자기 인식과 자아 형성의 기반을 쌓습니다. 그다음에 정리한 정보를 친구들과 나누지요. 아이들은 서로에 대해 알아나가면서 서로 다른 점을 이해

미국 학교에서 사용하는 All About Me 워크 시트.

하고, 그래서 서로 존중해야 한다는 사실을 배웁니다. 학급 책장에는 다양한 민족의 문화, 관습 등이 담긴 책이 있고, 크리스마스 때는 하누카(유대교의 축제), 콴자(아프리카계 미국인이 여는 축제)처럼 다른 문화권의 휴일을 배우고 함께 축하합니다.

아이가 다름에 대한 올바른 가치관을 형성하도록 어릴 때부터 부모가 다름을 인정하고 이해하며 존중하는 모습을 보여준다면, 아이는 차이를 차별이 아닌 특별함과 감사함으로 이해하고 이를 포용할 수 있는 어른으로 성장할 것입니다. 이어서 다양성을 아이에게 잘 가르치려면 부모가 어떻게 하면 좋을지 조금 더 구체적으로 살펴보겠습니다.

다양성 교육의 시작, 열린 대화

다양성을 존중하고 포용할 수 있는 아이로 키우려면 무엇부터 시작해야 할까요? 먼저 아이가 다름을 인지해서 이야기할 때 회피하지 말고, 바로 대면해서 솔직하게 대화를 하는 것이 좋습니다. 간혹 아이가 민망하거나 불편한 질문을 했을 때도 말을 돌리거나 얼버무리지 말고 자연스럽게 이야기를 이어나가야 합니다. 어린아이들은 '다름'에 대해 좋고 나쁨이 없습니다. 아직 편견이 형성되기 전이어서 순수한 궁금증만 있지요. 그래서 나와 다름을 인지할 때 순수한 호기심에 가끔은 부모가 민망할 수도 있는 질문을 남들 앞에서 하기도 합니다. 예를 들면, 얼굴에 화상 흉터가 있는 사람을 보고 "저 아저씨는 얼굴이 이상해"라고 말하거나, 틱이 있는 아이를 보며 "저 오빠는 왜 저렇게 계속 움직이는 거야?"라고 묻는 식이지요. 이때 부모가 제대로 설명하지 못하면 아이에게는 신체적 특징이나 장애에 대한 부정적 인식이 머릿속에 남게 될 수도 있습니다.

아이: 엄마, 왜 저 오빠는 아까부터 계속 소리를 지르고 몸을 앞뒤로 움직여요?

엄마: 좋은 질문이야. 너는 신나거나 기쁠 때 깡충깡충 뛰고 손뼉을 치기도 하지? 저 오빠도 자기감정을 다른 방법으로 표현한

거야. 오빠는 기분이 좋거나 불안해서 몸을 앞뒤로 움직이는 거야.

아이: 근데 조금 이상해 보이는데요?

엄마: 그래, 그렇게 보일 수도 있어. 그런데 사람마다 감정을 대하는 방법이 다를 수 있단다. 엄마는 속상하거나 불안할 때 음악을 듣는데, 너는 어떻게 해?

아이: 저는 꼬물이(애착 인형)를 꼭 껴안아요.

엄마: 맞아, 바로 그거야. 사람마다 감정을 해소하는 방법이 다른 거야. 저 오빠는 자기감정을 자기만의 방식으로 조절하는 거란다. 그래서 우리는 이해되지 않거나 나와 다른 방법을 가진 사람도 존중해줘야 해.

물론 앞선 엄마와 아이처럼 바로 대화를 이끌어가면 좋겠지만, 그 상황에서 바로 열린 대화를 나눌 만한 현실적 여건이 안 된다면, 집에 돌아와서 다시 대화를 나누길 바랍니다. 아이의 질문은 순수한 호기심에서 나올 수도 있지만, 화상을 입은 타인의 얼굴을 보고 무서워서 하게 된 질문일 수도 있고, 왜 보통 사람들과는 다른 특정 행동이나 말을 하는지 궁금해서일 수도 있으니까요. 질문이 어디서 출발했는지 살펴보고 적절히 대응해서, 아이의 궁금증 혹은 불안을 알맞은 방법으로 해소시켜주고, 더 나아가 다양성에 대한 올바른 가치관을 형성할 수 있는 배움의 순간으로 만들어나가기를 바랍니다.

아이와 열린 대화를 할 때 기억해야 할 8가지

① 부모의 질문으로 대화를 시작한다

"유치원에 새 친구가 보이던데, 그 친구는 어때?", "오늘 처음 가본 학원에는 어떤 친구들이 있었어?", "서로 다른 친구들끼리 모이면 재밌겠다. 서로 다르니까 어울리다 보면 몰랐던 것도 알게 되고 좋을 것 같아." 부모의 질문으로써 다양성에 대한 열린 대화를 시작하면 아이는 다름을 긍정적인 관점에서 바라볼 수 있게 됩니다.

② 아이가 질문하면 부모가 이어서 관련 질문을 한다

아이가 부모에게 질문했을 때 왜 그런 질문을 했는지 부모가 역으로 질문해볼 수 있습니다. 예를 들어, 다운 증후군의 소녀가 아이를 보며 싱글벙글 웃고 있다고 가정해봅시다. 아이가 "엄마, 왜 저 언니는 계속 나를 보면서 웃어요?"라고 물으면, 아이에게 언니가 왜 웃는 것 같은지 되묻는 것입니다. "기분이 좋아서 웃는 것 같은데, 너무 계속 웃으니까 내 옷에 구멍이라도 났나, 하는 생각이 들어서요." 그러다 보면 부모는 아이가 생각지도 못했던 이유로 궁금해한다는 사실을 알게 될 수도 있습니다.

③ 대답하기 난처한 질문도 회피하지 않는다

가끔은 아이가 생각지도 못한, 민망하고 난처한 질문을 할 때가 있습니다. "아빠는 왜 고추가 커?" "엄마는 왜 소중이에 털이 있어?" 이런 질문을 해도 당황하지 말고 차분하게 설명해주세요. "키가 자라듯이 소중이도 자라고, 아기 이가 빠지고 어른 이가 나는 것처럼, 우리의 몸은 성장하면서 달라져. 소중이를 더 잘 지키기 위해 어른이 되면서 털이 나는 거야"라고 말이지요.

④ 질문에 적당한 답이 생각나지 않으면 대답을 미룬다

아이가 갑자기 질문하면 부모도 때로는 적당한 답이 생각나지 않거나 모를 수 있습니다. 괜히 서둘러 대답하다가는 자칫 적절하지 않은 내용을 전달할 수도 있겠지요. 그러므로 이런 경우에는 "집에 가서 다시 이야기하자"라고 시간을 번 다음, 필요한 정보를 수집하거나 전문가의 의견을 충분히 찾아보고 나서 다시 대화를 이어나갑니다.

⑤ 아이의 발달 나이를 고려해 대답한다

어린아이들에게 다양성을 설명하다 보니, 과연 온전히 이해할 수 있을지 고민이 됩니다. 그래서 아이의 눈높이에 맞춰 구체적으로 눈에 보이게 설명하면 좋습니다. "꽃을 보면 여러 가지 색깔이 있고 크기도 모양도 다양하지? 사람도 꽃처럼 다 다르단다. 그런데 꽃다발을 만들 때 다양한 꽃을 섞어서 만들면 정말 예쁘지? 이처럼 서로 다른 사람들이 모여서 친구가 되는 건 정말 멋진 일인 것 같아. 각자의 특별함이 모이니까 말이야."

⑥ 아이가 어휘를 실수하면 적절한 대체 어휘를 알려준다

어휘가 제한적인 어린아이들은 맥락을 모르고 어휘를 사용하는 경우가 많습니다. 아이가 갑자기 "저 사람은 왜 이상해?"라고 한다면, '이상하다' 대신에 '특별하다', '다르다' 정도로 바꿔줄 수 있습니다. '이상하다'는 어휘는 때로는 불편하거나 이해하기 어렵다는 부정적인 의미를 갖고 있기 때문이지요.

⑦ 편견이나 선입견을 형성하는 말과 행동을 조심한다

누군가가 나타났을 때 아이를 부모 쪽으로 끌어당겨 보호하는 듯한 행동은 위험하니 피해야 한다는 사실을 무의식중에 아이에게 전달하는 것과 같습니다. 부모가 난처한 나머지 그 순간을 무마하고자 무의식중에 인상을 찌푸리는 일 역시 아이에게 편견이나 선입견을 형성해 다른 사람들을 바람직하게 이해하는 데 방해가 됩니다. 그러므로 부모는 아이에게 편견이나 선입견을 형성하는 말과 행동을 반드시 점검하고 조심해야 합니다.

⑧ 사람마다 생각이 다를 수 있다고 알려준다

간혹 아이들이 "선생님이 그랬어요", "할머니가 그랬어요"라고 말하면서 그러니까 나도 그래도 된다며 정당하다고 주장할 때가 있습니다. 이때는 사람마다 생각이 다를 수 있다고 알려주고, 자기 생각을 잘 살펴서 소신껏 행동하는 일이 가장 중요하다고 말해주면 됩니다.

다양성 교육의 밑바탕,
공평성과 형평성

아이에게 다름에 대한 존중을 가르칠 때 가장 기본이 되어야 하는 것은 공평성을 알려주는 것입니다. 그다음에는 조금 더 어려운 형평성을 알려줘야 하고요. 먼저 공평성을 다뤄보자면, 다름이 있다는 이유로 배제된다거나, 반대로 더 쉽게 기회를 얻는 것은 공평하지 않습니다. 사람은 누구나 똑같이 존중받을 권리가 있으니까요. 그런데 어린아이들은 공평이라는 단어를 누구나 어떤 상황이든 무조건 똑같아야 한다고 받아들일 수 있습니다. 저의 두 딸을 살펴보자면, 8세 동생이 12세 언니가 핸드폰을 가졌으니 자기도 핸드폰을 가져야 공평한 거라고 우깁니다. 그랬더니 언니는 그럼 동생도 언니랑 똑같이 1시간 동안 앉아서 수학 숙제를 해야 한다고 말하지요. 이러한 상황을 공평하다고 할 수 없는 이유는 사람의 조건, 즉 형평성을 고려하지 않았기 때문입니다.

미국 학교에서는 형평성을 고려해 IEP Individualized Education Plan(개별 교육 계획)를 가진 학생은 소음이 없는 개별 교실에서 혼자 시험을 볼 수 있게 해준다거나, 보통 학생들보다 30분 정도 시험 시간을 더 줌으로써 조건을 맞춰줍니다. IEP는 난독증과 같은 학습 장애, 언어 지연, 자폐 스펙트럼 등 아이가 학습에 어려움이 있는 경우, 아이의 조건을 고려해서 교육받을 권리를 제공하기 위해 만들어진 것입니다. 이처럼 형평성이란 사람의 조건을 고려해야 한다는 사실을 알려주세요.

고정 관념에서 빠져나오는 방법

나 자신을 스스로 들여다보는 기회를 가져보세요. 성인에게는 살아오면서 형성된 자신만의 가치관이 있기 마련입니다. 앞서 이야기했듯이 개인의 가치관은 어린 시절부터 교류하던 환경 안에서 빚어집니다. 어려서는 개인이 속한 사회 이념이나 많은 시간을 공유하는 가족 및 친구와 선생님에게 영향을 받아, 성인이 되어서는 사회 안에서 상호 작용을 하다 보니, 어느덧 '고정 관념'이라는 것이 알게 모르게 일상에서의 나의 말투나 표정, 생활 습관 및 행동에 묻어나기 마련입니다. 그래서 가치관을 형성해나가는 중인 어린아이들에게 일상에서 세심하게, 그리고 꾸준히 다양성에 대해 편견 없이 알려주려면, 부모는 무의식적인 발언과 개인적 신념이나 행동이 아이의 가치관에 최대한 영향을 미치지 않도록 스스로 돌아보는 노력을 반드시 해야 합니다.

부모가 아무리 고정 관념의 형성에 주의를 기울인다고 해도 통제하지 못하는 부분이 당연히 존재합니다. 장난감 판매점에 가보면 여전히 여자아이의 장난감은 분홍이나 파스텔색 계열이 많고, 남자아이의 장난감은 파랑이나 무채색 계열이 많습니다. 교류하는 사람들과 이들이 속한 사회의 가치관, 믿음에서 오는 차이 때문에 부모가 제한하거나 차별하는 모습을 아이가 목격할 수도 있습니다. 또는 신체 조건이나 능력을 사회적인 잣대로 판단해, 절대 안 된다고 의지를 꺾는 발언을 들을 수도 있겠지요. 이때 아이에게 다르기에, 차이가 있기에 안 된다는 것은 아니라는 사실을 전했으면 합니다. 오히려 다른 관점에서 보면 긍정적이고 유리할 수도 있으니까요. 예를 들면, 키가 작아서 도전하지 못하는 것 말고, 키가 작기에 유리한 점을 이야기하는 것입니다. 키가 크고 마르고 젊은 사람만 모델 일을 하지 않습니다. 덩치가 있는 사람은 오버 사이즈 모델을 하며, 시니어 모델도 있습니다.

불편한 몸을 딛고 위대한 업적을 남긴 위인들 이야기나 여러 문화나 인종의 다름을 다루는 책을 읽고, 여행을 통해 다양한 문화 축제를 경험해보는 것도 아이의 올바른 가치관 형성에 도움이 될 것입니다. 아이가 차이에서 오는 편견 없이 개개인의 다름을 인지하고 포용한다면, 자기 자신의 다름 또한 쉽게 인정함으로써 보다 단단한 아이로 성장할 것입니다.

다양성에 감사한다는 것

지금까지 다양성, 포용, 공평성, 형평성, 고정 관념이 각각 무엇인지 알아봤습니다. 이제 마지막 순서는 존중입니다. 우선 존중이란 상대를 무조건 따르는 것도, 너는 너, 나는 나 각자의 견해대로 가는 것도 아니라는 점을 알려줘야 합니다. 이어서 존중이란 이름으로 내 생각이나 감정을 강요해서도 안 되고, 동시에 친구에게 맞춰주기 위해 억지로 내 의견을 바꿔서도 안 된다는 것을 알려줘야 합니다. 서로 다름을 받아들이는 것이 곧 조화로운 균형입니다. 미국에서 아이들에게 자주 쓰는 말이 있습니다. 'The golden rule'이라고 부르는데, 성경에 나오는 구절인 "Treat others the way you want to be treated"입니다. 네가 대우받고 싶은 대로 친구를 대하라는 뜻이지요.

사람들은 자기만의 색을 가지고 있기에 서로 다르며, 이처럼 다른 색을 평가하는 것이 아니라 있는 그대로 받아들였을 때 서로의 색이 어우러져 조화로운 아름다움이 됩니다. 자기 자신의 색을 찾고 존중하는 것부터 시작해야 타인의 색도 존중할 수 있습니다. 다양성을 한마디로 다시 정의해본다면 간단합니다. '다름에 대한 인정과 존중'입니다. 다양성 교육은 거창하지 않습니다. 오히려 일상에서 더 좋은 배움의 순간을 마주합니다. 처음으로 아이가 자기 자신의 어떤 특성 또는 능력이 남과 다르다고 부모에게 이야기한다면, 아이가 특정 사람에게서 다름을 인지하고 질문을 한다면, 다른 점 사이에서 짚어볼 수 있는 긍정적인 부분을 강조하며 자연스럽게 대화를 나눠보세요.

제 딸이 어린이집을 다니던 시절, 어린이 도서관에 갔다가 왜 소증을 앓는 어른이 옆으로 지나가는 모습을 본 적이 있습니다. 머리가 하얗게 변한 중년 남성이었지요. 아이는 뚫어지게 그분을 쳐다보더니 질문을 했습니다.

아이: 엄마, 저 사람은 어른이에요, 아이예요? 아이처럼 키가 작은데 머리는 하얘서요.

엄마: 그러게. 사람은 키도 몸짓도 생김새도 다 다르지?

아이: 네. 어린이집에서도 보면 저처럼 검은 머리도 있고, 카터처럼 금발도 있어요.

엄마: 맞아. 그렇게 머리색이 다르듯이 사람들의 몸 크기도 제각각 다르단다.

아이: 근데 아이처럼 너무 작은데요?

엄마: 어떤 사람들은 왜소증이라는 것을 가지고 있는데, 그건 보통 사람들과 몸이 다르게 자라는 거야. 그래서 어른이 되어서도 아이처럼 키가 작은 거란다.

아이: 아, 그래서 어른인데도 작은 거구나.

엄마: 몸은 보통 어른들보다 작지만, 보통 사람과 똑같이 일도 하고, 결혼도 하고, 아이도 낳고, 다 똑같이 할 수 있어.

아이: 아, 다 똑같은데 키만 작은 거구나.

엄마: 그렇지. 몸 크기만 조금 다를 뿐인 거야. 다름도 그 사람의 특별함인 거지.

이처럼 아이가 다름을 인식하거나 질문할 때를 배움의 순간으로 활용하기를 바랍니다. 아이가 색칠 공부를 하고 있다면 "만약에 크레용이 한 가지 색이었다면 그림을 아름답게 여러 가지로 표현할 수 있었을까?"라는 질문을 할 수 있겠지요. 아이가 머뭇거린다면 모든 크레용이 그만의 색을 갖고 있어서 다채롭게 색칠하며 더 아름다운 작품을 만들 수 있는 것이라고 말해주세요.

아이가 다른 사람과 자신의 능력 차이에서 느끼는 감정으로 인해 힘들어한다면, 부모는 다음과 같은 대화로 아이의 자아 형성과 자존감 향상을 도와줄 수 있습니다.

1. 가장 먼저 아이의 감정에 공감합니다.

"그래서 속상했구나. 그런 기분 드는 거 엄마는 이해해. 엄마라도 그랬을 것 같아."

2. 다양성이 세상에 기여하는 긍정적인 측면을 이야기합니다.

"사람마다 고유한 특성이 있고, 그래서 각자 잘하는 부분이 다른 거야. 춤이나 노래를 잘하는 사람은 공연을 해서 우리에게 즐거움을 주고, 미술을 잘하는 사람은 세상을 아름답게 꾸며주기도 해. 수학이나 과학을 잘하는 사람은 신기한 물건을 발명해서 우리가 더 편리하게 살아가도록 도와주기도 하지. 그러니까 서로 다르다는 것이 얼마나 다행이고 감사한 일이니? 세상은 다양한 사람들이 있어서 조화롭게 잘 발전해나가는 거란다."

3. 아이의 강점을 이야기하며 자존감을 키워줍니다.

"네 생각에 너는 무엇을 잘하는 것 같아? 무엇을 하면 즐거워? 재미있는 것을 꾸준히 하다 보면 더 잘하게 돼. 더 많은 시간을 노력하면 더 크게 발전할 수 있거든."

4. 유명한 사람들의 성공 스토리를 함께 찾아봅니다.

"해리포터 시리즈의 작가인 롤링은 어려서는 한부모 가정에서 자라고, 커서는 직장도 잃고, 심지어 열심히 쓴 글이 출판사 12곳에서 거절당하는 어려운 삶을 살았대. 하지만 그런데도 포기하지 않고 끝까지 노력해서 결국 해리포터를 썼고, 전 세계적으로 큰 사랑을 받게 되었단다."

5. 마지막으로 아이와 함께 자신의 고유성에 감사하는 시간을 갖습니다. 내가 남들과 다른 것에 집중하는 시간, 그리고 그것에 대해 자부심을 느끼고 감사함을 일깨우는 시간입니다.

"우리 아들(딸)은 특별한 아이야. 네 생각에 어떤 점이 널 특별하게 만들어주는 것 같아? 친구들과는 다른, 그 특별한 점을 엄마랑 같이 한번 알아볼까? 서로 다르다는 것은 서로 다른 점을 나누며 배울 수도 있고, 서로를 특별하게 만들어주기 때문에 정말 감사한 일이야."

이렇게 대화를 나누면서 서로의 다름이 조화를 이뤄 꼭 필요한 곳에 잘 쓰이면서 세상이 돌아간다는 것, 사람의 다름에는 좋고 나쁨이 없듯이 한 사람이 다른 사람보다 더 나은지는 판가름할 수 없다는 것, 개인마다 각자 특성이 있기에 모두 특별하며 그래서 서로 똑같지 않다는 사실이 감사한 일이라는 것, 결국 내가 나이기에 시도할 수 있는 나만의 방법과 방향이 있다는 것, 이러한 메시지를 아이에게 전해주기를 바랍니다.

하버드와 부모가 아이에게 가장 주고 싶은 것

지금까지 이야기한 모든 방법은 결국 아이와 세상과의 연결을 위한 것입니다. 마지막으로 여기서 연결이 무엇을 의미하는지, 어떻게 하면 이상적인 연결을 구축해나갈 수 있는지 살펴보려고 합니다.

부모가 아이에게 가장 주고 싶은 것은 무엇일까요? 바로 '행복'일 것입니다. 지금도 모든 부모는 아이의 행복을 위해 많은 노력을 기울이고 있습니다. 아이가 경제적으로 자유로우면, 전문지식을 쌓으면, 탄탄한 직장을 가지면 행복할 것 같아서……. 그런데 돈이나 명예, 권력을 가진 사람들은 모두 행복할까요? 만약 아니라면 행복은 어디에서 찾을 수 있을까요? 사실 무언가를 손에 넣어 얻는 행복은 일시적입니다. 그것을 갖는 순간은 행복하지만, 그 행복감이 계속 이어지지는 않으니까요. 행복은 손에 넣는 것이 아니라, 끊임없이 계속해서 찾으려는 노력으로 만들어가는 것입니다.

하버드대에서는 1938년부터 2013년까지 행복을 주제로 종단 연구를 진행했습니다. 그 결과, 행복에 영향을 미치는 가장 중요한 한 가지는 바로 사람과 사람 사이의 관계였습니다. 다른 사람들과의 친밀한 관계가 한 사람에게 행복감을 선사한다는 결론이 건강 검진을 포함한 의료 기록, 정기적인 설문 조사, 개별 인터뷰 등을 통해 도출되었습니다. 사회 연결망이 사람이 인생의 여정에서 만나는 고난과 역경을 극복하게 해주고, 신체적·정신적으로 더 건강하게 살 수 있게 해준다는 것이었습니다. 그리고 연구 참여자들의 IQ, 유전, 사회적 명성, 경제적 요소는 행복에 큰 영향을 주지 못한다는 사실 또한 확인되었습니다.

하버드대에서는 행복이란 무엇인지, 어떻게 찾고 적용해 삶을 일궈나갈 수 있는지를 수업으로 선택해 배울 수 있습니다. 2006년에 가장 인기가 많았던 수업으로 꼽히기도 했는데, 2005년에 졸업한 저로서는 조금 아쉽기는 합니다(2006년의 수업 내용을 정리한 책은 《하버드는 학생들에게 행복을 가르친다》라는 제목으로 한국에 번역 출간되었습니다).

행복이 시작되는 마법의 시간, 뱅킹 타임

행복의 가장 중요한 요소인 관계, 즉 사람과 사람을 연결하는 핵심은 시간을 저축하는 것입니다. 지금, 부모로서 당신이 마주한 아이와의 관계는 어떤가요? 아이와 조금 더 친밀하고 깊은 관계를 형성해 이어나가고 싶은 건 모든 부모의 바람일 것입니다. 서로 사랑한다고 해서 부모와 아이의 관계가 다 좋은 것은 아니니까요. 지금부터 아이와의 관계를 더 굳건하고 친밀하게 만드는 방법을 이야기하려고 합니다.

'뱅킹 타임baking time'이라는 말을 들어본 적이 있는지요? 뱅킹 타임이란 사람과 사람 사이의 '관계 자본'을 키우기 위해 시간을 조금씩 저축해나가는 것입니다. 미국 교육 현장에서 교사와 학생들의 관계를 향상시키기 위해 사용하는 방법 중 하나이며, 제가 미국 학교에서 디렉터로 일하던 시절, 학기 초마다 교사 교육 세미나에 꼭 포함시킨 내용이기도 합니다. 미국 학교에서 뱅킹 타임은 교사가 일주일에 2~3번 정도 아이와 일대일로 10분씩 함께하며 아이를 이해하기 위한 시간을 보내는 것인데요. 이때 10분은 아이를 가르치는 시간이 아니라, 아이가 좋아하고 주도하는 것을 따라서 아이와 교류하는 시간입니다. 그래서 이 10분 만큼은 아이에게 교육적 가르침이나 질문은 삼가야 하며, 아이의 행동에 대한 보상이나 지적도 하지 말아야 합니다. 오롯이 아이의 관심에 따라 아이를 이해하는 데만 시간을 할애해야 하지요.

뱅킹 타임이 왜 관계의 형성과 향상에 도움이 될까요? 아이에게는 어른과의 관계 맺기가 중요합니다. 아이가 혼자 해결하지 못할 만큼 큰 역경과 마주했을 때, 감당하기 버거운 큰 감정에 휩싸였을 때, 자신을 이해하고 지지해주는 어른과의 관계가 단단하게 형성되어 있다면 그것이 어려움을 딛고 일어서는 버팀목으로 작용해 앞으로 나아갈 수 있습니다.

그런데 부모님과 아이, 선생님과 아이, 이렇게 어른과 아이의 관계는 보통 어른이 아이에게 가르침을 주거나 말과 행동을 교정하는 등 학습과 문제 지적의 교류가 대부분입니다. 다시 말해, 아이를 통제하고 조절하는 상황이 많은 것이지요. 그래서 가르침이나 지시에서 벗어나 뱅킹 타임처럼 오롯이 아이 중심으로 아이가 주도하는 교류의 시간을 허락하고, 이를 통해 '관계 자본'을 차곡차곡 저축해야 하는 것입니다. 이해를 돕기 위해 교실에서의 상황을 예시로 들어보겠습니다.

에너지가 넘치는 크리스(7세)는 교실을 누비며 장난감을 꺼냅니다. 잠깐 가지고 노는 듯하더니, 다른 곳으로 자리를 옮겨서 새로운 놀이를 시작합니다. 자유 시간이긴 하지만, 한 곳에 5분 이상 머물지 못하고 이곳저곳 돌아다니며 장난감만 꺼내놓고, 친구들이 쌓은 탑도 무너뜨리며, 괜히 옆에 가서 간지럼을 태우기도 합니다. 교실 한가운데 모두 모여 앉아 선생님이 읽어주는 동화책을 듣는 시간에도 옆에 앉은 친구를 만지며 장난을 치기도 하고 바닥에 눕기도 합니다. 선생님은 크리스에게 행동 교정을 위한 지시를 반복적으로 내릴 수밖에 없고, 이내 크리스는 눈치를 살피며 선생님을 피합니다. 선생님은 크리스와의 관계 개선을 위해 일주일에 3번, 자유 시간, 바깥 놀이 시간, 간식 시간에 크리스하고만 10분씩 시간을 보내기로 합니다. 뱅킹 타임을 시작한 것이지요. 선생님이 자유 시간에 자석 타일을 가지고 노는 크리스에게 다가갑니다.

"크리스, 너 자석 타일 좋아하는구나? 선생님도 같이 놀까?"
"네. 좋아요. 전 얼음성을 만들 거예요."
"우아, 멋진 생각이다. 어떻게 만들 생각이야?"
"뾰족한 지붕이 많이 있으니까 세모 자석 타일이 많이 필요해요."
"그럼 선생님이 세모 타일을 찾아볼게."
"긴 세모로 찾아주세요. 짧은 것보단 긴 게 필요해요."
"그래. 여기 빨간색이 많네. 넌 어떤 색이 좋아? 빨간색 괜잖아?"

"초록색이 더 좋기는 한데, 없으면 빨간색도 괜찮아요."

"이제 더는 세모가 없네. 어떡하지?"

"그럼 이쪽은 네모 타일을 써서 더 높은 타워로 만들어요."

"정말 좋은 아이디어다. 우리 제일 높은 타워를 같이 만들어 보자."

선생님은 이 시간만큼은 크리스에게 행동 교정이나 지시 사항을 언급하지 않고, 크리스의 말을 들어주고 크리스가 놀고 싶은 대로 옆에서 함께 놀아주기만 하면서 즐겁게 보냅니다. 같이 아이디어를 나누면서 크리스의 의견은 수용되고 또 존중받습니다. 한 달이 흐르자, 크리스는 더 이상 선생님을 피하지 않게 되었고, 오히려 선생님을 찾는 아이가 되었습니다. 선생님도 크리스의 다른 장점을 보게 되었고, 아이를 보다 긍정적으로 생각하게 되었습니다.

집에서도 이처럼 일주일에 3번 아이와 10분씩 뱅킹 타임을 가지면, 아이와의 관계가 발전할 수 있습니다. 아이가 스스로 고른 활동을 아이가 주도하는 대로 따라가며 온전히 아이와 시간을 보내는 것이지요. 10분 동안 아이는 부모로부터 인정받고, 사랑

받고, 이해받는다고 느끼고, 부모 또한 아이와 굳건히 연결되는 느낌을 받아, 이는 곧 '관계 자본'의 핵심이 됩니다.

소중한 10분을 보다 효과적으로 활용하려면 3가지를 기억해 주세요. 첫째, 아이의 행동을 묘사하는 말만 합니다. 부모의 의견을 전하는 말은 금지입니다. "이렇게 해볼래?", "저건 어때?"라면서 가르침을 질문으로 돌려서 하는 것도 안 됩니다. 둘째, 교류할 때 아이의 상황에 맞는 기분을 명명해주면 좋습니다. 셋째, '부모가 항상 네 옆에 있다', '너 잘하고 있다'처럼 지지하고 믿음을 주는 메시지를 아이에게 심어주는 것입니다. 집에서의 뱅킹 타임 상황도 예시로 들어보겠습니다.

아이(6세)가 색종이로 무언가를 만들고 있습니다. 엄마도 옆에서 색종이를 자르고 붙이며 만들기를 합니다. 아이의 활동을 관찰해 엄마가 옆에서 그 활동을 따라 하는 것입니다. 아이가 색종이에 모양을 그리고, 모양을 따라 가위로 자르기 시작합니다. "○○가 빨간 색종이에 동그라미를 그리고 자르는구나(아이의 행동을 서술함)." 아이가 가위로 자르다가 실수로 색종이가 찢어집니다. 그러자 소리를 지르며 짜증을 냅니다. 엄마는 옆에서 "○○가 소리를 지르네. 짜증이 났나 보네(아이의 기분을 명명함)"라고 말합니다. 아이는 새로운 색종이를 가지고 와서 가위질합니다. 깔끔하게 잘리지 않자 색종이를 구겨버립니다. 엄마는 "가위질이 생각보다 잘 안 돼서 속상하구나. 종이를 구긴 것을 보니, 화가 났나 보네. 속상하면 엄마한테 말해줘. 엄마는 항상 네 곁에 있으니까 (관계성 메시지를 전함)"이라고 이야기합니다.

뱅킹 타임의 핵심을 쉽게 기억해서 실행할 수 있도록 다음과 같이 정리해봤습니다. ONLY. 뱅킹 타임의 핵심은 오롯이 아이가 중심이 되는 시간이라는 것입니다.

- **O**bserve 아이의 말과 행동, 기분을 관찰합니다.
- **N**arrate 아이의 행동이나 놀이 상황을 서술만 합니다.
- **L**abel 아이의 기분을 명명합니다.
- **Y**our child is the leader 아이의 주도에 따릅니다.

"It takes a village to raise a child." 한 아이를 키우려면 온 마을이 필요하다는 뜻의 아프리카 속담입니다. 아이를 키우는 일은 절대 쉽지 않습니다. 육아란 아이가 육체적·정신적으로 건강하게 자랄 수 있도록 지원해주는 것뿐만 아니라, 앞으로 독립해서 세상으로 나아갈 때 건강한 자아를 기반으로 타인들과 올바른 관계를 맺으며 세상과 조화롭게 연결되어 살아갈 수 있도록 지원해주는 것입니다. 뱅킹 타임을 통해 부모와 아이가 더욱더 친밀하고 단단한 연결을 구축한다면, 아이는 부모와의 연결, 즉 세상과의 첫 연결을 바탕으로 더 큰 세상과도 의미 있게 소통해나가면서 행복한 삶을 일궈갈 것입니다.

아이의 발달 영역이 서로 연결되어 상호 작용하며 아이가 성장하듯, 아이를 아이답게 동그라미 아이로 키우는, 하버드에서 중시하는 5가지 요소CHILD 역시 서로 간의 상호 작용이 중요합니다. 인성Character을 잘 가꾸는 것, 습관Habit을 잘 형성하는 것도 아이를 세상과 이롭게 연결하기 위함이고, 상상력Imagination도 창의력으로 연결되어야 빛이 납니다. 배움Learning의 즐거움은 내적 성취감을 고취시켜 더 많은 새로운 배움과 연결함으로써 아이를 성장시켜줄 것이고, 마지막으로 다양성Diversity의 가치를 인지하고 존중해야 글로벌한 세상 안에서 조화롭게 연결되어 살아갈 수 있을 것입니다. 부디 세상의 모든 아이들이 서로의 다름을 이해하고 포용함으로써 다양한 사람들의 지지와 협력을 얻어 사회에 긍정적인 변화를 불러일으키는 선한 영향력을 가진 어른으로 성장해나가기를 바랍니다.

이미지 출처

183쪽 규칙 카드 ©CReAtinC&teACHinC
홀바디 리스닝 ©Victoria Saied
teacherspayteachers.com/Store/Victoria-Saied

203쪽 ©지니 킴

211쪽 왼쪽 ©SpinMeal
오른쪽 ©Genuine Fred

216쪽 ©Limitless Littles
teacherspayteachers.com/Store/Limitless-Littles

217쪽 모닝 루틴 ©PlayingSpeech
teacherspayteachers.com/Store/Playingspeech
손 씻기 ©Carolyn Hacker
carolynscreativeclassroom.com

248쪽 ©NiftyClass
teacherspayteachers.com/Store/Niftyclass

265쪽 ©Preschool All Things
teacherspayteachers.com/Store/Preschool-All-Things

285쪽 ©지니 킴

294쪽 ©지니 킴

312쪽 어드벤처 플레이그라운드 ©지니 킴
놀이터 ©Magical Bridge Foundation

327쪽 ©지니 킴

336쪽 ©Carolyn Hacker
carolynscreativeclassroom.com

하버드 동그라미 육아

초판 1쇄 발행 2024년 7월 5일

지은이 지니 킴
펴낸이 권미경
편집 최유진
마케팅 심지훈, 강소연, 김재이
디자인 STUDIO BEAR

펴낸곳 ㈜웨일북
출판등록 2015년 10월 12일 제2015-000316호
주소 서울시 마포구 토정로47 서일빌딩 701호
전화 02-322-7187
팩스 02-337-8187
메일 sea@whalebook.co.kr
인스타그램 instagram.com/whalebooks

ISBN 979-11-92097-86-2 (03590)

소중한 원고를 보내주세요.
좋은 저자에게서 좋은 책이 나온다는 믿음으로, 항상 진심을 다해 구하겠습니다.